JN024783

電験三種

理論

集中ゼミ

吉川忠久 著

DENKEN

東京電機大学出版局

まえがき

本書は，電気主任技術者第三種(電験三種)の国家試験を受験しようとする方のために，短期間で国家試験の理論の科目に合格できることを目指してまとめたものです．

しかし，国家試験に出題される問題の種類は多く，単なる暗記で全部の問題を解答できるようになるには，なかなかたいへんです．そこで本書は，電験三種に必要な要点を分かりやすくまとめて，しかも出題された問題を理解しやすいように項目別にまとめました．また，国家試験問題を解答するために必要な用語や公式は，チェックボックスによって理解度を確認できるようにしました．

これらのツールを活用して学習すれば，短期間で国家試験に合格する実力を付けることができます．

電験三種の国家試験問題の出題範囲は，工業高校の電気科で学習する内容なので，積分などの難しい数学を使う問題はありません．ですから，電気を一通り学習した方には簡単なはずです．

電験三種は難しくありません．

しかし，国家試験の合格率は非常に低く難関の資格といわれています．その理由の一つに既出問題がそのまま出題されないことが挙げられます．

そこで，単なる既出問題の解答を暗記しただけではだめで，問題の内容を十分に理解して解答しなければなりません．また，試験時間が短いので，短時間に問題を解答するテクニックも重要です．

問題を解くテクニックや選択肢を絞るテクニックは，本書のマスコットキャラクターが解説します．

本書のマスコットキャラクターと楽しく学習して，国家試験の理論科目に合格しましょう．

2022年2月

著者しるす

電験三種はむずかしくないよ．
みんな，がんばるでチュー．

目　次

第2章　電気回路

第3章　半導体・電子回路

第4章 電気磁気測定

合格のための本書の使い方

電験三種の国家試験の出題の形式は，多肢選択式の試験問題です．学習の方法も問題形式に合わせて対応していかなければなりません．

国家試験問題を解くのに，特に注意が必要なことを挙げますと，

1　どのような範囲から出題されるかを知る．
2　問題のうちどこがポイントかを知る．
3　計算問題は，必要な公式を覚える．
4　問題文をよく読んで問題の構成を知る．
5　分かりにくい問題は繰り返し学習する．
6　試験問題は選択式なので，選択肢の選び方に注意する．

本書は，これらのポイントに基づいて，効率よく学習できるように構成されています．

練習問題は，過去10年間以上の国家試験の既出問題をセレクトし各項目別にまとめて，各問題を解説してあります．

国家試験に合格するためには，これまでの試験問題を解けるようにすることと，新しい問題に対応できる力を付けることが重要です．

短期間で国家試験に合格するためには，コツコツ実力を付けるなんて無意味です．試験問題を解答するためのテクニックをマスターしてください．

試験問題を解答する時間は1問当たり数分です．短時間で解答を見つけることができるように，解説についても計算方法などを工夫して，短時間で解答できるような内容としました．

問題の選択肢から解答を見つけ出すには，解答を絞り出す技術も必要です．選択肢は五つありますが，二つに絞ることができれば，1/2の確率で正答に近づけます．各問題の選択肢の絞り方は「テクニック」で解説します．

また，解説の内容も必要ないことは省いて簡潔にまとめました．

数分で答えを見つけなればいけないのに，解説を読むのに10分以上もかかっては意味ないよね．

傾向と対策

✓試験問題の形式と合格点

形　式	選択肢	問題数	配　点	満　点
A形式	4または5肢択一式	14	1問5点	70点
B形式	4肢択一式	4（3問解答）	1問10点	30点

B形式問題は，(1)と(2)の二つの問題で構成されています．各5点なので1問は10点の配点です．4問のうち2問から1問を選択する問題があるのでB形式問題は3問解答します．

試験時間は90分です．答案はマークシートに記入します．

本書の問題は，国家試験の既出問題で構成されていますので，問題を学習するうちに問題の形式に慣れることができます．

試験問題は，A形式の問題を14問と，A形式の2問分の内容があるB形式の問題を3問解答しなければなりません．B形式の問題を2問分とすれば，全問で20問となりますから，試験時間の90分間で解答するには，1問当たり4分30秒となります．

直ぐに分かる問題もあるので，少し時間がかかる問題があってもいいけど，10分以内には答えを見つけないとだめだよ．

そこで，短時間で解答できるようなテクニックが重要です．本書では各問題に解き方を解説してあります．国家試験問題は，同じ問題が出るわけではありませんが，解答するテクニックは同じ方法で，試験問題の答えを見つけることができます．

試験問題は多肢選択式です．つまり，その中に必ず答えがあります．そこで，テクニックでは答えの探し方を説明していますが，いくつかの穴あきがある問題を解くときには，選択肢の字句が正しいか誤っているのかによって，選択肢を絞って答えを追いながら解くことが重要です．問題によっては，全部の穴あきが分からなくても選択肢の組合せで答えが見つかることがあります．また，解答する時間の短縮にもなります．

国家試験では，√キーのある電卓を使用するころができますので，本書の問題を解くときも電卓を使用して，短時間で計算できるように練習してください．ただし，関数電卓は使用できません．指数や $\log_{10}$ の計算は筆算でできるようにしてください．

✓各項目ごとの問題数

効率よく合格するには，どの項目から何問出題されるかを把握しておき，確実に合格ライン（60%）に到達できるように学習しなければなりません．

各試験科目で出題される項目と各項目の標準的な問題数を次表に示します．各項目の問題数は試験期によって，それぞれ1問増減することがありますが，合計の問題数は変わりません．例えば，「静電気」の問題が2問出題されるときは，「電流と磁気」の問題が3問出題されるなどです．

理　論	
項　目	問題数
静電気	3
電流と磁気	2
直流回路	3
単相交流回路	2
三相交流回路	2
半導体と電子回路	4
電気磁気測定	2
合　計	18

チェックボックスの使い方

1 重要知識

① 国家試験問題を解答するために必要な知識をまとめてあります．

② 各節の ● 出題項目 ● CHECK! には，各節から出題される項目があげてありますので，学習のはじめに国家試験に出題されるポイントを確認することができます．また，試験直前に，出題項目をチェックして，学習した項目を確認するときに利用してください．

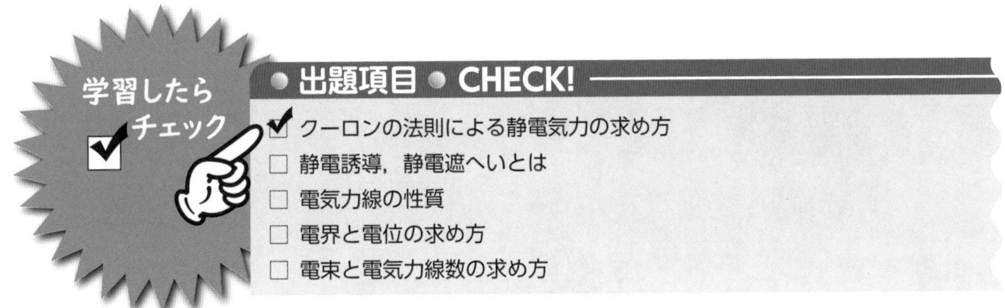

③ 太字の部分は，国家試験問題を解答するときのポイントになる部分です．特に注意して学習してください．

④ 「Point」は，国家試験問題を解くために必要な用語や公式などについてまとめてあります．

⑤ 「数学の計算」は，本文を理解するために必要な数学の計算方法を説明してあります．

2 国家試験問題

① ほぼ過去10年間に出題された問題を項目ごとにまとめてあります．

② 国家試験では，全く同じ問題が出題されることはほぼありません．計算の数値や求める量が変わったり，正解以外の選択肢の内容が変わって出題されますので，まどわされないように注意してください．

③ 各問題の解説のうち，計算問題については，計算の解き方を解説してあります．公式を覚えることは重要ですが，それだけでは答えが出せませんので，計算の解き方をよく確かめて計算方法に慣れてください．また，いくつかの用語のうちから一つを答える問題では，そのほかの用語も示してありますので，それらも合わせて学習してください．

④ 各節の **試験の直前 CHECK!** には，国家試験問題を解くために必要な用語や公式などをあげてあります．学習したらチェックしたり，試験の直前に覚えにくい内容のチェックに利用してください．

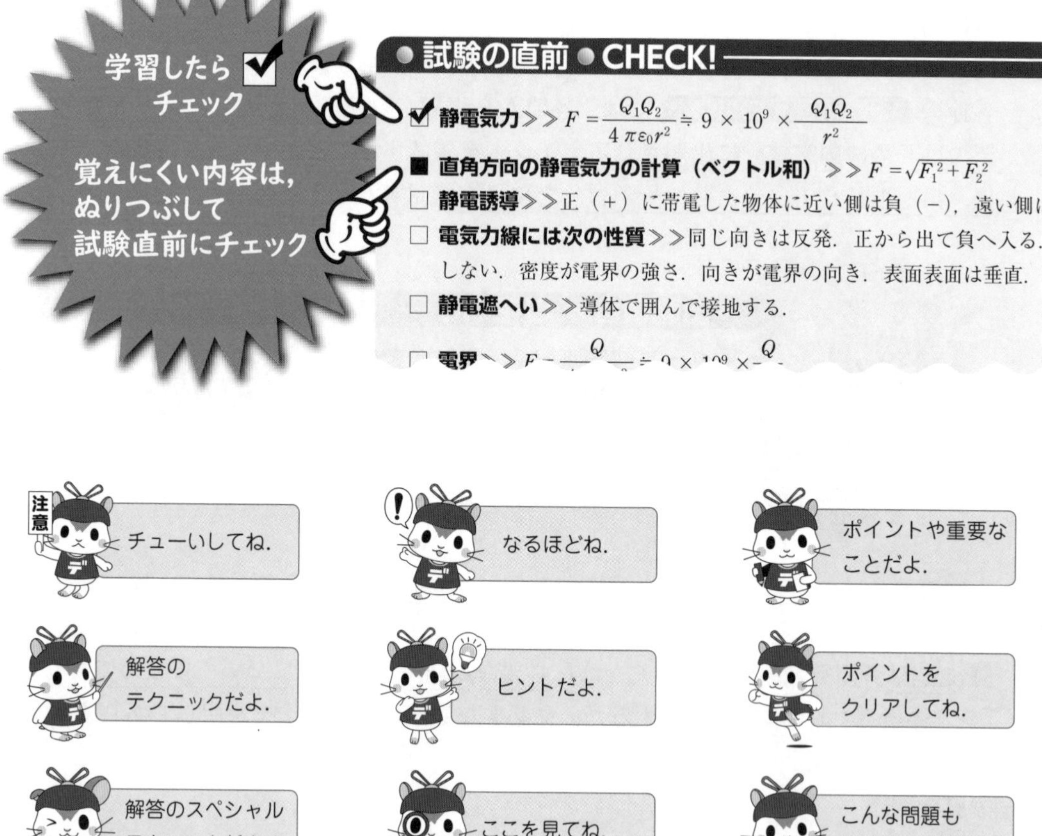

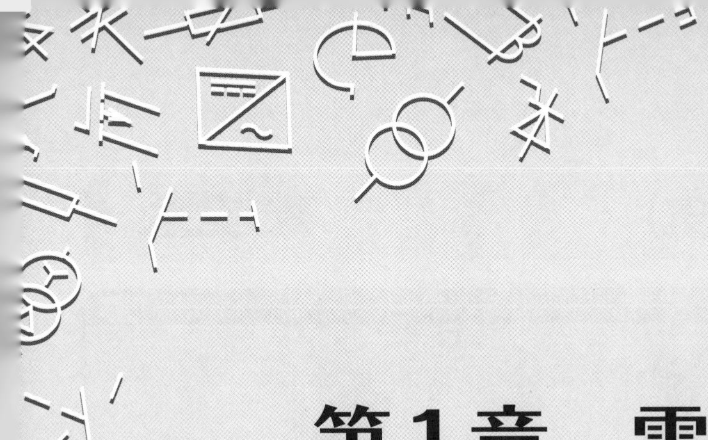

第1章　電気物理

1・1　電気磁気（静電気）

重要知識

出題項目 CHECK!

- □ クーロンの法則による静電気力の求め方
- □ 静電誘導，静電遮へいとは
- □ 電気力線の性質
- □ 電界と電位の求め方
- □ 電束と電気力線数の求め方

1・1・1　静電気に関するクーロンの法則

物体を摩擦すると静電気が発生します．このとき物体のもつ電気を電荷といいます．電荷には，正(+)と負(−)があります．同じ種類の電荷どうしは，互いに反発し合い，異なる種類の電荷は，互いに引き合います．

図1.1のように真空中でr〔m〕離れた二つの点電荷Q_1，Q_2〔C：クーロン〕の間に働く力の大きさF〔N：ニュートン〕は，次式で表されます．

$$F=\frac{Q_1 Q_2}{4\pi\varepsilon_0 r^2}\fallingdotseq 9\times10^9\times\frac{Q_1 Q_2}{r^2}\ \text{〔N〕} \tag{1.1}$$

ただし，ε_0は真空の誘電率と呼び次式で表されます．

$$\varepsilon_0\fallingdotseq\frac{1}{36\pi}\times10^{-9}\ \text{〔F/m〕} \tag{1.2}$$

媒質の誘電率εは，比誘電率をε_rとすると$\varepsilon=\varepsilon_0\varepsilon_r$で表されます．

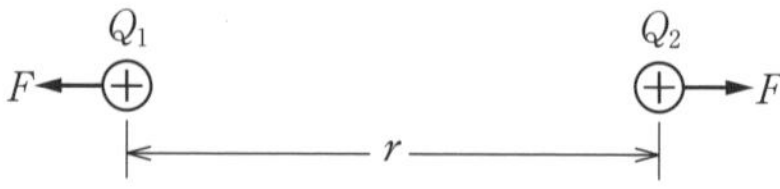

図1.1　二つの点電荷間の力

≒は約を表す記号
εはギリシャ文字の「イプシロン」，θは「シータ」だよ．

力の方向は二つの電荷を結ぶ直線上にあります．同じ電荷どうしが反発力，異なる電荷には吸引力が働きます．

力はベクトル量なので，二つの力の合成は，大きさと方向によって求めることができます．そのとき，**図1.2**のように図を描いて力の平行四辺形の法則より，合成力の大きさを求めます．

図1.2(a)のように直角方向に向いた合成力F_0〔N〕は，次式で表されます．

$$F_0=\sqrt{F_1^2+F_2^2}\ \text{〔N〕} \tag{1.3}$$

$F_1=F_2=F$の場合は，F_0は次式で表されます．

$$F_0=\sqrt{2}F\ \text{〔N〕} \tag{1.4}$$

θが直角と60°の値が計算できれば，大丈夫だよ．

図1.2(b)のように$\theta=60°$方向に向いた同じ大きさの力F〔N〕を合成すると

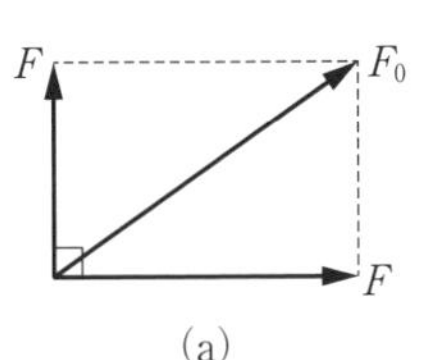

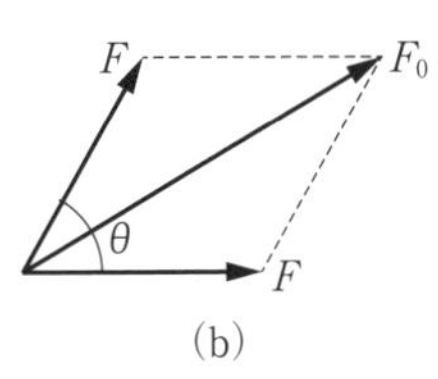

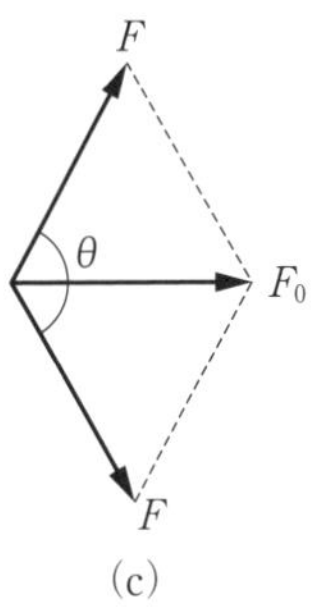

図 1.2　二つの静電気力の合成

図(c)は正三角形だから，辺の長さが同じだよ．

F_0〔N〕は，次式で表されます．

$$F_0 = \sqrt{3}\,F \text{〔N〕} \tag{1.5}$$

図1.2(c)のように $\theta = 120°$ の場合の F_0〔N〕は，次式で表されます．

$$F_0 = F \text{〔N〕} \tag{1.6}$$

1·1·2　静電誘導

図1.3のように正(＋)に帯電している物体aに帯電していない導体bを近づけると，導体bの帯電している物体に近い側には負(−)の電荷が，遠い側には正(＋)の電荷が生じます．また，負(−)に帯電している物体に近い側には正(＋)の電荷が，遠い側には負(−)の電荷が生じます．これを**静電誘導**といいます．

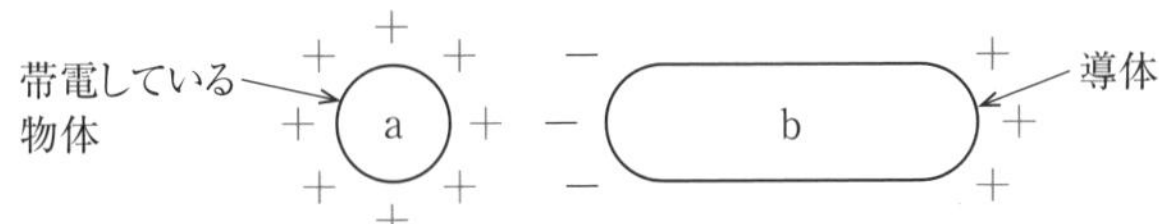

図 1.3　静電誘導

磁石にクリップがいっぱい引っつく磁気誘導と同じだね．

1·1·3　電気力線

図1.4のように電気による力の状態を表した仮想な線を**電気力線**といいます．電気力線は正(＋)極から出て負(−)極に入ります．つながっている電気力線は，ゴムひものように縮まる性質をもっています．

電気力線には次の性質があります．

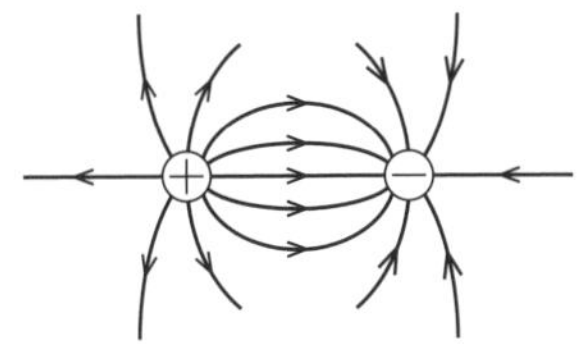

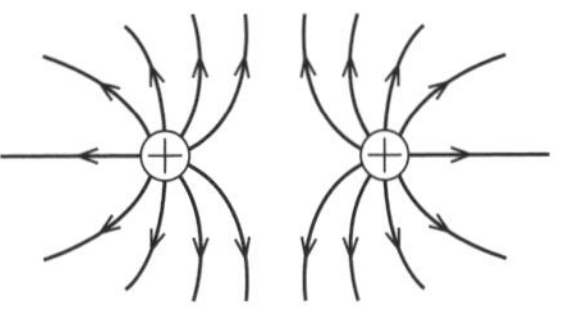

図 1.4　電気力線

電気力線がつながっているところは，ゴムひもが縮まって引っ張り合う力が働くよ．

① 同じ向きの電気力線どうしは反発します．
② 電気力線は正(＋)の電荷から出て，負(－)の電荷へ入ります．
③ 電気力線は途中で分岐したり，他の電気力線と交差したりしません．
④ 任意の点における電気力線の密度は，その点の電界の強さを表します．
⑤ 任意の点における電界の向きは，電気力線の接線の向きと一致します．
⑥ 導体の電気力線は導体の表面に垂直に出入りします．

電気力線密度が電界の強さを表すよ．電気力線の接線方向が電界の向きなので電気力線を描けば，電界の様子が分かるね．

1･1･4　電　界

電気による力の影響がある状態を電界といいます．真空中で点電荷 Q〔C〕から r〔m〕離れた電界の大きさ E〔V/m：ボルト毎メートル〕は，次式で表されます．

$$E=\frac{Q}{4\pi\varepsilon_0 r^2}\fallingdotseq 9\times10^9\times\frac{Q}{r^2}\text{〔V/m〕} \tag{1.7}$$

合成電界は静電気力の合成と同じベクトル和だよ．3ページの図を見てね．

Point

電界は，ある位置における単位電荷に働く力を表します．式(1.1)において $Q_1=Q$，$Q_2=1$ とすると，式(1.7)となります．電界も力と同じベクトル量なので，合成電界を求めるときは，ベクトル和としてベクトル図より求めます．

また，単位面積当たりの電気力線数(電気力線密度)が電界の大きさを表します．

1･1･5　静電遮へい

図1.5のように正(＋)に帯電している物体の周りを導体で囲むと導体の内側に負(－)の電荷が発生し，導体の外側に正(＋)の電荷が発生します．電荷は図1.5(a)のように導体の外部にも発生します．

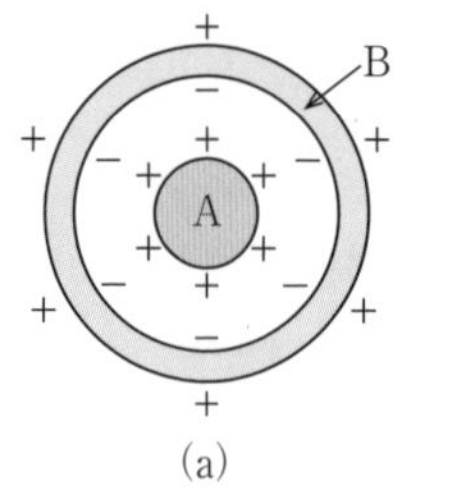

(a)

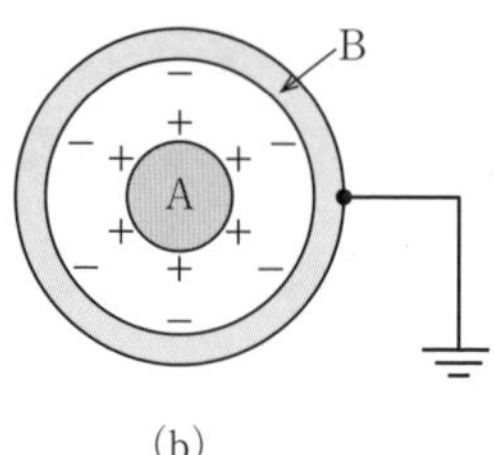

(b)

図1.5　静電遮へい

次に導体を大地に接地すると図1.5(b)のように導体の外部の電荷は，大地に移動してなくなるので，導体の外部に帯電体による影響がなくなります．これを静電遮へいと呼びます．

周りを囲んで接地するのが遮へいだね．
磁気の場合は接地しないよ．磁力線は金属などの磁性体の中を通るよ．

1·1·6　ガウスの法則

真空中に点電荷 Q〔C〕を置いたとき，点電荷から発する全電束 Φ〔C〕および全電気力線数 N は，次式で表されます．

$$\Phi = Q \text{〔C〕} \tag{1.8}$$

$$N = \frac{Q}{\varepsilon_0} \tag{1.9}$$

ある点の**電気力線密度** n は，電界の大きさ E〔V/m〕と同じであると定義されているので，電界 E と電束密度 D〔C/m^2〕の関係は，次式で表されます．

$$D = \varepsilon_0 E \text{〔C/m}^2\text{〕} \tag{1.10}$$

電荷 Q〔C〕を取り囲む任意の面を考えたとき，その面を通る全電気力線数は，面内に存在する電荷から発生する全電気力線数と一致します．これを表すのが**ガウスの法則**です．**図1.6**のように半径 r〔m〕の球の中心に電荷 Q〔C〕があるとき，球の表面積を S〔m^2〕，電界の大きさを E〔V/m〕，真空の誘電率を ε_0 とすると，ガウスの法則より次式が成り立ちます．

$$SE = \frac{Q}{\varepsilon_0} \tag{1.11}$$

電界を求めると，次式で表されます．

$$E = \frac{Q}{S\varepsilon_0} = \frac{Q}{4\pi\varepsilon_0 r^2} \text{〔V/m〕} \tag{1.12}$$

真空中の電荷 Q から出る全電気力線数は，$\frac{Q}{\varepsilon_0}$ だよ．ガウスの法則から求めた式(1.12)は，クーロンの法則から求めた式(1.7)と一致するよ．

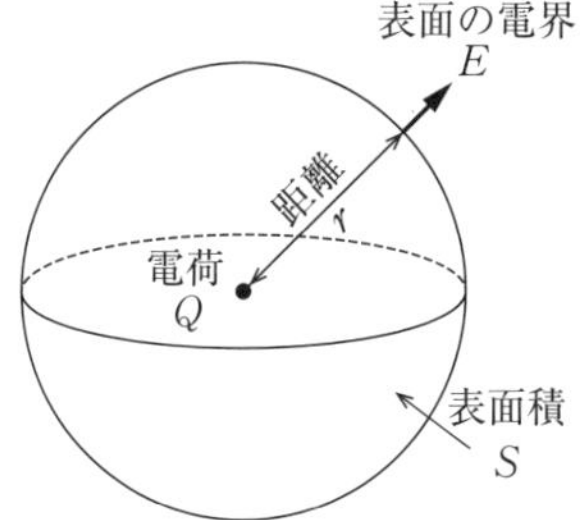

全電束数 $\Phi = Q$

全電気力線数 $N = \frac{Q}{\varepsilon_0}$

ε_0：真空の誘電率

電束密度 $D = \frac{Q}{S}$

電気力線密度 $n = \frac{Q}{\varepsilon_0 S}$

図 1.6　電束数と電気力線数

ガウスの法則は，どんな面でも成り立つよ．計算には積分が使われるのだけど，球の場合は掛け算だから計算が簡単だね．

1·1·7　電　位

(1) 平等電界中の電位

電界が場所によって一様な平等電界 E〔V/m〕の中で，電界と同じ方向に r〔m〕離れた点の電位 V〔V〕は，次式で表されます．

$$V = Er \text{〔V〕} \tag{1.13}$$

電位〔V〕は単位電荷〔C〕当たりの仕事量〔J：ジュール〕を表します．

(2) 点電荷の電位

真空中に点電荷 Q〔C〕を置いたとき，点電荷から r〔m〕離れた点の電位 V〔V〕は，次式で表されます.

$$V = \frac{Q}{4\pi\varepsilon_0 r} \text{〔V〕} \tag{1.14}$$

Point

導体球による電界と電位

導体球に電荷を与えると，電荷は球の表面に一様に分布します．電気力線も球の中心に電荷が存在する場合と同じように発生します．ガウスの法則によって，球の外部に発生する電界は球の中心に点電荷が存在する場合と等価的に表すことができます．電位も同様に球の中心に電荷が存在する場合と等価的に表すことができます．

電荷から飛び出る全電気力線の数が決まっているのだから，その電荷を球の表面に均等に並べれば，そこから飛び出る全電気力線の数は変わらないよね．だから，球の中心に電荷があるのと同じになるんだよ．

(3) 電位の計算

電界はベクトル量なので，合成電界を求めるときは単なる代数和では求めることができませんが，電位は電界と異なり大きさのみのスカラ量なので，合成電位はそれぞれの電位の代数和として計算することができます．ある点に二つの電荷による電位 V_1〔V〕と V_2〔V〕があるとき，合成電位 V〔V〕は次式で表されます．

$$V = V_1 + V_2 \text{〔V〕} \tag{1.15}$$

電位は山の高さや気圧などのような方向が関係ない量です．電界は山の傾斜や風などのように向きがある量です．

電位は正と負があるので，引き算もあるよ．

試験の直前 ● CHECK!

- □ **静電気力**≫ $F = \frac{Q_1 Q_2}{4\pi\varepsilon_0 r^2} \fallingdotseq 9\times10^9 \times \frac{Q_1 Q_2}{r^2}$
- □ **直角方向の静電気力の計算（ベクトル和）**≫ $F_0 = \sqrt{F_1^2 + F_2^2}$
- □ **静電誘導**≫正（＋）に帯電した物体に近い側は負（－），遠い側は正（＋）．
- □ **電気力線の性質**≫同じ向きは反発．正から出て負へ入る．分岐しない．交差しない．密度が電界の強さ．向きが電界の向き．導体の表面では垂直．
- □ **静電遮へい**≫導体で囲んで接地する．
- □ **点電荷の電界**≫ $E = \frac{Q}{4\pi\varepsilon_0 r^2} \fallingdotseq 9\times10^9 \times \frac{Q}{r^2}$
- □ **電荷 Q から出る全電束数，全電気力線数**≫ $\Phi = Q$，　$N = \frac{Q}{\varepsilon_0}$
- □ **平等電界 E 中の電位**≫ $V = Er$
- □ **点電荷の電位**≫ $V = \frac{Q}{4\pi\varepsilon_0 r} \fallingdotseq 9\times10^9 \times \frac{Q}{r}$
- □ **電位の計算（スカラ和）**≫ $V = V_1 + V_2$

国家試験問題

問題 1

次の文章は，静電気に関する記述である．

図のように真空中において，負に帯電した帯電体Aを，帯電していない絶縁された導体Bに近づけると，導体Bの帯電体Aに近い側の表面c付近に［（ア）］の電荷が現れ，それと反対側の表面d付近に［（イ）］の電荷が現れる．

この現象を［（ウ）］という．

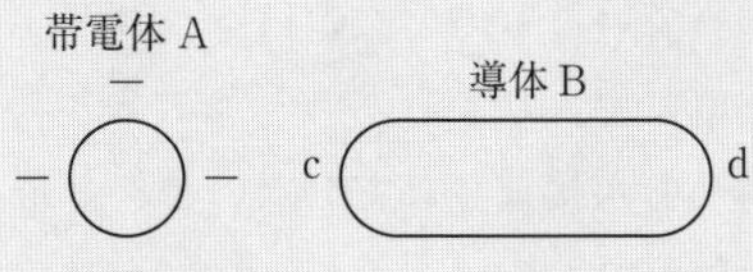

上記の記述中の空白箇所（ア），（イ）及び（ウ）に当てはまる組合せとして，正しいものを次の(1)～(5)のうちから一つ選べ．

	（ア）	（イ）	（ウ）
(1)	正	負	静電遮へい
(2)	負	正	静電誘導
(3)	負	正	分極
(4)	負	正	静電遮へい
(5)	正	負	静電誘導

(H26−2)

解説

負に帯電している帯電体に近い側には正の電荷が，遠い側には負の電荷が生じます．この現象を静電誘導といいます．

囲ってないから（ウ）は「遮へい」じゃないよね．「分極」は選択肢の中で一つしかないから，これだけで答えが分かる選択肢なんて違うよね．（ア）か（イ）の正負だけ分かれば言葉の意味から答えが見つかるね．

問題 2

図に示すように，誘電率 ε_0〔F/m〕の真空中に置かれた静止した二つの電荷A〔C〕及びB〔C〕があり，図中にその周囲の電気力線が描かれている．電荷$A = 16\varepsilon_0$〔C〕であるとき，電荷B〔C〕の値として，正しいのは次のうちどれか．

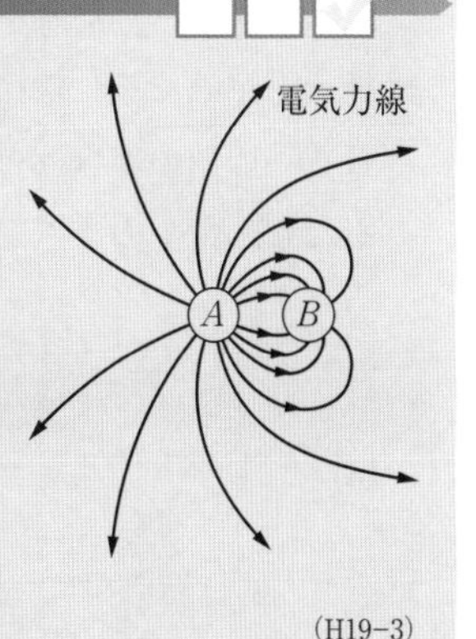

(1) $16\varepsilon_0$　(2) $8\varepsilon_0$　(3) $-4\varepsilon_0$

(4) $-8\varepsilon_0$　(5) $-16\varepsilon_0$

(H19−3)

解説

真空中の電荷Q〔C〕から出る全電気力線数Nは，

$$N=\frac{Q}{\varepsilon_0} \tag{1.16}$$

によって表されます．電荷Ａから16本出ていて，電荷Ｂは8本入っているので，

$B=-8\varepsilon_0$〔C〕

です．

Ｂの電荷は電気力線が入る方向なので，電荷は負（−）だよ．答えは(3)，(4)，(5)のどれかだよ．

問題3

静電界に関する記述として，誤っているものを次の(1)～(5)のうちから一つ選べ．

(1) 電気力線は，導体表面に垂直に出入りする．

(2) 帯電していない中空の球導体Ｂが接地されていないとき，帯電した導体Ａを導体Ｂで包んだとしても，導体Ｂの外部に電界ができる．

(3) Q〔C〕の電荷から出る電束の数や電気力線の数は，電荷を取り巻く物質の誘電率ε〔F/m〕によって異なる。

(4) 導体が帯電するとき，電荷は導体の表面にだけ分布する．

(5) 導体内部は等電位であり，電界は零である．

(H23-1)

解説

誤っている選択肢は，正しくは次のようになります．

(3) 電荷Q〔C〕電荷から出る電束の数は電荷を取り巻く物質の誘電率 ε〔F/m〕に関係しない．電気力線の数は$\dfrac{Q}{\varepsilon}$によって表されるので，誘電率によって異なる．

同じような問題が次の試験で出るときは，選択肢の内容が異なるので，誤っている選択肢以外もよく読んで覚えてね．

問題4

図のように，真空中の直線上に間隔r〔m〕を隔てて，点Ａ，Ｂ，Ｃがあり，各点に電気量$Q_A=4\times10^{-6}$ C，Q_B〔C〕，Q_C〔C〕の点電荷を置いた．これら三つの点電荷に働く力がそれぞれ零になった．このとき，Q_B〔C〕及びQ_C〔C〕の値の組合せとして，正しいものを次の(1)～(5)のうちから一つ選べ．

ただし，真空の誘電率をε_0〔F/m〕とする．

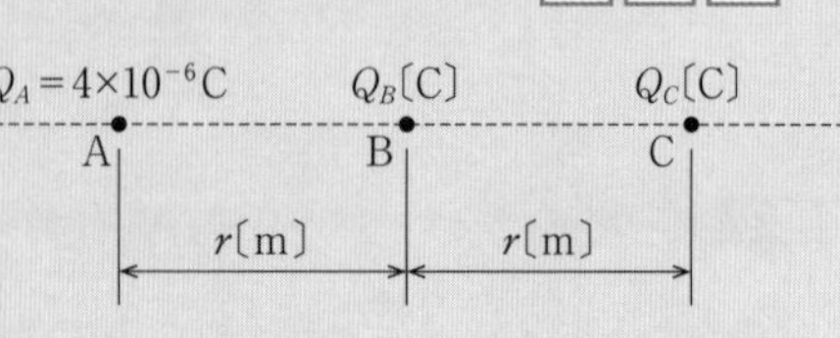

	Q_B	Q_C
(1)	1×10^{-6}	-4×10^{-6}
(2)	-2×10^{-6}	8×10^{-6}
(3)	-1×10^{-6}	4×10^{-6}
(4)	0	-1×10^{-6}
(5)	-4×10^{-6}	1×10^{-6}

(H25-2)

解説

Q_Aが正なので，すべての電荷が釣り合うのは**図1.7**のようにQ_Bが負，Q_Cが正のときです．また，Q_Bに働く力が釣り合うのは，$Q_A=Q_C$のときです．

Q_AとQ_CによってQ_Bに働く力の大きさが同じときに，Q_Bに働く力が釣り合うんだよ．それぞれの力の大きさはQ_AとQ_Cに比例するので，AB間とBC間の距離が同じだから，$Q_A=Q_C$になるんだよ．

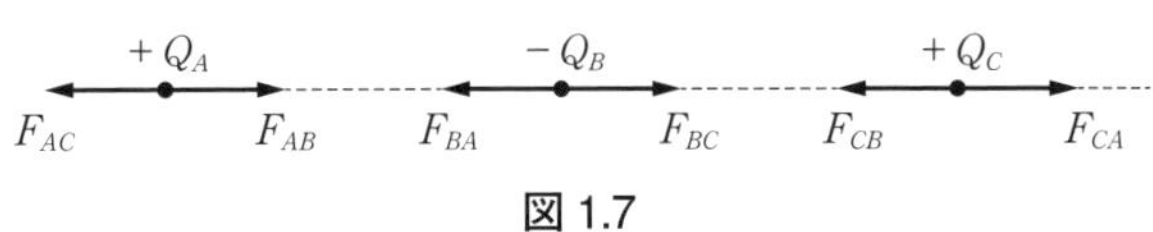

図1.7

Q_Aに働く力を考えると，点Aと点Bの電荷間の力の大きさF_{AB}と点Aと点Cの電荷間の力の大きさF_{AC}が同じ大きさになります．

クーロンの法則より点電荷Q_A，Q_B〔C〕が，r〔m〕離れて置かれているとき，点Aの力F_{AB}と点Bの力F_{BA}は同じ大きさとなり，F_{AB}〔N〕は次式で表されます．

$$F_{AB} \fallingdotseq 9\times10^9\times\frac{Q_AQ_B}{r^2}\ \text{〔N〕} \tag{1.17}$$

点Aと点Cの電荷間の力の大きさF_{AC}は，距離が$2r$となるので，F_{AB}と同じ大きさになるにはQ_CがQ_Bの2^2倍とならなければならないので，次式となります．

$$Q_C=2^2\times Q_B=4Q_B \tag{1.18}$$

この関係が成り立つのは，(1)，(2)，(3)ですが，Q_Bが負，Q_Cが正で，$Q_A=Q_C$の関係を満足するのは，(3)の$Q_B=-1\times10^{-6}$ C，$Q_C=4\times10^{-6}$ Cです．

$Q_B=0$ Cは力が働かないから間違いだよ．Q_Bに働く力が釣り合うには，Q_AとQ_Cが同じ値だよ．また，Q_Bが負ではないとQ_AとQ_Cに働く力が釣り合わないので，答えは(3)だよ．

問題5

真空中において，図に示すように，一辺の長さが6 mの正三角形の頂点Aに4×10^{-9} Cの正の点電荷が置かれ，頂点Bに-4×10^{-9} Cの負の点電荷が置かれている．正三角形の残る頂点を点Cとし，点Cより下した垂線と正三角形の辺ABとの交点を点Dとして，次の(a)及び(b)に答えよ．

ただし，クーロンの法則の比例定数を9×10^9 N・m²/C²とする．

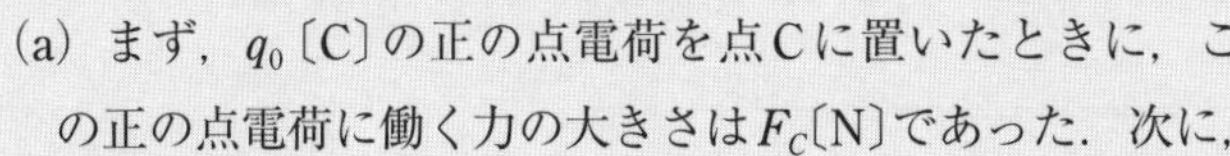

(a) まず，q_0〔C〕の正の点電荷を点Cに置いたときに，この正の点電荷に働く力の大きさはF_C〔N〕であった．次に，この正の点電荷を点Dに移動したときに，この正の点電荷に働く力の大きさはF_D〔N〕であった．力の大きさの比$\frac{F_C}{F_D}$の値として，正しいのは次のうちどれか．

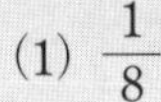

(1) $\frac{1}{8}$　(2) $\frac{1}{4}$　(3) 2　(4) 4　(5) 8

（p.7の解答）**問題1**→(5)　**問題2**→(4)

(b) 次に，q_0〔C〕の正の点電荷を点Dから点Cの位置に戻し，強さが0.5 V/mの一様な電界を辺ABに平行に点Bから点Aの向きに加えた．このとき，q_0〔C〕の正の点電荷に電界の向きと逆の向きに2×10^{-9} Nの大きさの力が働いた．正の点電荷q_0〔C〕の値として，正しいのは次のうちどれか．

(1) $\frac{3}{4}\times10^{-9}$ (2) 2×10^{-9} (3) 4×10^{-9} (4) $\frac{3}{4}\times10^{-8}$ (5) 2×10^{-8}

(H22-17)

解説

(a) クーロンの法則より点電荷Q〔C〕，q_0〔C〕が，r〔m〕離れて置かれているとき，各点電荷に働く力の大きさF〔N〕は，次式で表されます．

$$F=\frac{Qq_0}{4\pi\varepsilon_0 r^2}=9\times10^9\times\frac{Qq_0}{r^2}=k\frac{Qq_0}{r^2}\ \text{〔N〕} \tag{1.19}$$

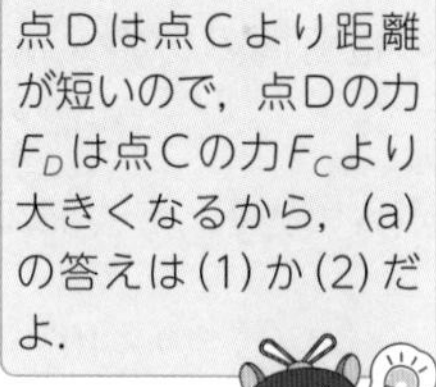

点Cの電荷に働く力の大きさは，点Aと点Cの電荷間の力F_{AC}〔N〕と点Bと点Cの電荷間の力F_{BC}〔N〕の合成力F_C〔N〕となるので，**図1.8** (a)のように表されます．このとき，三角形ABCとF_{AC}，F_{BC}，F_Cの作る三角形は正三角形となるので，

$$F_C=F_{AC}$$

となります．

電荷が点Dに移動すると，距離rが$\frac{1}{2}$となるので点Aと点Dの電荷間の力F_{AD}は式(1.19)よりF_{AC}の4倍となります．このときF_{AD}〔N〕と点Bと点Dの電荷間の力F_{BD}〔N〕の合成力F_Dは図1.8(b)のように直線AB上で同じ方向なので，

$$F_D=2F_{AD}$$

となるから，$F_D=8F_C$の関係で表されます．

よって，$\frac{F_C}{F_D}=\frac{1}{8}$となります．

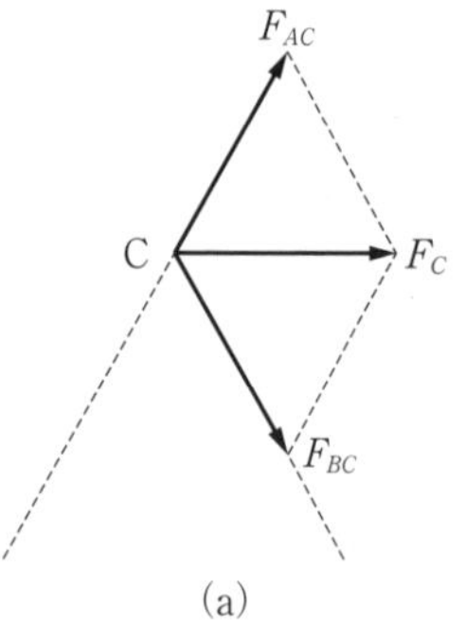

(a)

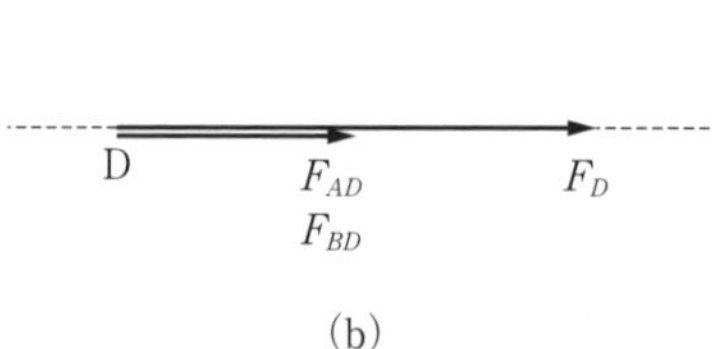

(b)

図1.8

(b) 点Cの電界の強さをE〔V/m〕，電界と電荷q_0による力の大きさをF_E〔N〕，(1)の電荷間の合成力がF_C〔N〕より，q_0に働く力の大きさF〔N〕は次式で表されます．

$$F=F_C-F_E=9\times10^9\times\frac{Qq_0}{r^2}-Eq_0$$

$$2\times10^{-9}=9\times10^9\times\frac{4\times10^{-9}\times q_0}{6^2}-0.5\times q_0=q_0-0.5\times q_0=0.5\times q_0$$

よって，$q_0=4\times10^{-9}$ Cとなります．

電界の方向と逆向きの力が働いたので，F_C-F_E の式で計算するよ．

問題 6

図のように，真空中に点P，点A，点Bが直線上に配置されている．点PはQ〔C〕の点電荷を置いた点とし，A–B間に生じる電位差の絶対値を$|V_{AB}|$〔V〕とする．次の(a)～(d)の四つの実験を個別に行ったとき，$|V_{AB}|$〔V〕の値が最小となるものと最大となるものの実験の組合せとして，正しいものを次の(1)～(5)のうちから一つ選べ．

［実験内容］

(a) P–A間の距離を2 m，A–B間の距離を1 mとした．

(b) P–A間の距離を1 m，A–B間の距離を2 mとした．

(c) P–A間の距離を0.5 m，A–B間の距離を1 mとした．

(d) P–A間の距離を1 m，A–B間の距離を0.5 mとした．

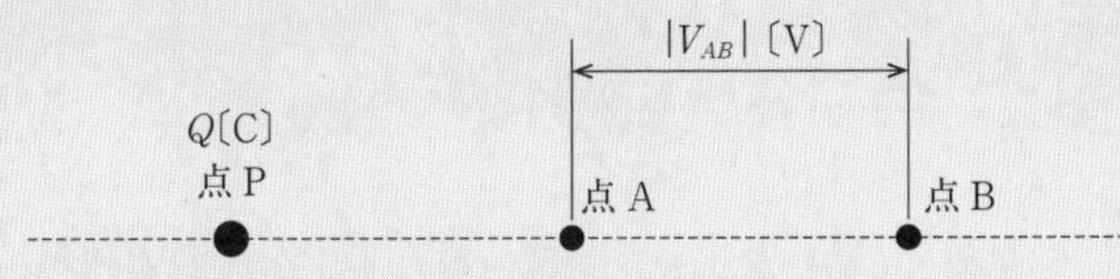

(1) (a)と(b)　(2) (a)と(c)　(3) (a)と(d)

(4) (b)と(c)　(5) (c)と(d)

（R1—1）

解説

点Pの点電荷Q〔C〕からr〔m〕離れた点の電位V〔V〕は，次式で表されます．

$$V=\frac{Q}{4\pi\varepsilon_0 r}=9\times10^9\times\frac{Q}{r}=k\frac{Q}{r} \tag{1.20}$$

P–A間の距離をr_A〔m〕，A–B間の距離をr_{AB}〔m〕とすると，点Aの電位V_A〔V〕は，式(1.20)のrをr_Aとして，点Bの電位V_B〔V〕は，式(1.20)のrをr_A+r_{AB}とすれば求めることができるので，電位差V_{AB}の絶対値は，V_Aの方が点Pに近くて大きいから，次式によって求めることができます．

$$V_{AB}=V_A-V_B=kQ\left(\frac{1}{r_A}-\frac{1}{r_A+r_{AB}}\right) \tag{1.21}$$

式(1.21)の(　)内を比較すればV_{AB}の値の最小値と最大値を比較することができるので，各実験内容は次式で表されます．

(a) $\frac{1}{2}-\frac{1}{2+1}=\frac{1}{2}-\frac{1}{3}=\frac{3}{6}-\frac{2}{6}=\frac{1}{6}\fallingdotseq0.17$

電卓が使えるので，分数式の計算をやらないで電卓で計算していいよ．分母の足し算は先に計算するんだよ．

（p.8の解答）問題3→(3)　問題4→(3)

(b) $\dfrac{1}{1}-\dfrac{1}{1+2}=\dfrac{3}{3}-\dfrac{1}{3}=\dfrac{2}{3}\fallingdotseq 0.67$

(c) $\dfrac{1}{0.5}-\dfrac{1}{0.5+1}=\dfrac{3}{1.5}-\dfrac{1}{1.5}=\dfrac{2}{1.5}=\dfrac{4}{3}\fallingdotseq 1.33$

(d) $\dfrac{1}{1}-\dfrac{1}{1+0.5}=\dfrac{1.5}{1.5}-\dfrac{1}{1.5}=\dfrac{0.5}{1.5}=\dfrac{1}{3}\fallingdotseq 0.33$

よって，V_{AB}の値が最小値となるものと最大値となるものの組合せは，(a)と(c)になります．

r_Aとr_{AB}の比を比較すると(a)と(d)が２：１で，(b)と(c)が１：２になるよね．電位差は距離が大きい方が大きいので，その比も(a)と(d)よりも(b)と(c)の方が大きくなるので，(a)と(d)のどちらかが最小で，(b)と(c)のどちらかが最大だよ．点Aの電位を考えると遠くにある(a)の方が(d)より低くなるから，V_{AB}も低くなるので(a)が最小だよ．(b)と(c)では近くにある(c)の方が(b)より高くなるから(c)が最大だね．

問題７

真空中において，図のように点Aに正電荷$+4Q$〔C〕，点Bに負電荷$-Q$〔C〕の点電荷が配置されている．この2点を通る直線上で電位が0Vになる点を点Pとする．点Pの位置を示すものとして，正しいものを組み合わせたのは次のうちどれか．なお，無限遠の点は除く．

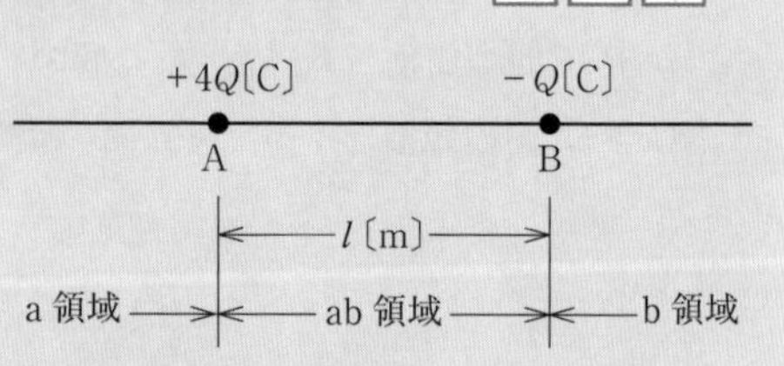

ただし，点Aと点B間の距離をl〔m〕とする．また，点Aより左側の領域をa領域，点Aと点Bの間の領域をab領域，点Bより右側の領域をb領域とし，真空の誘電率をε_0〔F/m〕とする．

	a 領域	ab 領域	b 領域
(1)	点Aより左$\dfrac{l}{3}$〔m〕の点	この領域には存在しない	点Bより右l〔m〕の点
(2)	この領域には存在しない	点Aより右$\dfrac{4l}{5}$〔m〕の点	点Bより右$\dfrac{l}{3}$〔m〕の点
(3)	この領域には存在しない	この領域には存在しない	点Bより右l〔m〕の点
(4)	点Aより左$\dfrac{l}{3}$〔m〕の点	点Aより右$\dfrac{4l}{5}$〔m〕の点	点Bより右$\dfrac{l}{3}$〔m〕の点
(5)	この領域には存在しない	点Aより右$\dfrac{4l}{5}$〔m〕の点	点Bより右l〔m〕の点

(H22-1)

解説

電位は山の高さと考えると図1.9のように，距離に反比例する電位の図を描くことができます．点電荷による電位は電荷に比例し距離に反比例するので，点Aの電荷Q_A〔C〕による点Bの電位V_Bと点Bの電荷Q_B〔C〕による点Aの電位V_Aは，$V_B：V_A=4：1$の関係があります．よって，電位が0Vになるのは，a領域には存在しないで，ab領域とb領域に存在します．

点電荷Qからr離れた点の電位Vは，次の式で表されるよ．

$$V=\frac{Q}{4\pi\varepsilon_0 r}$$

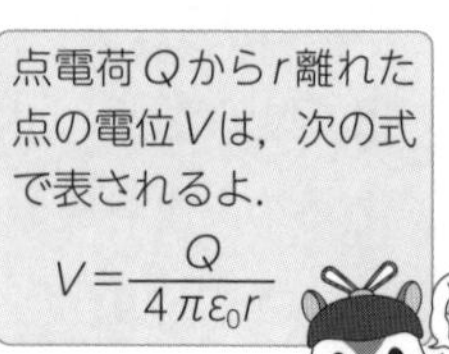

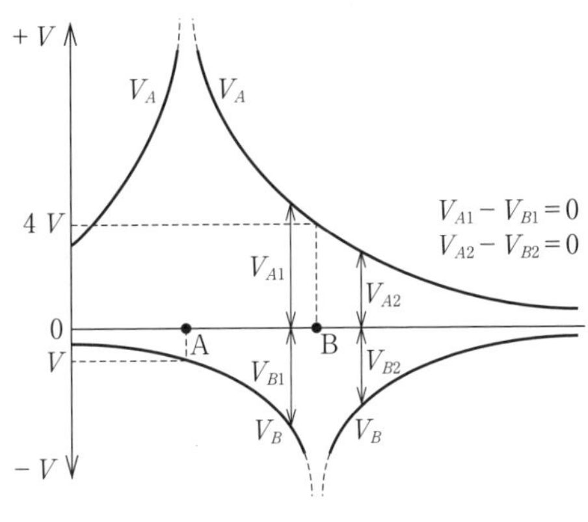

図 1.9

ab 領域と b 領域に存在することが分かれば，選択肢は (2) か (5) に絞られるので，b 領域を計算できれば答えが見つかるね.

b 領域を先に求めると，b 領域で電位が 0 V になる点において，B からの位置を r〔m〕とすると次式が成り立ちます.

$$\frac{Q_A}{4\pi\varepsilon_0(l+r)} + \frac{Q_B}{4\pi\varepsilon_0 r} = 0$$

よって，

$$\frac{4Q}{l+r} - \frac{Q}{r} = 0$$

$$\frac{4}{l+r} = \frac{1}{r}$$

$$4r = l + r$$

$$3r = l$$

となります．したがって，r は点 B より右に $\frac{l}{3}$ の点です.

ab 領域で電位が 0 V になる A からの位置を r〔m〕とすると次式が成り立ちます.

$$\frac{Q_A}{4\pi\varepsilon_0 r} + \frac{Q_B}{4\pi\varepsilon_0(l-r)} = 0$$

よって，

$$\frac{4Q}{r} - \frac{Q}{l-r} = 0$$

$$\frac{4}{r} = \frac{1}{l-r}$$

$$4(l-r) = r$$

$$4l = 5r$$

となります．したがって，r は点 A より右に $\frac{4l}{5}$ の点です.

電位の計算は電荷の (+) (−) をそのまま代入して求めればいいんだね.

(p.9 ～ p.12 の解答) **問題 5** →(a)−(1)，(b)−(3)　**問題 6** →(2)　**問題 7** →(2)

1·2　電気磁気（静電容量）

重要知識

出題項目 CHECK!

- □ 静電容量の求め方
- □ コンデンサの並列接続と直列接続の合成静電容量の求め方
- □ 直列接続されたコンデンサの端子電圧の求め方
- □ 静電エネルギーの求め方

1·2·1　静電容量

真空中に半径a〔m〕の導体球を置いて点電荷Q〔C〕を与えると，導体球の表面に電位V〔V〕が発生します．このとき，ガウスの法則より球の中心に点電荷が存在することと等価的に扱うことができるので，電位Vは次式で表されます．

$$V=\frac{Q}{4\pi\varepsilon_0 a}\text{〔V〕} \tag{1.22}$$

電位と電荷は比例するので，

$$Q=CV\text{〔C〕} \tag{1.23}$$

の式で表すことができ，式(1.23)のC〔F：ファラド〕を静電容量といいます．半径aの導体球の静電容量は，式(1.22)，(1.23)より次式で表されます．

$$C=\frac{Q}{V}=4\pi\varepsilon_0 a\text{〔F〕} \tag{1.24}$$

面積S〔m^2〕の2枚の金属板の電極を図1.10のように間隔d〔m〕離して平行に置き，極板間にV〔V〕の電圧を加えると，極板には電荷Q〔C〕が蓄えられます．極板間の電気力線は平行で一様なので，極板間の電束密度D〔C/m^2〕と電界E〔V/m〕は次式で表されます．

$$D=\frac{Q}{S}\text{〔C/m}^2\text{〕} \tag{1.25}$$

$$E=\frac{Q}{\varepsilon S}\text{〔V/m〕} \tag{1.26}$$

ここで，

$$\varepsilon=\varepsilon_r\varepsilon_0$$

によって表されます．ただし，ε_rは比誘電率です．

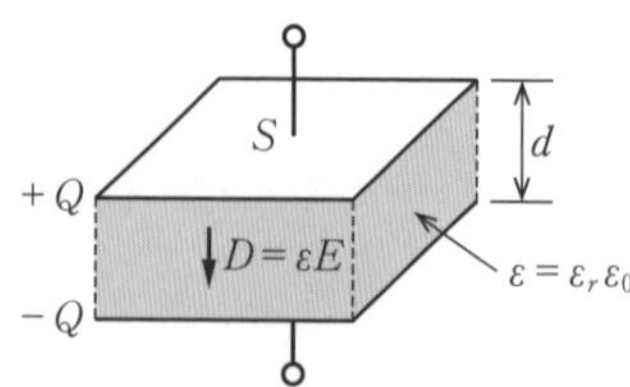

図1.10　平行平板電極の静電容量

Q＝CV
「キュウリは渋い」
で覚えてね．

電荷Qは水の量M．静電容量Cはコップの大きさS（底面積）．電圧Vはコップの水の高さhと同じだよ．

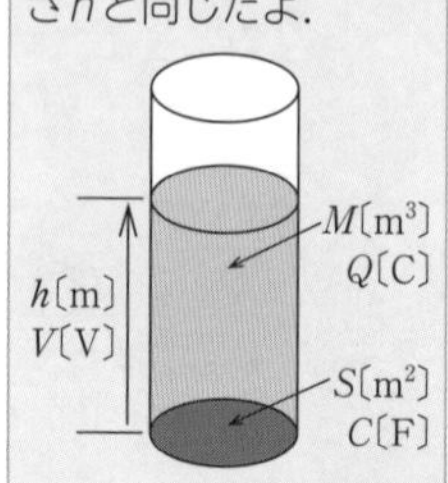

極板間の電位V〔V〕は，

$$V = Ed \text{〔V〕} \tag{1.27}$$

なので，式(1.23)と式(1.26)，(1.27)より，静電容量C〔F〕は次式で表されます．

$$C = \frac{Q}{V} = \frac{Q}{Ed} = \varepsilon \frac{S}{d} \text{〔F〕} \tag{1.28}$$

電荷を蓄えることができる部品をコンデンサといいます．静電容量は誘電体の比誘電率ε_rに比例するので，ε_rの大きい誘電体の材質を使用すると静電容量を大きくすることができます．

静電容量は電極の面積に比例して，間隔に反比例するよ．

数学の計算

零がたくさんある数を表すときに，10を何乗かした累乗を用います．このとき零の数を表す数字を指数と呼び，次のように表されます．

$1 = 10^0$

$10 = 10^1$

$100 = 10^2$

掛け算は，

$1\,000 = 100 \times 10 = 10^2 \times 10^1 = 10^{2+1} = 10^3$

のように指数の足し算で計算します．割り算(分数)は，

$0.1 = 1 \div 10 = \frac{1}{10} = 10^{0-1} = 10^{-1}$

のように指数の引き算で計算します．静電容量の単位は〔μF〕や〔pF〕で表されることが多く，μ(マイクロ)は10^{-6}，p(ピコ)は10^{-12}を表します．

真数の掛け算は指数の足し算，真数の割り算は指数の引き算だよ．関数電卓が使えると楽だけど，国家試験では使えないよ．

1·2·2　コンデンサの接続

いくつかのコンデンサを並列または直列に接続したときに，それらを一つのコンデンサに置き換えた値を合成静電容量といいます．

(1) 並列接続

図1.11 (a)に示すように，並列に接続された各コンデンサに蓄えられた電荷をQ_1，Q_2，Q_3〔C〕，加わる電圧をV〔V〕とすると，全電荷Q〔C〕は次式で表されます．

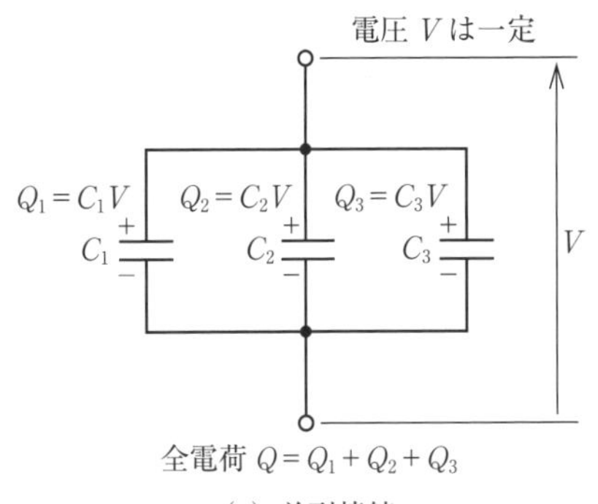

(a) 並列接続

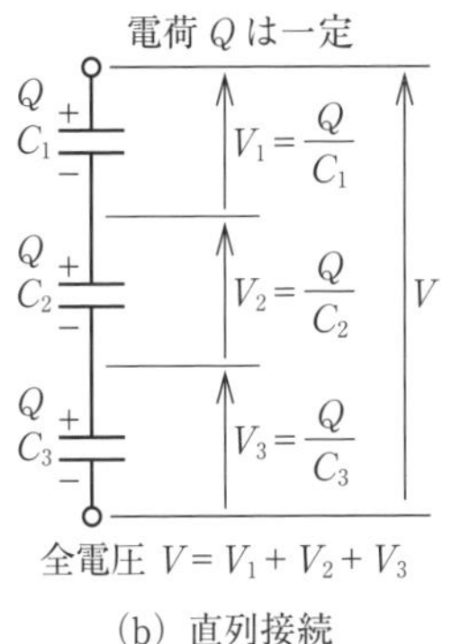

(b) 直列接続

図 1.11　コンデンサの接続

直列接続したときの電荷は，静電誘導によって全部同じ値になるよ．直列接続した抵抗に流れる電流と一緒だよ．

$$Q=C_1V+C_2V+C_3V+\cdots$$
$$=(C_1+C_2+C_3+\cdots)V$$
$$=C_PV$$

よって，並列に接続したときの合成静電容量C_P〔F〕は，次式で表されます．

$$C_P=C_1+C_2+C_3+\cdots〔F〕 \qquad (1.29)$$

(2) 直列接続

図1.11 (b) に示すように，直列に接続された各コンデンサに蓄えられた電荷をQ〔C〕，加わる電圧をV_1，V_2，V_3，…〔V〕とすると，全電圧V〔V〕は次式で表されます．

直列接続したときは，コンデンサの静電容量が小さい方が電圧が大きくなるよ．

$$V=V_1+V_2+V_3+\cdots$$
$$=\frac{Q}{C_1}+\frac{Q}{C_2}+\frac{Q}{C_3}+\cdots=\left(\frac{1}{C_1}+\frac{1}{C_2}+\frac{1}{C_3}+\cdots\right)Q=\frac{1}{C_S}Q$$

したがって，直列に接続したときの合成静電容量C_S〔F〕は，次式で表されます．

$$\frac{1}{C_S}=\frac{1}{C_1}+\frac{1}{C_2}+\frac{1}{C_3}+\cdots \qquad (1.30)$$

コンデンサが二つの場合は，次式を使って計算することができます．

$$C_S=\frac{C_1C_2}{C_1+C_2}〔F〕 \qquad (1.31)$$

式(1.31)はコンデンサが二つの場合にのみ使えるよ．三つ以上のときに二つずつ計算する場合にも使えるよ．

Point

コンデンサの直列接続の計算

小さい方の静電容量C〔F〕とそのn倍の値の静電容量nC〔F〕が直列に接続されているとき，次式によって合成静電容量C_0〔F〕を求めることができます．

$$C_0=\frac{n}{1+n}C〔F〕 \qquad (1.32)$$

同じ値($n=1$)のときは$\frac{1}{2}C$〔F〕，2倍は$\frac{2}{3}C$〔F〕です．

コンデンサを二つ直列接続すると合成静電容量は，小さい方の静電容量の値よりも小さくなります．

1·2·3　電圧の分圧

図1.12の直列に接続されたコンデンサC_1，C_2〔F〕に加わる電圧V_1，V_2〔V〕は，次式で表されます．

$$V_1=\frac{C_2}{C_1+C_2}V〔V〕 \qquad (1.33)$$

$$V_2=\frac{C_1}{C_1+C_2}V〔V〕 \qquad (1.34)$$

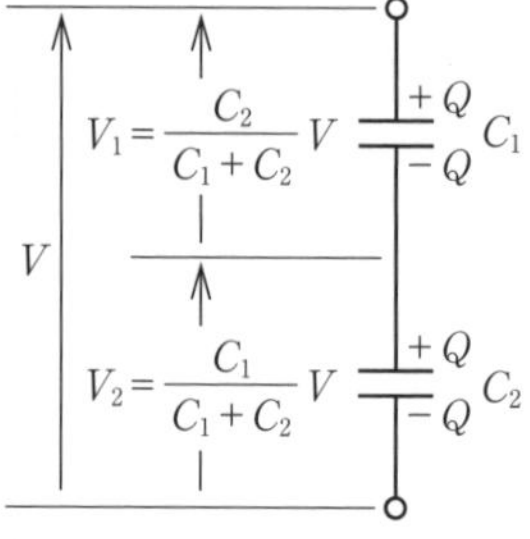

図1.12　コンデンサに加わる電圧の分圧

二つの直列接続の電圧は，ほかの静電容量に比例するよ．

1·2·4 コンデンサに蓄えられるエネルギー

コンデンサは電荷によって，電気エネルギーを蓄えることができます．電圧がV〔V〕，電荷がQ〔C〕，静電容量がC〔F〕のとき，静電エネルギーW〔J〕は次式で表されます．

$$W=\frac{1}{2}QV=\frac{1}{2}CV^2\text{〔J〕} \tag{1.35}$$

● 試験の直前 ● CHECK!

- □ **静電容量C，電荷Q，電圧V** ≫ $Q=CV$，$V=\dfrac{Q}{C}$，$C=\dfrac{Q}{V}$
- □ **導体球の静電容量** ≫ $4\pi\varepsilon_0 a$
- □ **平行平板コンデンサの静電容量** ≫ $C=\varepsilon_r\varepsilon_0\dfrac{S}{d}$
- □ **並列合成静電容量** ≫ $C_P=C_1+C_2+C_3$
- □ **直列合成静電容量** ≫ $\dfrac{1}{C_S}=\dfrac{1}{C_1}+\dfrac{1}{C_2}+\dfrac{1}{C_3}$，逆数にして$C_S$を求める．
- □ **直列合成静電容量（二つの場合）** ≫ $C_S=\dfrac{C_1\times C_2}{C_1+C_2}$，二つが同じ値$C_S=\dfrac{C}{2}$
- □ **CとnCの直列合成静電容量** ≫ $C_0=\dfrac{n}{1+n}C$
- □ **静電エネルギー** ≫ $W=\dfrac{1}{2}QV=\dfrac{1}{2}CV^2$

国家試験問題

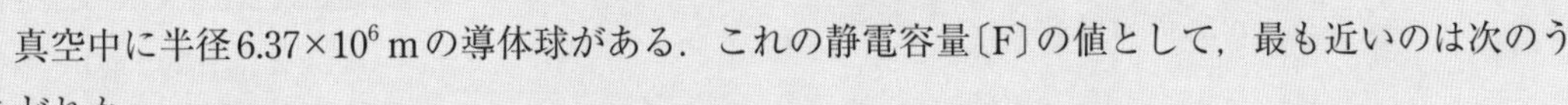

問題 1

真空中に半径6.37×10^6 mの導体球がある．これの静電容量〔F〕の値として，最も近いのは次のうちどれか．

ただし，真空中の誘電率を$\varepsilon_0=8.85\times10^{-12}$ F/mとする．

(1) 7.08×10^{-4}　(2) 4.45×10^{-3}　(3) 4.51×10^{3}
(4) 5.67×10^{4}　(5) 1.78×10^{5}

(H18-1)

解説

真空中で電荷Q〔C〕が帯電している半径r〔m〕の導体球の電位V〔V〕は，次式で表されます．

$$V=\frac{Q}{4\pi\varepsilon_0 r}\fallingdotseq 9\times10^9\times\frac{Q}{r}\text{〔V〕} \tag{1.36}$$

導体球の静電容量C〔F〕は，次式で求めることができます．

$$C=\frac{Q}{V}=\frac{Q}{9\times10^{9}\times\dfrac{Q}{r}}$$

$$=\frac{r}{9\times10^{9}}=\frac{6.37\times10^{6}}{9\times10^{9}}=\frac{63.7}{9}\times10^{-1+6-9}$$

$$\fallingdotseq7.08\times10^{-4}\,\mathrm{F}$$

この大きさの導体球は地球だよ．次に出題されるときは月かな．
月の半径は1.74×10^{6} m，
静電容量は1.93×10^{-4} Fだよ．

問題２

極板Aと極板Bとの間に一定の直流電圧を加え，極板Bを接地した平行板コンデンサに関する記述a～dとして，正しいものの組合せを次の(1)～(5)のうちから一つ選べ．

ただし，コンデンサの端効果は無視できるものとする．

a　極板間の電位は，極板Aからの距離に対して反比例の関係で変化する．

b　極板間の電界の強さは，極板Aからの距離に対して一定である．

c　極板間の等電位線は，極板に対して平行である．

d　極板間の電気力線は，極板に対して垂直である．

(1) a　(2) b　(3) a，c，d　(4) b，c，d　(5) a，b，c，d

(H28-2)

解説

誤っている記述は，正しくは次のようになります．

a 極板間の電位は，**極板Bからの距離に対して比例**の関係で変化する．

問題３

極板A－B間が比誘電率$\varepsilon_r=2$の誘電体で満たされた平行平板コンデンサがある．極板間の距離はd〔m〕，極板間の直流電圧はV_0〔V〕である．極板と同じ形状と大きさをもち，厚さが$\dfrac{d}{4}$〔m〕の帯電していない導体を図に示す位置P－Q間に極板と平行に挿入したとき，導体の電位の値〔V〕として，正しいものを次の(1)～(5)のうちから一つ選べ．

ただし，コンデンサの端効果は無視できるものとする．

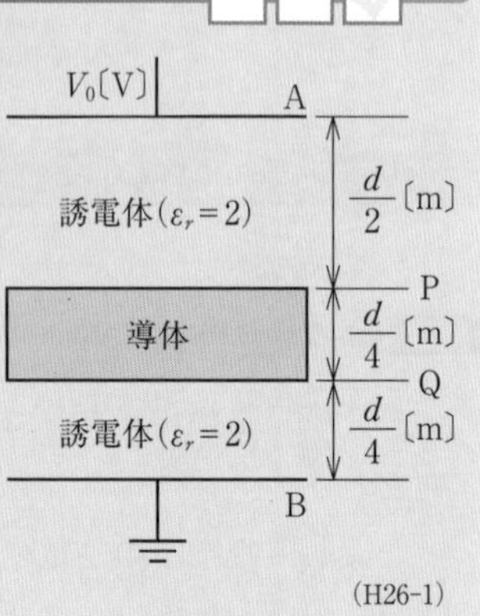

(1) $\dfrac{V_0}{8}$　(2) $\dfrac{V_0}{6}$　(3) $\dfrac{V_0}{4}$　(4) $\dfrac{V_0}{3}$　(5) $\dfrac{V_0}{2}$

(H26-1)

解説

導体を挿入すると，極板の面積が同じで電極間の距離が$\dfrac{d}{2}$と$\dfrac{d}{4}$〔m〕の二つのコンデンサの静電容量の直列接続と考えることができます．A－P間の静電容量をC_A〔F〕，Q－B間の静電容量をC_B〔F〕とすると，静電容量は電極間の距離に反比例するので，$C_B=2C_A$となります．導体の電位は，Bを基準としたQの電位なので，それはC_Bに加わる電圧V_B〔V〕のことだから，次式で表されます．

二つの直列接続の電圧は，ほかの静電容量に比例するよ．

$$V_B = \frac{C_A}{C_A + C_B} V_0$$

$$= \frac{C_A}{C_A + 2C_A} V_0 = \frac{V_0}{3} \text{〔V〕}$$

内部の電界は一定なので，電位は極板の距離に比例するよ．$\frac{d}{2}$と$\frac{d}{4}$だから2：1だね．全体の電位と比較すると，$\frac{1}{3}$だね．

問題 4

空気（比誘電率1）で満たされた極板間距離$5d$〔m〕の平行板コンデンサがある．図のように，一方の極板と大地との間に電圧V_0〔V〕の直流電源を接続し，極板と同形同面積で厚さ$4d$〔m〕の固体誘電体（比誘電率4）を極板と接するように挿入し，他方の極板を接地した．次の(a)及び(b)の問に答えよ．

ただし，コンデンサの端効果は無視できるものとする．

(a) 極板間の電位分布を表すグラフ（縦軸：電位V〔V〕，横軸：電源が接続された極板からの距離x〔m〕）として，最も近いものを図中の(1)～(5)のうちから一つ選べ．

(b) V_0=10 kV，d=1 mmとし，比誘電率4の固体誘電体を比誘電率ε_rの固体誘電体に差し替え，空気ギャップの電界の強さが2.5 kV/mmとなったとき，ε_rの値として最も近いものを次の(1)～(5)のうちから一つ選べ．

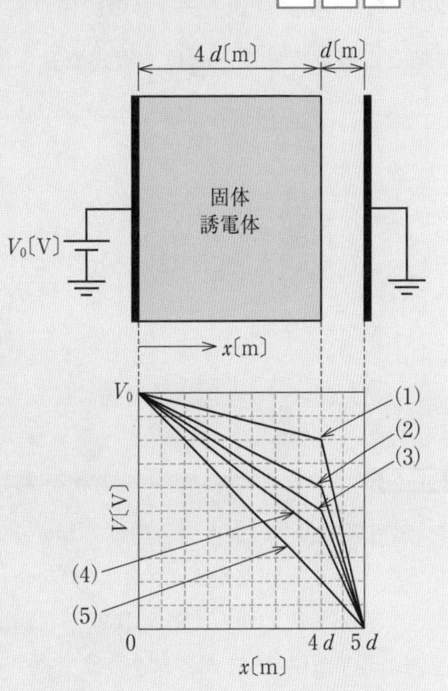

(1) 0.75　(2) 1.00　(3) 1.33　(4) 1.67　(5) 2.00

(H30-17)

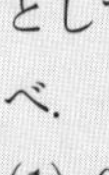

解説

(a) 極板の面積が同じで平行に置かれているので，固体誘電体と空気の間の電束密度D〔C/m²〕は一定です．比誘電率が$\varepsilon_r = 4$の固体誘電体と空気中の電界の強さをE_1，E_2〔V/m〕とすると，次式が成り立ちます．

$$D = \varepsilon_r \varepsilon_0 E_1 = \varepsilon_0 E_2 \text{〔C/m}^2\text{〕}$$

よって，次式となります．

$$4E_1 = E_2 \quad (1.37)$$

厚さ$4d$〔m〕の固体誘電体と厚さd〔m〕の空気電極間の電位をV_1，V_2〔V〕とすると，式(1.37)より次式が成り立ちます．

$$V_1 = E_1 \times 4d = E_2 d \text{〔V〕} \quad (1.38)$$

$$V_2 = E_2 d \text{〔V〕} \quad (1.39)$$

式(1.38)および式(1.39)より，$V_1 = V_2 = \frac{V_0}{2}$となるので，図中の(3)が正答です．

距離は4対1だけど，電位は同じ値となるよ．直列接続と考えれば$V_1 = V_2 = \frac{V_0}{2}$の5目盛りだね．

(p.17の解答) 問題1 →(1)

(b) 空気電極間の電位V_2〔kV〕，固体誘電体間の電位V_1〔kV〕は次式で表されます．

$$V_2 = E_2 d = 2.5 \times 1 = 2.5\ \text{kV} \quad (1.40)$$

$$V_1 = V - V_2 = 10 - 2.5 = 7.5\ \text{kV} \quad (1.41)$$

これらを二つの静電容量C_1とC_2〔F〕の直列接続とすると，式(1.40)，(1.41)より，$\dfrac{V_1}{V_2} = 3$なので，$\dfrac{C_2}{C_1} = 3$の関係が成り立ちます．極板の面積をS〔m^2〕とすると，静電容量C_1，C_2は，次式で表されます．

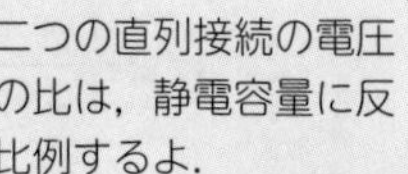

$$C_1 = \varepsilon_r \varepsilon_0 \frac{S}{4d}\ \text{〔F〕} \quad (1.42)$$

$$C_2 = \varepsilon_0 \frac{S}{d}\ \text{〔F〕} \quad (1.43)$$

$C_2 = 3C_1$なので，式(1.42)，(1.43)より，次式となります．

$$\varepsilon_0 \frac{S}{d} = 3 \times \varepsilon_r \varepsilon_0 \frac{S}{4d}$$

よって，$\varepsilon_r = \dfrac{4}{3} \fallingdotseq 1.33$となります．

比誘電率が1以下の誘電体はないので，選択肢の(1)と(2)は間違いだよ．(a)の解き方のように電界の比率で解いてもいいね．

問題5

図1及び図2のように，静電容量がそれぞれ4 μFと2 μFのコンデンサC_1及びC_2，スイッチS_1及びS_2からなる回路がある．コンデンサC_1とC_2には，それぞれ2 μCと4 μCの電荷が図のような極性で蓄えられている．この状態から両図ともスイッチS_1及びS_2を閉じたとき，図1のコンデンサC_1の端子電圧をV_1〔V〕，図2のコンデンサC_1の端子電圧をV_2〔V〕とすると，電圧比$\left|\dfrac{V_1}{V_2}\right|$の値として，正しいものを次の(1)～(5)のうちから一つ選べ．

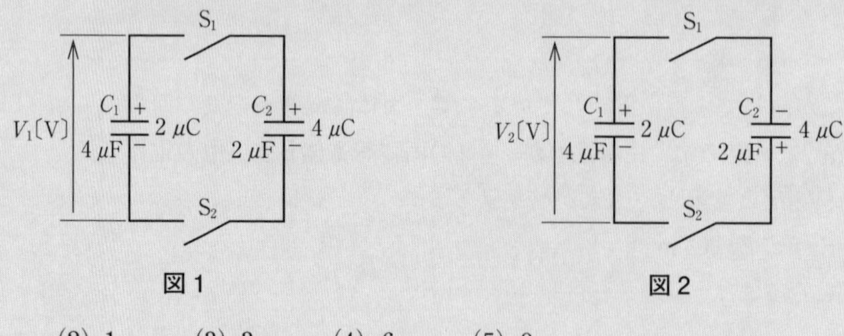

図1　　図2

(1) $\dfrac{1}{3}$　(2) 1　(3) 3　(4) 6　(5) 9

(H24-15)

解説

静電容量をC〔F〕，電荷をQ〔C〕とすると，電位V〔V〕は，次式で表されます．

$$V = \frac{Q}{C}\ \text{〔V〕} \quad (1.44)$$

問題の図1と図2のスイッチを閉じた状態において，合成静電容量C_P〔μF〕は，

$$C_P = C_1 + C_2 = 2 + 4 = 6\ \mu\text{F} \quad (1.45)$$

となるので変わりません．

スイッチを閉じた状態の**図1**の電荷Q_{P1}と**図2**の電荷Q_{P2}は，各コンデンサの電荷$Q_1=2\,\mu$Cと$Q_2=4\,\mu$Cの和となりますが，図2はQ_2の極性が図1と逆になるので，Q_{P1}，Q_{P2}は次式で表されます．

$$Q_{P1}=2+4=6\,\mu\text{C}$$

$$Q_{P2}=2-4=-2\,\mu\text{C}$$

式(1.44)と式(1.45)より，電位はQ_{P1}とQ_{P2}に比例するので，

$$V_2=-\frac{1}{3}V_1\,〔\text{V}〕$$

$\dfrac{V_1}{V_2}$を絶対値で表すと，3になります．

図2の方が電荷が打ち消されて小さくなり電圧も小さくなるので，答えは(3)～(5)だね．電荷の比が分かれば，直ぐ答えが見つかるね．

問題6

図のように，三つの平行平板コンデンサを直並列に接続した回路がある．ここで，それぞれのコンデンサの極板の形状及び面積は同じであり，極板間には同一の誘電体が満たされている．なお，コンデンサの初期電荷は零とし，端効果は無視できるものとする．

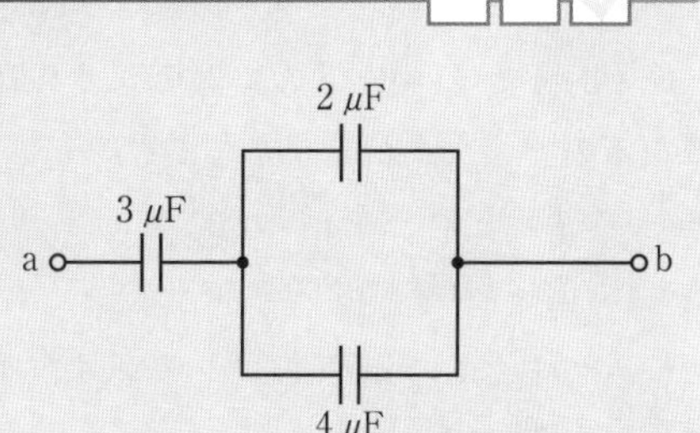

いま，端子a－b間に直流電圧300 Vを加えた．このとき，次の(a)及び(b)の問に答えよ．

(a) 静電容量が4 μFのコンデンサに蓄えられる電荷Q〔C〕の値として，正しいものを次の(1)～(5)のうちから一つ選べ．

(1) 1.2×10^{-4}　(2) 2×10^{-4}　(3) 2.4×10^{-4}

(4) 3×10^{-4}　(5) 4×10^{-4}

(b) 静電容量が3 μFのコンデンサの極板間の電界の強さは，4 μFのコンデンサの極板間の電界の強さの何倍か．倍率として，正しいものを次の(1)～(5)のうちから一つ選べ．

(1) $\dfrac{3}{4}$　(2) 1.0　(3) $\dfrac{4}{3}$　(4) $\dfrac{3}{2}$　(5) 2.0

(H24-1)

解説

(a) $C_2=2\,\mu$Fと$C_3=4\,\mu$Fのコンデンサの並列合成静電容量C_P〔μF〕は，次式で表されます．

$$C_P=C_2+C_3=2+4=6\,\mu\text{F} \tag{1.46}$$

$C_1=3\,\mu$Fと$C_P=6\,\mu$Fのコンデンサの直列合成静電容量C_0〔μF〕は，容量の比が$n=2$倍なので，

$$C_0=\frac{n}{1+n}C_1=\frac{2}{1+2}\times3=2\,\mu\text{F} \tag{1.47}$$

直列接続と並列接続の計算式を間違えないようにね．間違えると計算しにくい値になるから，気がつくと思うけど．

(p.18～p.19の解答) 問題2→(4)　問題3→(4)　問題4→(a)－(3)，(b)－(3)

直流電圧V〔V〕を加えたとき，$C_1=3\mu$Fのコンデンサと$C_P=6\mu$Fに蓄えられる電荷Q_0〔C〕は同じ値となり，次式で表されます．

$$Q_0=C_0V=2\times10^{-6}\times300=6\times10^{-4}\ \mathrm{C} \qquad (1.48)$$

並列接続したコンデンサのそれぞれに蓄えられる電荷は，静電容量に比例するので$C_3=4\mu$Fのコンデンサに蓄えられる電荷Q〔C〕は，次式で表されます．

$$Q=\frac{C_3}{C_2+C_3}Q_0=\frac{4}{2+4}\times6\times10^{-4}$$
$$=4\times10^{-4}\ \mathrm{C} \qquad (1.49)$$

選択肢の指数が同じだから，指数の計算はしなくてもいいよ．

(b) 面積S〔m²〕，電極の間隔d〔m〕，誘電率ε〔F/m〕の平行平板コンデンサの静電容量C〔F〕は，次式で表されます．

$$C=\varepsilon\frac{S}{d}\ 〔\mathrm{F}〕 \qquad (1.50)$$

直列接続の静電容量と電圧の比は，逆の比になるので３μF：６μFは200 V：100 Vになるよ．
$Q=C_3V_2$
$=4\times10^{-6}\times100$
$=4\times10^{-4}$C
だよ．

$C_1=3\mu$Fと$C_3=4\mu$Fのコンデンサの間隔d_1とd_3の比は，静電容量の比と逆になるので，次式が成り立ちます．

$$\frac{d_1}{d_3}=\frac{C_3}{C_1}=\frac{4}{3} \qquad (1.51)$$

$C_1=3\mu$Fと$C_P=6\mu$Fのコンデンサ電圧V_1とV_2〔V〕の比は静電容量の比と逆の比になるので，次式で表されます．

$$\frac{V_1}{V_2}=\frac{C_P}{C_1}=\frac{6}{3}=2 \qquad (1.52)$$

また，極板間の電界の強さE〔V/m〕は，

$$E=\frac{V}{d}\ 〔\mathrm{V/m}〕 \qquad (1.53)$$

で表されるので，$C_1=3\mu$Fと$C_3=4\mu$Fのコンデンサの極板間の電界の強さE_1とE_3〔V〕の比は，式(1.51)の間隔に反比例し，式(1.52)の電圧に比例するので，次式で表されます．

問題の「形状及び面積は同じ」「同一の誘電体」ということに注意してね．この条件で異なった静電容量を作るためには電極の間隔が異なるんだよ．

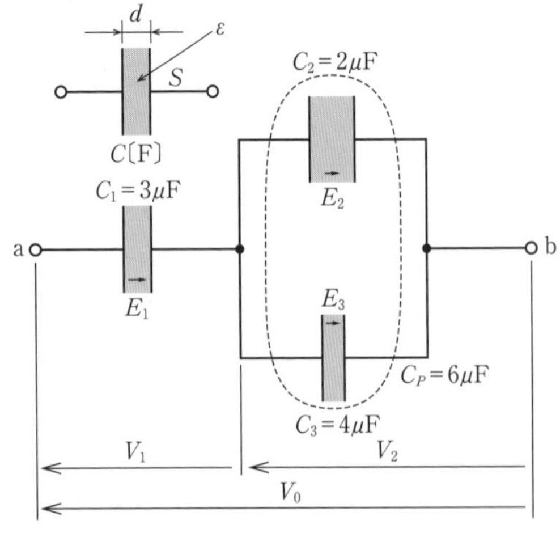

図 1.13

$$\frac{E_1}{E_3}=\frac{3}{4}\times 2=\frac{3}{2} \qquad (1.54)$$

よって，$C_1=3\,\mu$Fのコンデンサの極板間における電界の強さは，$C_3=4\,\mu$Fのコンデンサの極板間における電界の強さの $\frac{3}{2}$ 倍になります．

問題7

直流電圧1 000 Vの電源で充電された静電容量8 μFの平行平板コンデンサがある．コンデンサを電源から外した後に電荷を保持したままコンデンサの電極間距離を最初の距離の $\frac{1}{2}$ に縮めたとき，静電容量〔μF〕と静電エネルギー〔J〕の値の組合せとして，正しいものを次の(1)～(5)のうちから一つ選べ．

	静電容量	静電エネルギー
(1)	16	4
(2)	16	2
(3)	16	8
(4)	4	4
(5)	4	2

(H23-2)

解説

面積 S〔m²〕，電極間距離 d〔m〕，誘電体の誘電率 ε の平行平板コンデンサの静電容量 C〔F〕は，次式で表されます．

$$C=\varepsilon\frac{S}{d}\text{〔F〕} \qquad (1.55)$$

コンデンサの電極間距離 d を $\frac{1}{2}$ に縮めると，式(1.55)より静電容量 C_2〔F〕は元の値 C_1 の2倍となるので，$C_2=8\times 2=16\,\mu$Fとなります．

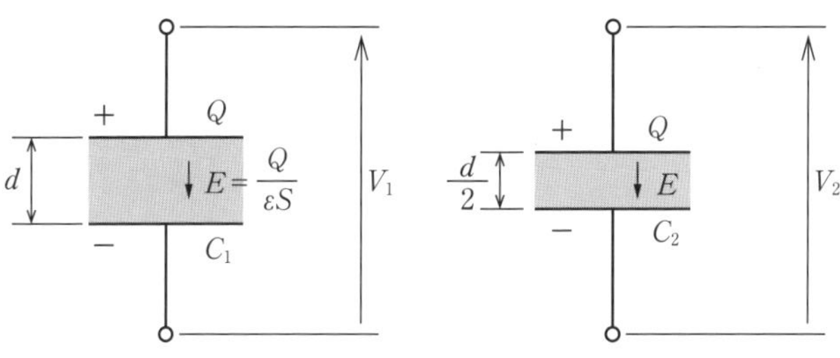

図 1.14

図1.14のように電荷 Q〔C〕と電極間の電界 E〔V/m〕は変わらないので，コンデンサの電極間距離 d を $\frac{1}{2}$ に縮めると，縮めたときの電圧 V_2 は $V=Ed$〔V〕の関係なので，$V_2=\frac{V_1}{2}=\frac{1\,000}{2}=500$ Vとなります．

問題に「電源から外した後に」と書いてあるのを見落としちゃダメだよ．
外して距離を変えると電圧が変わるんだよ．

(p.20 ～ p.21 の解答) 問題5 →(3) 問題6 →(a)－(5)，(b)－(4)

静電エネルギーW〔J〕は次式で表されます．

$$W=\frac{1}{2}C_2V_2^2=\frac{1}{2}\times16\times10^{-6}\times500^2$$
$$=8\times25\times10^{-6}\times10^4=200\times10^{-2}=2\text{ J}$$

問題8

静電容量がC〔F〕と$2C$〔F〕の二つのコンデンサを図1，図2のように直列，並列に接続し，それぞれV_1〔V〕，V_2〔V〕の直流電圧を加えたところ，両図の回路に蓄えられている総静電エネルギーが等しくなった．この場合，図1のC〔F〕のコンデンサの端子間の電圧をV_c〔F〕としたとき，電圧比$\left|\frac{V_c}{V_2}\right|$の値として，正しいのは次のうちどれか．

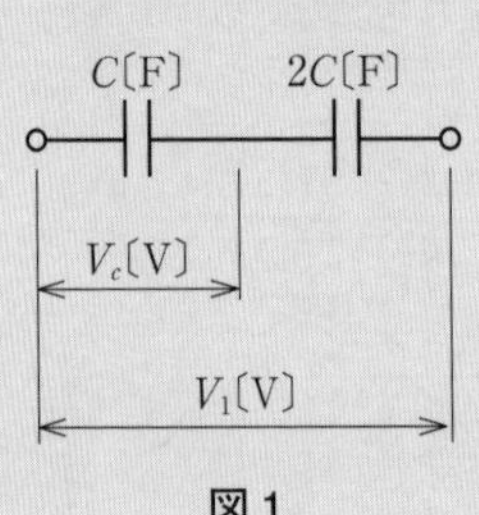

図1

C〔F〕
2C〔F〕
V2〔V〕

図2

(1) $\frac{\sqrt{2}}{9}$　(2) $\frac{2\sqrt{2}}{9}$　(3) $\frac{1}{\sqrt{2}}$　(4) $\sqrt{2}$　(5) 3.0

(H19-4)

解説

問題の図1の合成静電容量C_1〔F〕は，次式で表されます．

図1は直列接続，図2は並列接続だよ．図2の静電容量が大きいよ．

$$C_1=\frac{C\times2C}{C+2C}=\frac{2}{3}C\text{〔F〕} \tag{1.56}$$

図2の合成静電容量C_2〔F〕は，次式で表されます．

$$C_2=C+2C=3C\text{〔F〕} \tag{1.57}$$

図1の電圧V_c〔V〕は，次式で表されます．

二つの直列接続の電圧は，ほかの静電容量に比例するよ．

$$V_c=\frac{2C}{C+2C}V_1=\frac{2}{3}V_1 \tag{1.58}$$

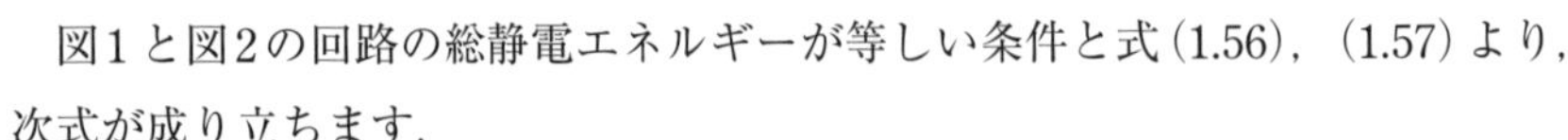

図1と図2の回路の総静電エネルギーが等しい条件と式(1.56)，(1.57)より，次式が成り立ちます．

$$\frac{1}{2}C_1V_1^2=\frac{1}{2}C_2V_2^2$$

$$\frac{1}{2}\times\frac{2}{3}CV_1^2=\frac{1}{2}\times3CV_2^2$$

コンデンサを接続する問題は，なかなか難しいよ．電圧の比や静電容量の比をうまく使ってね．

よって，

$$\frac{V_1^2}{V_2^2}=\frac{9}{2}$$

となるので，両辺の$\sqrt{\ }$をとって，V_1に式(1.58)を代入すると，次式となります．

$$\frac{V_1}{V_2}=\frac{3}{\sqrt{2}}$$

$$\frac{1}{V_2}\times\frac{3}{2}V_c=\frac{3}{\sqrt{2}}$$

よって，$\dfrac{V_c}{V_2}=\dfrac{2}{\sqrt{2}}=\sqrt{2}$ となります．

図1のCの静電エネルギーを1Jにすれば，2Cの静電エネルギーは静電容量が2倍，電圧が$\frac{1}{2}$だから，$2\times\left(\frac{1}{2}\right)^2=\frac{1}{2}$Jとなって，それらを足せば$\frac{3}{2}$Jだよ．だから図1の回路の総静電エネルギーは，図1のCの静電エネルギー1Jの$\frac{3}{2}$倍になるよ．また，図2の合成静電容量が3Cになるので，図1と図2の回路の総静電エネルギーが等しい条件から，次の式が成り立つよ．

$$\frac{1}{2}CV_c^2\times\frac{3}{2}=\frac{1}{2}\times 3CV_2^2$$

よって，$\dfrac{V_c}{V_2}=\sqrt{2}$となるよ．

（p.23 ～ p.24 の解答）　問題7 →(2)　問題8 →(4)

1·3 電気磁気（電流と磁気）

重要知識

出題項目 CHECK!

- □ 磁力線，磁気誘導，磁気遮へい，磁性体とは
- □ 磁力線数，磁束密度の求め方
- □ アンペアの法則による磁界の求め方
- □ ビオ・サバールの法則による磁界の求め方

1·3·1 磁力線と磁界

磁石にはN極とS極があって，同じ種類の磁極どうしは，互いに反発し合い，異なる種類の磁極は，互いに引き合います．磁気による力の状態を表した線を磁力線といい，**図1.15**のように表します．磁気による力の影響がある状態を磁界といいます．

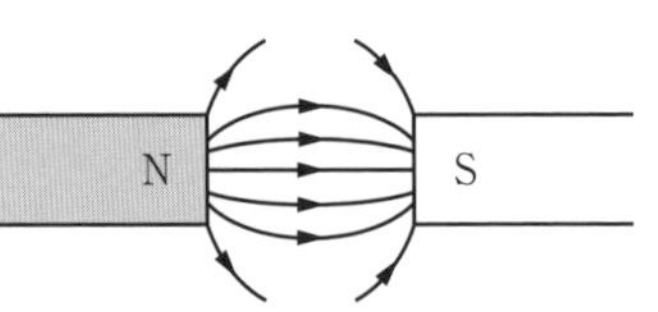

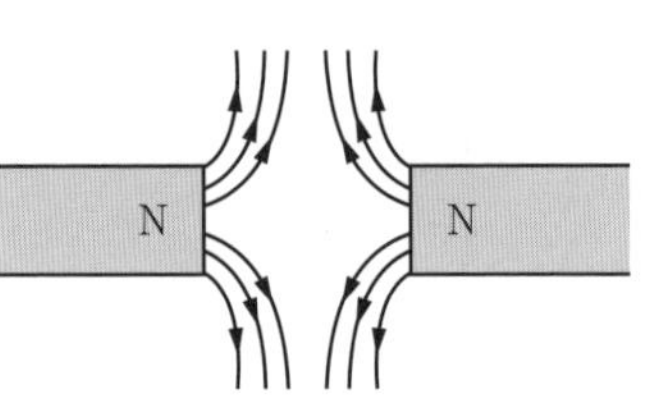

図1.15　磁力線

静電気現象と同じように磁気現象も表すことができます．真空中で点磁極m〔Wb〕からr〔m〕離れた磁界の大きさH〔A/m：アンペア毎メートル〕は，真空の透磁率を$\mu_0=4\pi\times10^{-7}$〔H/m〕とすると次式で表されます．

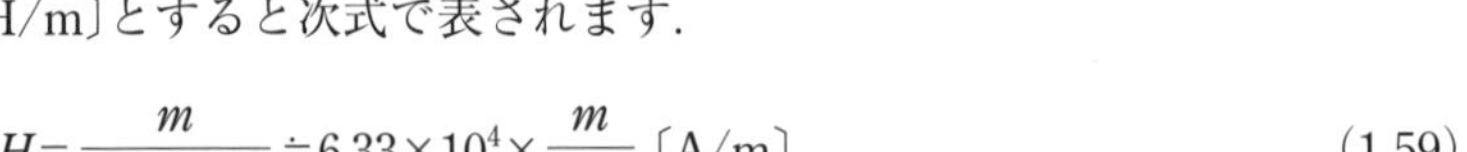

$$H=\frac{m}{4\pi\mu_0 r^2}\fallingdotseq 6.33\times10^4\times\frac{m}{r^2}\ \text{〔A/m〕} \tag{1.59}$$

点電荷Qからr離れた点の電界Eは，次の式で表されるよ．

$$E=\frac{Q}{4\pi\varepsilon_0 r^2}$$

磁界も同じ関係の式だね．

静電誘導と同じように磁気誘導も発生します．静電気は遮へい体を接地することで電荷を大地に移動して静電遮へいができますが，磁気の場合は磁性体で取り囲んで磁力線の影響を少なくして磁気を遮へいします．

磁石にクリップがいっぱい引っつくのが磁気誘導だね．

Point

磁気誘導

N極の磁石に磁気を帯びていない鉄片を近づけると，磁石に近い側はS極に磁化され，遠い側はN極に磁化される．逆のS極の磁石に近い側はN極に磁化され，遠い側はS極に磁化される．

磁力線の性質

磁力線はN極から出てS極に入る．磁力線どうしは交わらない．隣り合う磁力線は反発する．磁力線の方向は磁界の方向を示し，面積密度が磁界の強さを表す．

電気力線の性質は，3ページの電気力線を見てね．

1·3·2 アンペアの法則

電流による磁界の状態を**図1.16**に示します．電流から距離r〔m〕の点を通って電流と垂直な平面上の円を考えると，この円周上ではどの点でも磁界の強さH〔A/m〕は一様です．

このとき，磁界Hと円周$2\pi r$を掛けると円の中を流れている電流I〔A〕と等しくなります．これをアンペアの法則といいます．この関係は，

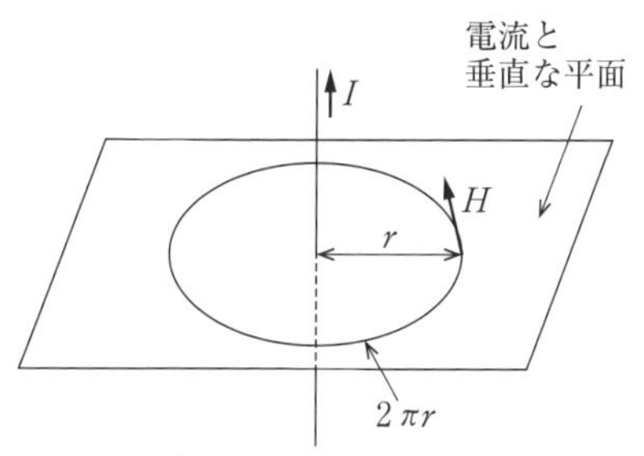

図1.16 アンペアの法則

$$H \times 2\pi r = I \tag{1.60}$$

の式で表されるので，磁界の強さは次式で表されます．

$$H = \frac{I}{2\pi r}〔\mathrm{A/m}〕 \tag{1.61}$$

電流の周りには回転する磁力線が発生します．この状態を表す法則を右ねじの法則といいます．**図1.17**のように導線を巻いたものをコイルといい，磁力線の向きは図のようになり，右ねじの法則で表されます．

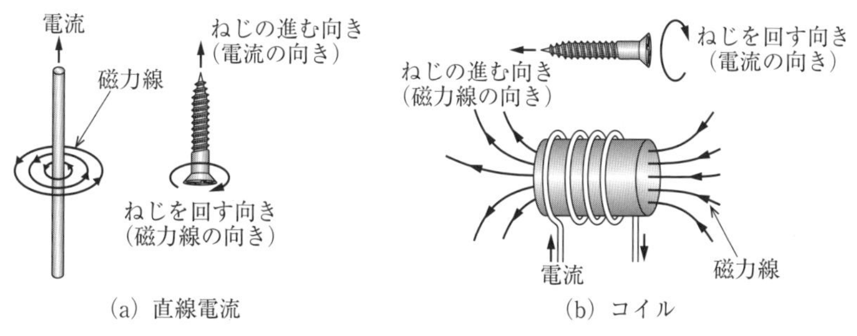

(a) 直線電流　(b) コイル

図1.17 右ねじの法則

1·3·3 ビオ・サバールの法則

図1.18のように，導線の微小部分Δl〔m〕（Δ：少ない量を表します）を流れる電流によって，導線からr〔m〕離れた点Pに生じる磁界の強さΔH〔A/m〕は，次式で表されます．

$$\Delta H = \frac{I\Delta l}{4\pi r^2}\sin\theta〔\mathrm{A/m}〕 \tag{1.62}$$

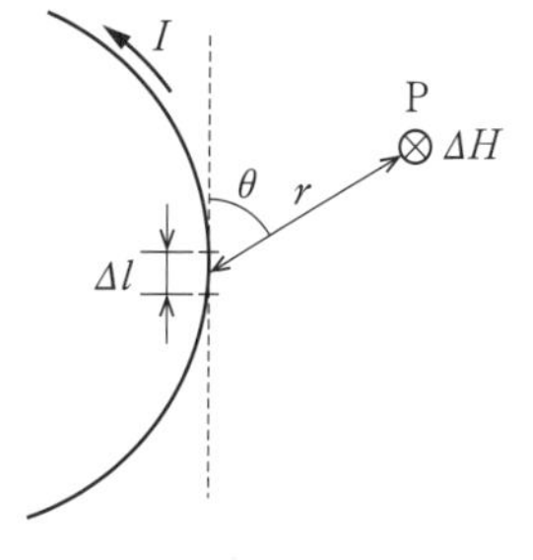

図1.18 ビオ・サバールの法則

導線と点Pを結ぶ直線とのなす角度θが直角（$\theta = 90°$）のとき，$\sin\theta = 1$となるので，磁界の強さΔH〔A/m〕は，次式で表されます．

$\pi \fallingdotseq 3.14$
$\dfrac{1}{\pi} \fallingdotseq 0.318$
$\dfrac{1}{2\pi} \fallingdotseq 0.159$
$\dfrac{1}{\pi}$を覚えておくと計算が楽だよ．

直線状電流⇔進む向き，磁界⇔まわす向き．回転電流⇔まわす向き，磁界⇔進む向き．
回転が磁界でも電流でも同じように使えるね．

電流Iから磁界Hを求める式は，透磁率μ_0が付かないよ．

Δはギリシャ文字の「デルタ」だよ．

$$\Delta H = \frac{I\Delta l}{4\pi r^2} \text{〔A/m〕} \qquad (1.63)$$

図1.19のような半径r〔m〕の円形に流れる電流の中心の点Pに生じる磁界の強さH〔A/m〕を求めると，円周上の微小長さΔlによって発生する磁界が，円周上において一定なので，式(1.63)のΔlを円周$l=2\pi r$〔m〕と置けば求めることができるので，Hは次式で表されます．

$$H = \frac{Il}{4\pi r^2} = \frac{I\times 2\pi r}{4\pi r^2} = \frac{I}{2r} \text{〔A/m〕} \qquad (1.64)$$

半径rの円形電流Iの中心点の磁界Hは，次の式で表されるよ．

$$H=\frac{I}{2r}$$

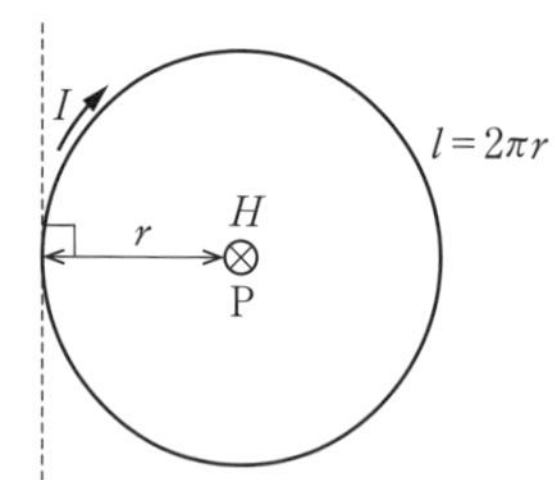

図 1.19　円形電流の中心点の磁界

1·3·4　磁界と磁束

磁極m〔Wb〕から発する全磁束は$\Phi=m$，全磁力線数は$\frac{m}{\mu}$です．**比透磁率**はμ_r，**透磁率**は$\mu=\mu_0\mu_r$で表され，電界Hと**磁束密度**B〔T：テスラ〕の関係は，次式で表されます．

$$B=\mu H \text{〔T〕} \qquad (1.65)$$

磁性体の透磁率は大きいよ．鉄の比透磁率は数千以上もあるよ．磁力線がいっぱい通るから透磁率だね．誘電率と間違えて誘磁率にしないでね．

1·3·5　磁気的な性質

磁気的な性質を磁化といい，磁化する物質を**磁性体**といいます．鉄やニッケルなどの金属に磁石を近づけると，磁石に近い側に反対の磁極が生じて磁石との間に吸引力が働きます．磁気誘導を生じる鉄，ニッケル，コバルトなどの物質を**強磁性体**といいます．これらは加えた磁界と同じ方向に磁化されます．加えた磁界と反対方向にわずかに磁化される銅，銀などは**反磁性体**といいます．

試験の直前 CHECK!

- □ **磁気遮へい**≫鉄などの磁性体で囲む．磁束が磁性体中を通る．
- □ **直線状電流の右ねじの法則**≫直線状電流は進む向き．磁界は回す向き．
- □ **回転電流の右ねじの法則**≫回転電流は回す向き，磁界は進む向き．
- □ **磁気誘導**≫N極に近い側はS極，遠い側はN極．
- □ **磁力線の性質**≫磁力線はN極からS極．交わらない．隣り合う磁力線は反発．方向は磁界の方向．密度は磁界の強さ．
- □ **直線状電流の磁界**≫$H=\dfrac{I}{2\pi r}$
- □ **円形電流の磁界**≫$H=\dfrac{I}{2r}$
- □ **磁束密度**≫$B=\mu H$
- □ **強磁性体**≫磁石に引き合う方向に磁化．
- □ **反磁性体**≫磁石に反発する方向にわずかに磁化．

国家試験問題

問題 1

図のように，磁極N，Sの間に中空球体鉄心を置くと，NからSに向かう磁束は，（ア）ようになる．このとき，球体鉄心の中空部分（内部の空間）の点Aでは，磁束密度は極めて（イ）なる．これを（ウ）という．

ただし，磁極N，Sの間を通る磁束は，中空球体鉄心を置く前と置いた後とで変化しないものとする．

上記の記述中の空白箇所（ア），（イ）及び（ウ）に当てはまる組合せとして，正しいものを次の(1)～(5)のうちから一つ選べ．

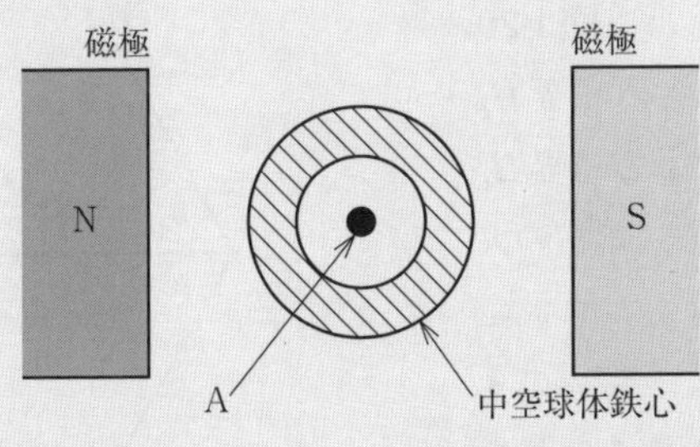

	(ア)	(イ)	(ウ)
(1)	鉄心を避けて通る	低く	磁気誘導
(2)	鉄心中を通る	低く	磁気遮へい
(3)	鉄心を避けて通る	高く	磁気遮へい
(4)	鉄心中を通る	低く	磁気誘導
(5)	鉄心中を通る	高く	磁気誘導

(H28-4)

解説

磁力線密度と磁束密度は比例します．鉄心中を磁束が通るので点Aの磁束密度は極めて低くなります．

囲っているから(ウ)は「遮へい」だよ．(ウ)が分かれば(ア)「鉄心中を通る」か(イ)「低く」のどちらかが分かれば，答えが見つかるよ．自信がある用語から答えを見つけていけば，間違いが少なくなるね．分からない用語があっても選択肢を絞ることができるよ．

問題2

長さ2mの直線状の棒磁石があり，その両端の磁極は点磁荷とみなすことができ，その強さはN極が1×10^{-4} Wb，S極が1×10^{-4} Wbである．図のように，この棒磁石を点BC間に置いた．このとき，点Aの磁界の大きさの値〔A/m〕として，最も近いものを次の(1)～(5)のうちから一つ選べ．

ただし，点A，B，Cは，一辺を2mとする正三角形の各頂点に位置し，真空中にあるものとする．真空の透磁率は$\mu_0=4\pi\times10^{-7}$〔H/m〕とする．また，N極，S極の各点磁荷以外の部分から点Aへの影響はないものとする．

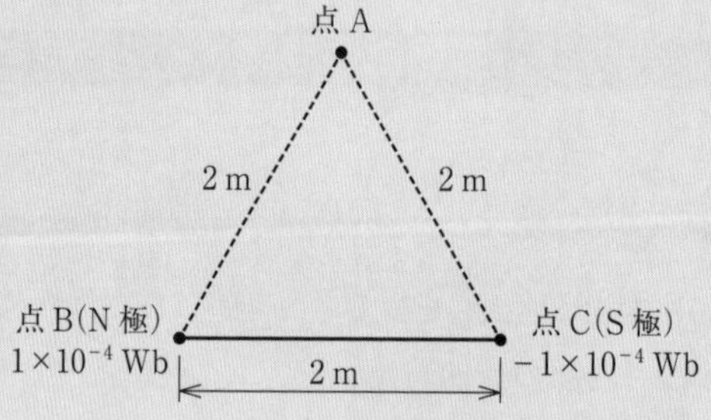

(1) 0　　(2) 0.79　　(3) 1.05　　(4) 1.58　　(5) 3.16

(H30-3)

解説

点Aに生じるの磁界H_A〔A/m〕は，**図1.20**のように点Bの磁極m_B〔Wb〕による磁界H_B〔A/m〕と点Cの磁極m_C〔Wb〕による磁界H_C〔A/m〕のベクトル和で表されます．磁極の大きさと距離が同じなので図1.20より，合成磁界H_Aの大きさは一つの磁極による磁界の大きさH_Bと等しくなるので，点AB間の距離をr〔m〕とすると，次式で表されます．

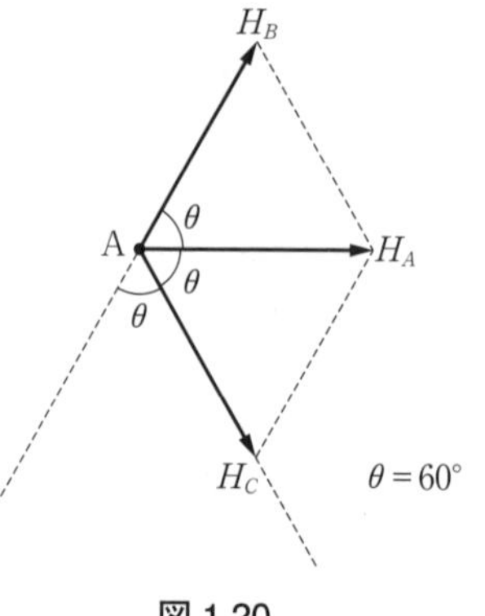

図1.20

$$H_A=H_B=\frac{m}{4\pi\mu_0 r^2}$$
$$=\frac{1\times10^{-4}}{4\pi\times4\pi\times10^{-7}\times2^2}$$
$$=\frac{1\times10^{-4-(-7)}}{4\times4\times\pi^2\times4}\fallingdotseq\frac{1\,000}{64\times3.14^2}\fallingdotseq1.58\ \mathrm{A/m}$$

合成磁界はベクトル和だから，図を描いて求めてね．ほとんどの問題でベクトルが正三角形かその半分の二等辺三角形または直角三角形になるから，辺の長さから合成磁界の大きさを求めてね．$\pi^2\fallingdotseq10$で計算すると計算が速いよ．

問題 3

図のように，長い線状導体の一部が点Pを中心とする半径r〔m〕の半円形になっている．この導体に電流I〔A〕を流すとき，点Pに生じる磁界の大きさH〔A/m〕はビオ・サバールの法則より求めることができる．Hを表す式として正しいものを，次の(1)～(5)のうちから一つ選べ．

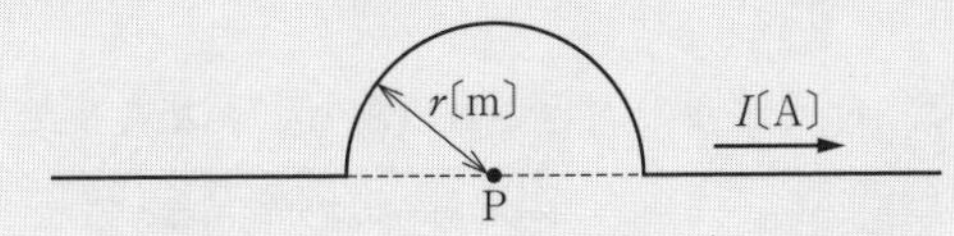

(1) $\dfrac{I}{2\pi r}$　(2) $\dfrac{I}{4r}$　(3) $\dfrac{I}{\pi r}$　(4) $\dfrac{I}{2r}$　(5) $\dfrac{I}{r}$

(H28-3)

解説

問題の図の直線部分は，ビオ・サバールの法則の式(1.63)において$\theta=0°$となるので，点Pに磁界は発生しません．円形部分によって発生する磁界の大きさH〔A/m〕は，半円なので式(1.64)の$\dfrac{1}{2}$となり次式で表されます．

$$H=\frac{I}{2r}\times\frac{1}{2}=\frac{I}{4r}\text{〔A/m〕} \tag{1.66}$$

πが付いている選択肢に引っかからないでね．πが付いている選択肢の方が少ないから，付いてない方を選んだ方がいいよ．

問題 4

図のように，点Oを中心とするそれぞれ半径1 mと半径2 mの円形導線の$\dfrac{1}{4}$と，それらを連結する直線状の導線からなる扇形導線がある．この導線に，図に示す向きに直流電流$I=8$ Aを流した場合，点Oにおける磁界〔A/m〕の大きさとして，正しいのは次のうちどれか．

ただし，扇形導線は同一平面上にあり，その巻数は一巻きである．

(1) 0.25　(2) 0.5　(3) 0.75　(4) 1.0　(5) 2.0

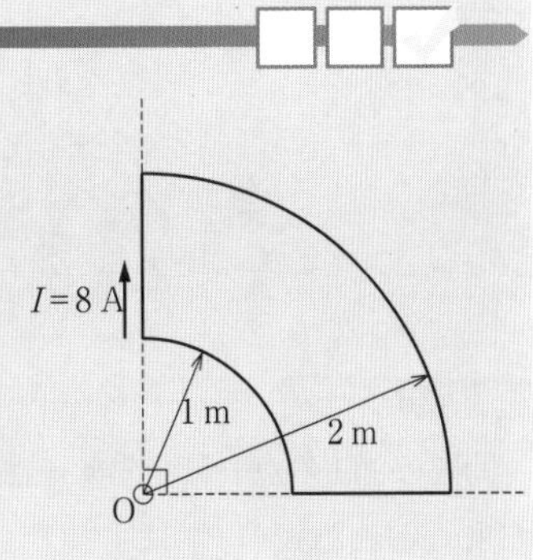

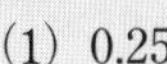

問題の図の直線部分は，ビオ・サバールの法則の式(1.62)において$\theta=0°$となるので，点Oに磁界は発生しません．扇形の部分は円周の$\dfrac{1}{4}$なので，その部分によって発生する磁界の大きさH〔A/m〕は，式(1.64)の$\dfrac{1}{4}$となり次式で表されます．

$$H=\frac{I}{2r}\times\frac{1}{4}=\frac{I}{8r}\text{〔A/m〕} \tag{1.67}$$

式(1.62)と式(1.64)は，28ページを見てね．

$r_1=1$〔m〕の扇形の電流によって発生する磁界の大きさH_1〔A/m〕は，電流がI

(p.29の解答)　問題1 →(2)

=8 Aなので，

$$H_1=\frac{I}{8r}=\frac{8}{8\times1}=1\text{ A/m} \tag{1.68}$$

r_2=2 mの扇形の電流によって発生する磁界の大きさH_2〔A/m〕は，

$$H_2=\frac{I}{8r}=\frac{8}{8\times2}=0.5\text{ A/m} \tag{1.69}$$

これらの磁界は逆向きなので，合成磁界の大きさH_0〔A/m〕は次式で表されます．

$$H_0=H_1-H_2=1-0.5=0.5\text{ A/m}$$

電流の向きが逆になるので，合成磁界は引き算だよ．距離が倍になるので，$H_1=2H_2$となるよ．

問題5

図1のように，無限に長い直線状導体Aに直流電流I_1〔A〕が流れているとき，この導体からa〔m〕離れた点Pでの磁界の大きさはH_1〔A/m〕であった．一方，図2のように半径a〔m〕の一巻きの円形コイルBに直流電流I_2〔A〕が流れているとき，この円の中心点Oでの電界の大きさはH_2〔A/m〕であった．$H_1=H_2$であるときのI_1とI_2の関係を示す式として，正しいのは次のうちどれか．

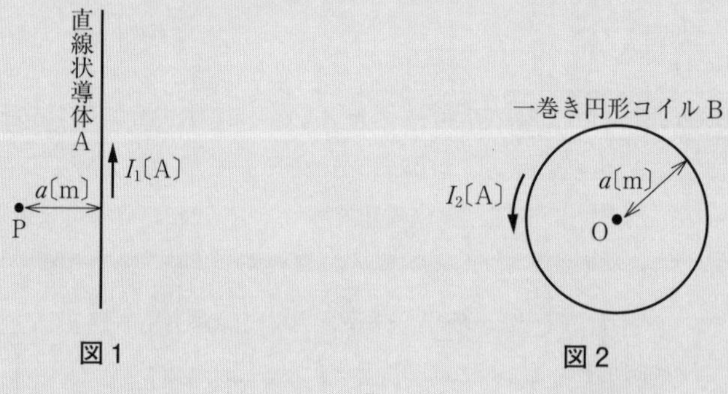

図1　　図2

(1) $I_1=\pi^2 I_2$　(2) $I_1=\pi I_2$　(3) $I_1=\frac{I_2}{\pi}$　(4) $I_1=\frac{I_2}{\pi^2}$　(5) $I_1=\frac{2}{\pi}I_2$

(H19-1)

解説

問題の図1の点Pに発生する磁界の大きさH_1〔A/m〕は，アンペアの法則によって求められた式(1.61)より，次式で表されます．

$$H_1=\frac{I_1}{2\pi a}\text{〔A/m〕} \tag{1.70}$$

問題の図2の点Oに発生する磁界の大きさH_2〔A/m〕は，ビオ・サバールの法則によって求められた式(1.64)より，次式で表されます．

$$H_2=\frac{I_2}{2a} \tag{1.71}$$

式(1.70)=(1.71)より，次式が成り立ちます．

$$\frac{I_1}{2\pi a}=\frac{I_2}{2a}$$

よって，$I_1=\pi I_2$となります．

同じ大きさの電流が流れると，直線よりも周りを同じ距離で取り囲んでいる円の方が磁界が大きいよね．この場合は磁界を一定とするので，I_1の方が大きくなるんだね．だから，答えは(1)か(2)になるよね．π^2≒10倍は大きすぎると思うから答えは(2)だね．

問題 6

図1のように，1辺の長さがa〔m〕の正方形のコイル（巻数：1）に直流電流I〔A〕が流れているときの中心点O_1の磁界の大きさをH_1〔A/m〕とする．また，図2のように，直径a〔m〕の円形のコイル（巻数：1）に直流電流I〔A〕が流れているときの中心点O_2の磁界の大きさをH_2〔A/m〕とする．このとき，磁界の大きさの比$\dfrac{H_1}{H_2}$の値として，最も近いものを次の(1)～(5)のうちから一つ選べ．

ただし，中心点O_1，O_2はそれぞれ正方形のコイル，円形のコイルと同一平面上にあるものとする．

参考までに，図3のように，長さa〔m〕の直線導体に直流電流I〔A〕が流れているとき，導体から距離r〔m〕離れた点Pにおける磁界の大きさH〔A/m〕は，$H=\dfrac{I}{4\pi r}(\cos\theta_1+\cos\theta_2)$で求められる（角度$\theta_1$と$\theta_2$の定義は図参照）．

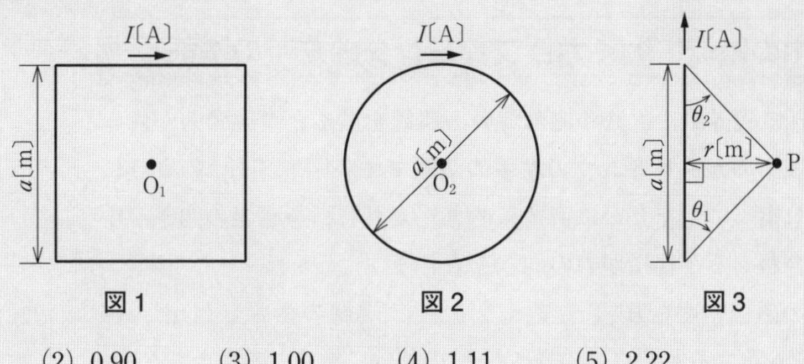

図1　　図2　　図3

(1) 0.45　(2) 0.90　(3) 1.00　(4) 1.11　(5) 2.22

(H23-4)

解説

問題の図1の点O_1に発生する磁界の大きさH_1〔A/m〕は，問題で与えられた式に$r=\dfrac{a}{2}$，$\theta_1=\dfrac{\pi}{4}$，$\theta_2=\dfrac{\pi}{4}$を代入して，4辺分の値をとると，次式で表されます．

$$H_1=4\times\frac{I}{4\pi\dfrac{a}{2}}\times\left(\cos\frac{\pi}{4}+\cos\frac{\pi}{4}\right)=\frac{2I}{\pi a}\times\left(\frac{1}{\sqrt{2}}+\frac{1}{\sqrt{2}}\right)$$

$$=\frac{4I}{\sqrt{2}\,\pi a}\text{〔A/m〕}\tag{1.72}$$

問題の図2の点O_2に発生する磁界の大きさH_2〔A/m〕は，ビオ・サバールの法則によって求められた式(1.64)より，次式で表されます．

$$H_2=\frac{I}{2\dfrac{a}{2}}=\frac{I}{a}\text{〔A/m〕}\tag{1.73}$$

式(1.72)÷式(1.73)より，$\dfrac{H_1}{H_2}$は次式で表されます．

$$\frac{H_1}{H_2}=\frac{4I}{\sqrt{2}\,\pi a}\times\frac{a}{I}=\frac{4}{\sqrt{2}\,\pi}\fallingdotseq\frac{4}{1.41\times3.14}\fallingdotseq0.90$$

同じ大きさの電流が流れると，四角の磁界H_1よりも円の磁界H_2の方が大きいよね．だから，答えは1より小さくなるけど，0.45では小さすぎるね0.90くらいだよね．

（p.30～p.33の解答）　問題2→(4)　問題3→(2)　問題4→(2)　問題5→(2)　問題6→(2)

1·4 電気磁気（電磁力と誘導起電力）

重要知識

出題項目 CHECK!

- □ 磁界中に置かれた電流に働く力の求め方
- □ フレミングの左手の法則とは
- □ 磁界中を移動する荷電粒子に働く力の求め方
- □ 電流相互間に働く力の求め方
- □ 磁界中に置かれた導線に発生する起電力の求め方
- □ フレミングの右手の法則とは

1·4·1 磁界中の電流に働く力とフレミングの左手の法則

図1.21 (a) のように磁界中に電流の流れている導線を置くと導線に力が働きます．この向きを表すのがフレミングの左手の法則です．図1.21 (b) のように左手の親指，人さし指，中指を互いに直角に開き，人さし指を磁界の向き，中指を電流の向きに合わせると親指が力の向きを表します．

このとき，磁界の磁束密度をB〔T〕，電流をI〔A〕，導線の長さをl〔m〕，磁界と導線のなす角をθとすると，導線の長さl〔m〕の部分に働く力の大きさF〔N〕は次式で表されます．

$$F=IlB\sin\theta \text{〔N〕} \quad (1.74)$$

長い中指から順番に，電・磁・力だね．記号だと短い親指から順番にF・B・Iと覚えてね．

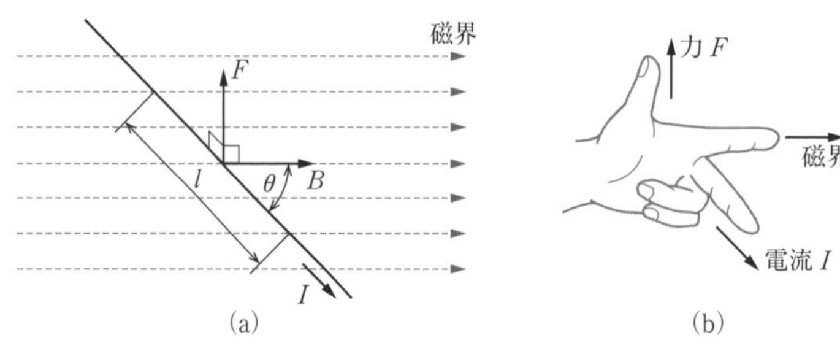

図1.21　磁界中の電流に働く力

1·4·2 磁界中を移動する荷電粒子に働く力（ローレンツ力）

磁界中に電荷q〔C〕をもつ荷電粒子が速度v〔m/s〕で移動すると，磁界中の電流と同じように荷電粒子に力が働きます．磁界と移動方向のなす角をθとすると，荷電粒子に働く力の大きさF〔N〕は次式で表されます．

$$F=qvB\sin\theta \text{〔N〕} \quad (1.75)$$

電子は，負(−)の電荷をもっているので，電流の流れる向きと逆だよ．

力の向きは，フレミングの左手の法則によって表され，左手の親指，人さし指，中指を互いに直角に開き，人さし指を磁界の向き，中指を移動方向に合わせると親指が力の向きを表します．

1·4·3 電流相互間に働く力

図1.22のように，真空中に間隔がr〔m〕の2本の平行に並んだ無限に長い導線に，電流I_1〔A〕，I_2〔A〕を流すと導線間に力が働きます．導線の長さl〔m〕の部分に働く力の大きさF〔N〕は，真空の透磁率をμ_0（$= 4\pi \times 10^{-7}$〔H/m〕）とすると，次式で表されます．

$$F = \frac{\mu_0 I_1 I_2 l}{2\pi r} \tag{1.76}$$

$$= \frac{4\pi \times 10^{-7} \times I_1 I_2 l}{2\pi r} = \frac{2 I_1 I_2 l}{r} \times 10^{-7} \text{〔N〕} \tag{1.77}$$

真空の透磁率を$\mu_0 = 4\pi \times 10^{-7}$と決めることで，円周の比例定数$2\pi$が消えるんだよ．この式の電流と力の関係が，電流の単位の〔A〕を決める定義に使われていたよ．

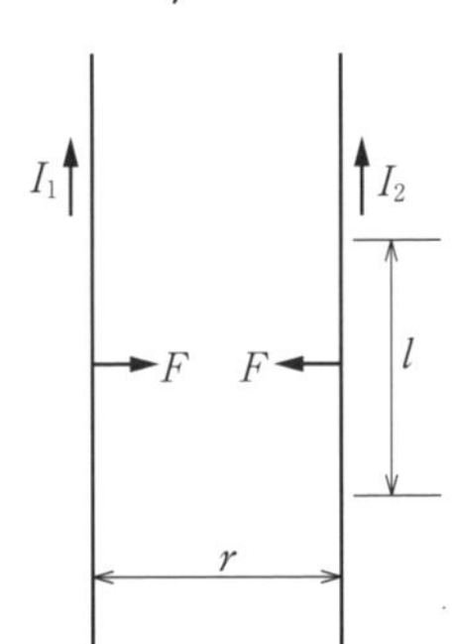

図1.22　2本の電流相互間に働く力

1·4·4 電磁誘導とフレミングの右手の法則

図1.23(a)のように，一様な磁界中にある導線を移動させると導線に起電力が発生します．これを**電磁誘導**と呼びます．このとき，これらの向きを表すのが**フレミングの右手の法則**です．図1.23(b)のように，右手の親指，人さし指，中指を互いに直角に開き，人さし指を磁界の向き，親指を移動する向きに合わせると中指が起電力の向きを表します．

磁界の強さH〔A/m〕と空間の透磁率μ〔H/m：ヘンリー毎メートル〕の積を磁束密度とよび，磁束密度をB〔T〕$= \mu H$，導線の移動速度をv〔m/s〕，磁界と導線のなす角をθとすると，長さl〔m〕の導線に発生する**誘導起電力**e〔V〕は，

右手の法則が電磁誘導起電力，左手の法則が電磁力だよ．両手の指を見比べると中指の向きが逆だね．

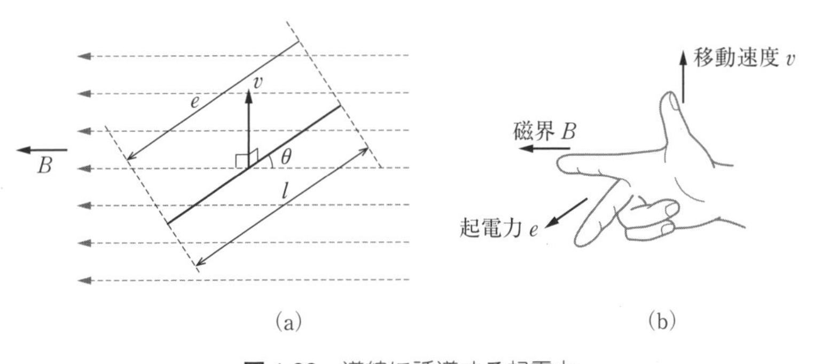

図1.23　導線に誘導する起電力

次式で表されます．

$$e = Blv \sin\theta \ \text{[V]} \tag{1.78}$$

導線を磁界と直角に置き，導線が磁界に対して角度θの方向に移動する場合も誘導起電力は，式(1.78)で表されます．

起電力は，電力ではなく電圧が発生することだよ．

試験の直前 CHECK!

- □ **磁界中の電流に働く力**≫≫$F = IlB\sin\theta$
- □ **フレミングの左手の法則**≫≫左手の人さし指：磁界，中指：電流，親指：力．
- □ **磁界中の荷電粒子に働く力**≫≫$F = qvB\sin\theta$
- □ **電流相互間に働く力**≫≫$F = \dfrac{2I_1I_2l}{r} \times 10^{-7}$
- □ **電磁誘導の起電力**≫≫$e = Blv\sin\theta$
- □ **フレミングの右手の法則**≫≫右手の人さし指：磁界，親指：移動する向き，中指：起電力．

国家試験問題

問題 1

図に示すように，直線導体A及びBがy方向に平行に配置され，両導体に同じ大きさの電流Iが共に$+y$方向に流れているとする．このとき，各導体に加わる力の方向について，正しいものを組み合わせたのは次のうちどれか．

なお，xyz座標の定義は，破線の枠内の図で示したとおりとする．

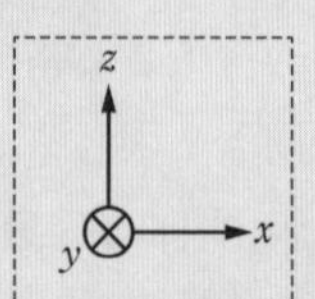

	導体 A	導体 B
(1)	$+x$方向	$+x$方向
(2)	$+x$方向	$-x$方向
(3)	$-x$方向	$+x$方向
(4)	$-x$方向	$-x$方向
(5)	どちらの導体にも力は働かない	

(H22-4)

解説

磁力線は電流が流れる向きに対して，右回りに発生します．電流が同じ向きに流れる二つの導線が作る磁力線を**図1.24**に示します．つながっている磁力線はゴムひものように縮まる性質をもつので，導線には吸引力F〔N〕が働きます．

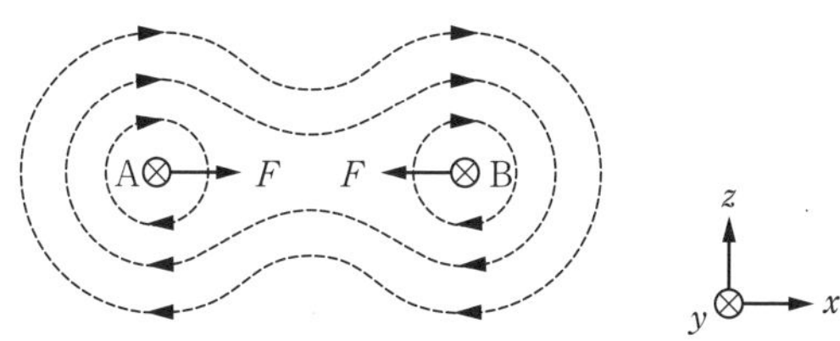

図 1.24 円形電流の中心点の磁界

そのとき，導体Aは右方向（$+x$方向），導体Bは左方向（$-x$方向）の力が働きます．

二つの電流のみが，力に影響する要素なので，導線に働く力は作用と反作用の関係になるよ．だから，選択肢(2)の吸引力か選択肢(3)の反発力が発生するんだね．選択肢(1)と(4)のように電流を流せば両方の導線が同じ方向に移動するなら，モーターがなくても電車を走らせられるよ．

問題 2

次の文章は，磁界中に置かれた導体に働く電磁力に関する記述である．

電流が流れている長さL〔m〕の直線導体を磁束密度が一様な磁界中に置くと，フレミングの［(ア)］の法則に従い，導体には電流の向きにも磁界の向きにも直角な電磁力が働く．直線導体の方向を変化させて，電流の方向が磁界の方向と同じになれば，導体に働く力の大きさは［(イ)］となり，直角になれば，［(ウ)］となる．力の大きさは，電流の［(エ)］に比例する．

上記の記述中の空白箇所(ア)，(イ)，(ウ)及び(エ)に当てはまる組合せとして，正しいものを次の(1)～(5)のうちから一つ選べ．

	(ア)	(イ)	(ウ)	(エ)
(1)	左手	最大	零	2乗
(2)	左手	零	最大	2乗
(3)	右手	零	最大	1乗
(4)	右手	最大	零	2乗
(5)	左手	零	最大	1乗

(H23-3)

解説

フレミングの左手の法則は，磁界中の電流に発生する力の向きを表します．

1乗とはあまりいわないけど，$I^1=I$のことで正しいよ．(ア)「左手」と(エ)「1乗」が分かれば答えが見つかるね．

問題 3

真空中に，2本の無限長直線状導体が20 cmの間隔で平行に置かれている．一方の導体に10 Aの直流電流を流しているとき，その導体には1 m当たり1×10^{-6} Nの力が働いた．他方の導体に流れている直流電流I〔A〕の大きさとして，最も近いものを次の(1)～(5)のうちから一つ選べ．

ただし，真空の透磁率は$\mu_0=4\pi\times10^{-7}$〔H/m〕である．

(1) 0.1　(2) 1　(3) 2　(4) 5　(5) 10

(H24-4)

解説

真空中に間隔がr=20 cm=0.2 mの2本の直線状導体に，電流I_1=10 AとI_2〔A〕を流したとき導体の長さl=1 m当たりに働く力$F=1\times10^{-6}$ Nは，次式で表されます．

$$F=\frac{2I_1I_2l}{r}\times10^{-7}\text{〔N〕} \tag{1.79}$$

$$1\times10^{-6}=\frac{2\times10\times I_2\times1}{0.2}\times10^{-7}$$

$$1=\frac{2\times I_2}{0.2}$$

よって，I_2=0.1〔A〕となります．

35ページを見てね．式(1.77)を覚えてね．式(1.76)にμ_0の値を代入して求めることもできるよ．

問題4

電荷q〔C〕をもつ荷電粒子が磁束密度B〔T〕の中を速度v〔m/s〕で運動するとき受ける電磁力はローレンツ力と呼ばれ，次のように導出できる．まず，荷電粒子を微小な長さΔl〔m〕をもつ線分とみなせると仮定すれば，単位長さ当たりの電荷（線電荷密度という．）は$\dfrac{q}{\Delta l}$〔C/m〕となる．次に，この線分が長さ方向に速度vで動くとき，線分には電流$I=\dfrac{vq}{\Delta l}$〔A〕が流れていると考えられる．そして，この微小な線電流が受ける電磁力は$F=\beta I\Delta l\sin\theta$〔N〕であるから，ローレンツ力の式$F$=（ア）〔N〕が得られる．ただし，$\theta$は$v$と$B$との方向がなす角である．$F$は$v$と$B$の両方に直交し，$F$の向きはフレミングの（イ）の法則に従う．では，真空中でローレンツ力を受ける電子の運動はどうなるだろうか．鉛直下向きの平等な磁束密度Bが存在する空間に，負の電荷をもつ電子を速度vで水平方向に放つと，電子はその進行方向を前方とすれば（ウ）のローレンツ力を受けて（エ）をする．

ただし，重力の影響は無視できるものとする．

上記の記述中の空白箇所(ア)，(イ)，(ウ)及び(エ)に当てはまる組合せとして，正しいものを次の(1)～(5)のうちから一つ選べ．

	(ア)	(イ)	(ウ)	(エ)
(1)	$qvB\sin\theta$	右手	右方向	放物線運動
(2)	$qvB\sin\theta$	左手	右方向	円運動
(3)	$qvB\Delta l\sin\theta$	右手	左方向	放物線運動
(4)	$qvB\Delta l\sin\theta$	左手	左方向	円運動
(5)	$qvB\Delta l\sin\theta$	左手	右方向	ブラウン運動

(H28-12)

解説

電磁力F〔N〕の式に電流の式を代入すると，次式で表されます．

$$F=BI\Delta l\sin\theta=B\frac{vq}{\Delta l}\Delta l\sin\theta=qvB\sin\theta\text{〔N〕}$$

力は左手だよ．親指からFBIの順番で覚えてね．起電力は右手だね．

力の向きはフレミングの左手の法則で表され，進行方向に直角に働きます．磁界が鉛直下向きで，負の電荷をもつ電子の方向が水平方向の場合は，電子の進行方向と電流の向きを逆向きとすれば，**図1.25**のように右方向の力を受け

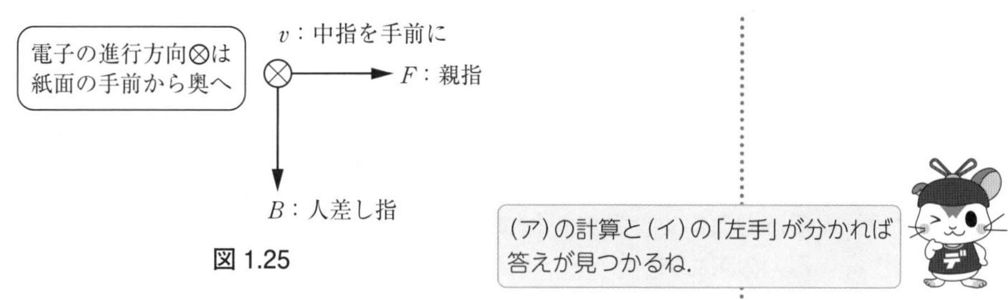

図 1.25

(ア)の計算と(イ)の「左手」が分かれば答えが見つかるね.

ます．電子の進行に対して常に右方向の力が働くので，電子は回転して円運動をします．

問題 5

紙面に平行な水平面内において，0.6 mの間隔で張られた2本の直線状の平行導線に10 Ωの抵抗が接続されている．この平行導線に垂直に，図に示すように，直線状の導体棒PQを渡し，紙面の裏側から表側に向かって磁束密度$B=6\times10^{-2}$ Tの一様な磁界をかける．ここで，導体棒PQを磁界と導体棒に共に垂直な矢印の方向に一定の速さ$v=4$ m/sで平行導線上を移動させているときに，10 Ωの抵抗に流れる電流I〔A〕の値として，正しいのは次のうちどれか．

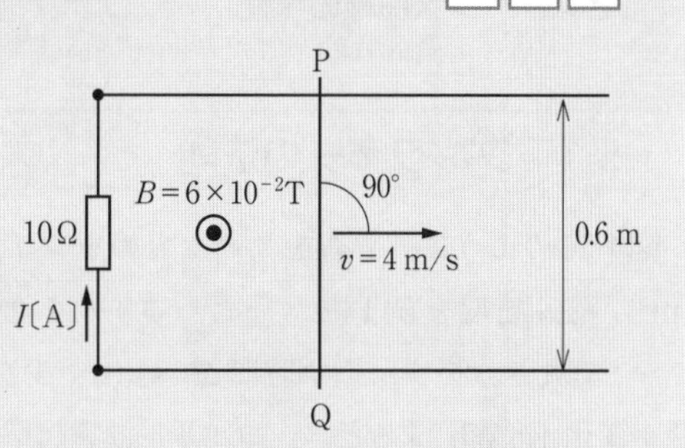

ただし，電流の向きは図に示す矢印の向きを正とする．また，導線及び導体棒PQの抵抗，並びに導線と導体棒との接触抵抗は無視できるものとする．

(1) −0.0278　(2) −0.0134　(3) −0.0072　(4) 0.0144　(5) 0.0288

(H22-3)

解説

磁束密度を$B=6\times10^{-2}$ T，導線の移動速度を$v=4$ m/sとすると，長さ$l=0.6$ mの導線に発生する起電力e〔V〕は，次式で表されます．

$$e=Blv$$
$$=6\times10^{-2}\times0.6\times4=14.4\times10^{-2}=0.144\ \mathrm{V}$$

抵抗$R=10$ Ωに流れる電流I〔A〕を求めると，次式となります．

$$I=\frac{e}{R}=\frac{0.144}{10}=0.0144\ \mathrm{A}$$

フレミングの右手の法則を当てはめると，起電力の向きを表す中指はPからQの方向だから，電流の向きはプラスとなります．

選択肢に(＋)(−)の同じ数値がないので，正負はどっちでもいいね.

(p.36 〜 p.39 の解答)　問題1→(2)　問題2→(5)　問題3→(1)　問題4→(2)　問題5→(4)

1・5 電気磁気（電磁誘導）

重要知識

出題項目 CHECK!

- □ ファラデーの法則とレンツの法則とは
- □ 電磁誘導起電力の求め方
- □ コイルのインダクタンスを大きくする方法
- □ コイルの接続と合成インダクタンスの求め方
- □ 磁気エネルギーの求め方
- □ 磁気回路の表し方と磁気抵抗の求め方
- □ ヒステリシス曲線の特性

1・5・1　ファラデーの法則

図1.26のように，導線を巻いたものをコイルといいます．コイルの面積をS〔m^2〕，磁束密度をB〔T〕とすると，コイルを通過する**磁束**は$\Phi=SB$〔Wb：ウエーバー〕で表されます．微小時間Δt〔s〕（Δ：少ない量を表します．）の間に磁束が微小変化$\Delta\Phi$〔Wb〕するとき，コイルに**誘導起電力**e〔V〕が発生します．これを**ファラデーの法則**と呼び，コイルの巻数をN回とすると，誘導起電力の大きさは次式で表されます．

$$e=N\frac{\Delta\Phi}{\Delta t}\ \text{〔V〕} \tag{1.80}$$

起電力は，電力ではなく電圧が発生することだよ．
Δはギリシャ文字の「デルタ」，Φは「ファイ」だよ．

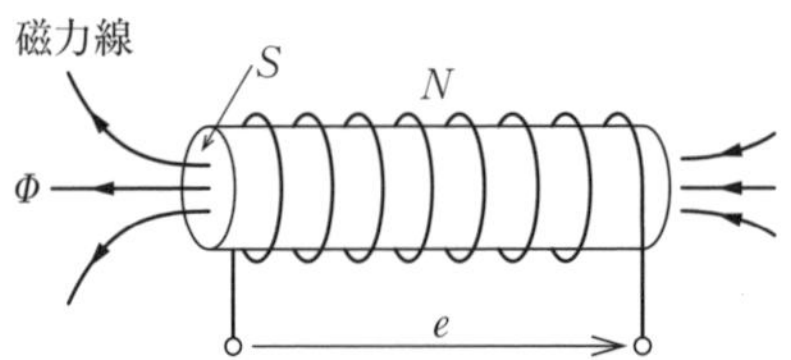

図1.26　コイルの誘導起電力

このとき，発生する誘導起電力の向きを表す法則が**レンツの法則**です．その起電力による誘導電流によって発生する磁束が元の磁束の変化を妨げる向きに誘導起電力が発生します．磁束が増加する場合と減少する場合では，逆向きの起電力が発生します．

1・5・2　インダクタンス

(1) 自己インダクタンス

コイルに電流を流すと磁束が発生します．発生する磁束は電流に比例します．コイルに流れている電流をΔt〔s〕の時間にΔI〔A〕変化させると，N回巻きのコイルの磁束も$\Delta\Phi$〔Wb〕変化します．このとき発生する誘導起電力e〔V〕は，式

(1.80)で表されます．ここで，磁束と電流は比例することより，次式が成り立ちます．

$$e=L\frac{\Delta I}{\Delta t}\text{〔V〕} \quad (1.81)$$

ただし，Lはコイルの自己インダクタンス(単位：ヘンリー〔H〕)と呼びます．

式(1.80)と式(1.81)の関係より，時間と共に変化する量が一定とすれば，次式が成り立ちます．

$$N\Phi=LI \quad (1.82)$$

自己インダクタンスを求めるときは，次の式が使われるよ．

$$L=\frac{N\Phi}{I}$$

(2) 相互インダクタンス

図1.27のように，コイルの磁束が相互に影響するとき，片方のコイルAの電流を変化させると別のコイルBに発生する誘導起電力e〔V〕は，次式で表されます．

$$e=M\frac{\Delta I}{\Delta t}\text{〔V〕} \quad (1.83)$$

ただし，Mはコイルの相互インダクタンス(単位：ヘンリー〔H〕)です．

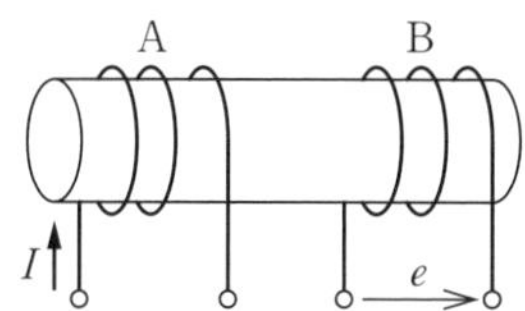

図1.27 相互インダクタンス

(3) 環状ソレノイドの自己インダクタンス

図1.28のような断面積S〔m^2〕，平均磁路の長さl〔m〕，透磁率μ〔H/m〕の環状鉄心にN回巻かれた環状ソレノイドのコイルに電流I〔A〕を流したとき，内部の磁界の強さをH〔A/m〕とするとアンペアの法則より，次式が成り立ちます．

$$Hl=NI \quad (1.84)$$

Hを求めると次式で表されます．

$$H=\frac{NI}{l} \quad (1.85)$$

均一な磁界のとき，磁界Hと一回りの長さlを掛けたHlが，その中に入っている電流Iとその数Nを掛けたNIと一致することを表すのがアンペアの法則だよ．

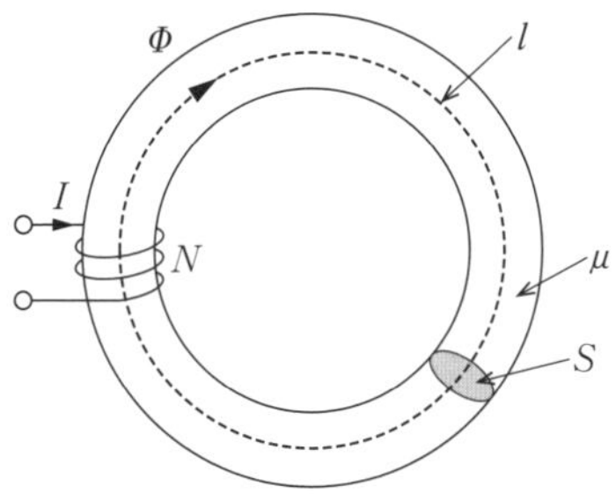

図1.28 環状ソレノイドの自己インダクタンス

磁束密度を$B=\mu H$〔T〕とすると，磁束Φ〔Wb〕は次式で表されます．

$$\Phi=BS=\mu HS\text{〔Wb〕} \quad (1.86)$$

式(1.86)に式(1.85)を代入すると，次式となります．

$$\Phi = \frac{\mu NIS}{l} \text{〔Wb〕} \tag{1.87}$$

式(1.82)に式(1.87)を代入して，自己インダクタンスL〔H〕を求めると，次式で表されます．

$$L = \frac{N\Phi}{I} = \frac{N}{I} \times \frac{\mu NIS}{l} = \frac{\mu N^2 S}{l} \tag{1.88}$$

自己インダクタンスはコイルの巻数の2乗に比例するよ．

1·5·3　コイルの接続

コイルの磁束は電流によって発生するので，電流が変化すると起電力が発生します．発生する起電力の大きさによって定まるコイルの定数をインダクタンスL〔H〕といいます．

(1) 和動接続

図1.29 (a)に示すように，自己インダクタンスL_1とL_2〔H〕のコイルを電流によって発生する磁束が加わる方向に接続すると，合成インダクタンスL_+〔H〕は，次式で表されます．

$$L_+ = L_1 + L_2 + 2M \tag{1.89}$$

ここで，M〔H〕は，結合の度合いを表す相互インダクタンスです．また，コイルの結合の状態を表す結合係数kは，次式で表されます．

$$k = \frac{M}{\sqrt{L_1 L_2}} \tag{1.90}$$

$k \leqq 1$の値だよ．

(2) 差動接続

図1.29 (b)に示すように，電流によって発生する磁束が反対方向となるようにコイルを接続すると，合成インダクタンスL_-〔H〕は，次式で表されます．

$$L_- = L_1 + L_2 - 2M \tag{1.91}$$

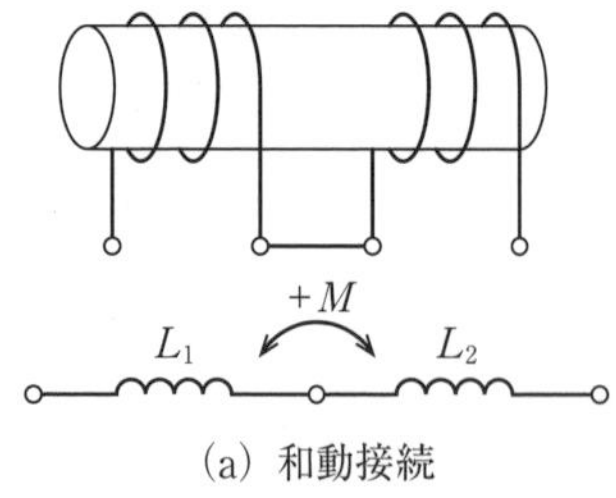

(a) 和動接続

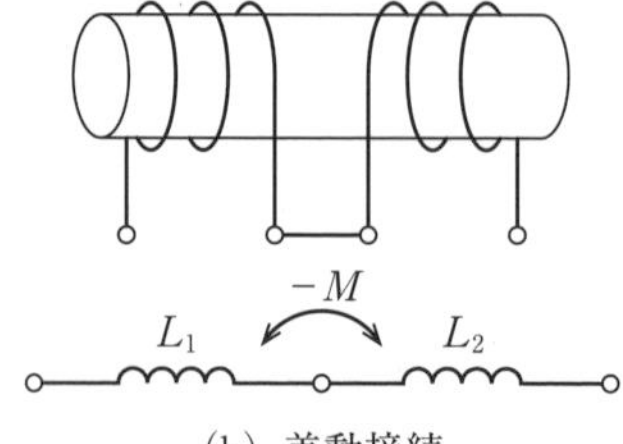

(b) 差動接続

図1.29　コイルの接続

$L_1 = L_2 = M$のときは，
$k = 1$
$L_+ = 4L_1$
$L_- = 0$となるよ．

1·5·4　磁気エネルギー

インダクタンスL〔H〕のコイルに電流I〔A〕が流れているとき，コイルに蓄えられる磁気エネルギーW〔J〕は，次式で表されます．

$$W=\frac{1}{2}LI^2\text{〔J〕} \tag{1.92}$$

静電容量C，電圧Vのとき静電エネルギーWは，次の式で表されるよ．

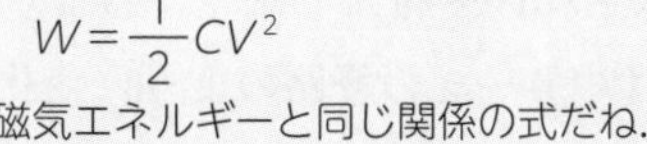

$$W=\frac{1}{2}CV^2$$

磁気エネルギーと同じ関係の式だね．

1·5·5 磁気回路

図1.30に示すように断面積S〔m^2〕，平均磁路の長さl〔m〕，透磁率μ〔H/m〕，真空の透磁率μ_0〔H/m〕，比透磁率μ_rの環状鉄心にN回巻かれたコイルがあるとき，コイルに電流I〔A〕を流したときの内部の磁束Φ〔Wb〕は，次式で表されます．

$$\Phi=\frac{\mu NIS}{l}\text{〔Wb〕} \tag{1.93}$$

透磁率μは，真空の透磁率μ_0〔H/m〕，比透磁率μ_rにより，

$$\mu=\mu_0\mu_r$$

で表わされるよ．

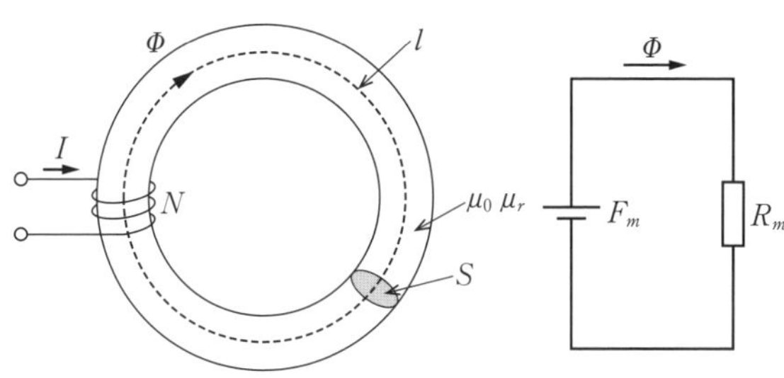

図 1.30 磁気回路

式(1.93)において，**起磁力**をF_m〔A〕，**磁気抵抗**をR_m〔H^{-1}〕(または〔A/Wb〕)とすると，**磁束**Φ〔Wb〕は次式で表されます．

$$\Phi=\frac{F_m}{R_m}\text{〔Wb〕} \tag{1.94}$$

ここで，

$$F_m=NI\text{〔A〕} \tag{1.95}$$

$$R_m=\frac{l}{\mu S}\text{〔H}^{-1}\text{〕} \tag{1.96}$$

で表されます．式(1.94)を磁気回路に関するオームの法則といいます．

磁気回路と電気回路の比較だよ．
磁束Φ〔Wb〕→電流I〔A〕
起磁力F_m〔A〕→起電力E〔V〕
磁気抵抗R_m〔H^{-1}〕→電気抵抗R〔Ω〕

1·5·6　磁性体の磁化曲線

鉄などの強磁性体に外部から磁界H〔A/m〕を加えて磁化すると，磁界を増加されたときの磁束密度B〔T〕は**図1.31**の0～aの経路のように変化し，直線的に変化しません．

縦軸を磁束密度B，横軸を磁界の強さHをとって図1.31のように表したグラフをBH曲線といいます．また，図の点aのように，磁束密度B〔Wb〕がある値以上に増加しない現象を**磁気飽和**といいます．磁束密度の最大値B_m〔Wb〕を最大磁束密度または**飽和磁束密度**といいます．

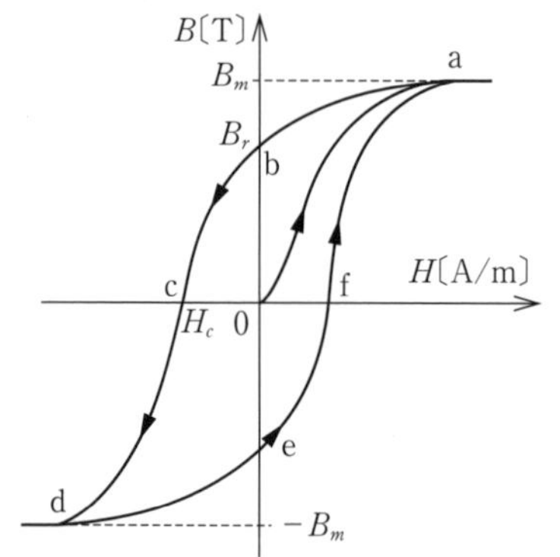

図1.31　BH曲線

外部の磁界Hがなくなっても，残っているのが残留磁気B_rだよ．磁石はいっぱい磁気が残っていた方がいいよね．

強磁性体では，外部から磁界を加えて磁化した後にその磁界を取り去っても磁化された状態が残ります．このとき，図のB_r〔Wb〕を**残留磁気**といいます．

磁化された強磁性体に磁界を加えると磁束密度の状態が図の0～a～b～c～d～e～f～aのように変化します．この現象を磁気ヒステリシスといいます．

磁界を負の方向に増していくと，磁束密度は減少して点cで零になります．このときの磁界の強さH_c〔A/m〕を**保磁力**といいます．

このように往復で異なる経路の曲線をたどり一つのループを描きます．この曲線を**ヒステリシス曲線**といいます．永久磁石には，残留磁気と保磁力が大きくこの曲線が作るループの面積が大きい材質が適しています．

磁性体でコイルを作り，電流を流すと磁性体の磁束密度はこの曲線を一回りしたとき，単位体積当たりに加えられるエネルギーをW_h〔J/m^3〕とすると，周波数f〔Hz：ヘルツ〕の交流電流を流したとき，損失となる電力P〔W/m^3〕は，次式で表されます．

$$P = fW_h \text{〔W/m}^3\text{〕} \tag{1.97}$$

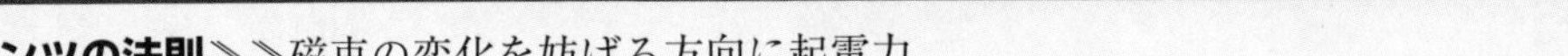

□**レンツの法則**≫≫磁束の変化を妨げる方向に起電力.

□**コイルの誘導起電力**≫≫$e=N\dfrac{\Delta\Phi}{\Delta t}$,　$e=L\dfrac{\Delta I}{\Delta t}$,　$e=M\dfrac{\Delta I}{\Delta t}$

□**環状コイルの磁界**≫≫$H=\dfrac{NI}{l}$

□**環状コイルの自己インダクタンス**≫≫$L=\dfrac{\mu N^2 S}{l}$

□**コイルの接続**≫≫和動接続$L_+=L_1+L_2+2M$,　差動接続$L_-=L_1+L_2-2M$

□**コイルの結合係数**≫≫$k=\dfrac{M}{\sqrt{L_1 L_2}}$

□**磁気エネルギー**≫≫$W=\dfrac{1}{2}LI^2$

□**磁気回路**≫≫$\Phi=\dfrac{F_m}{R_m}$

□**磁気抵抗**≫≫$R_m=\dfrac{l}{\mu S}$

□***BH*曲線**≫≫磁束密度：縦軸，磁界：横軸．$H=0$の磁束密度が残留磁気．$B=0$の磁界が保磁力．ループの面積に損失が比例．永久磁石は残留磁気と保磁力が大きい．

国家試験問題

問題 1

巻数$N=10$のコイルを流れる電流が0.1秒間に0.6 Aの割合で変化しているとき，コイルを貫く磁束が0.4秒間に1.2 mWbの割合で変化した．このコイルの自己インダクタンスL〔mH〕の値として，正しいのは次のうちどれか．

ただし，コイルの漏れ磁束は無視できるものとする．

(1) 0.5　　(2) 2.5　　(3) 5　　(4) 10　　(5) 20

(H18-4)

解説

巻数$N=10$のコイルを貫く磁束が$\Delta t=0.4$ sの間に$\Delta\Phi=1.2$ mWbの割合で変化しているとき，誘導起電力e〔V〕は次式で表されます．

$$e=N\frac{\Delta\Phi}{\Delta t}=10\times\frac{1.2\times10^{-3}}{0.4}=3\times10^{-2}\ \text{V} \tag{1.98}$$

自己インダクタンスL〔H〕のコイルの電流が$\Delta t=0.1$ sの時間に$\Delta I=0.6$ Aの割合で変化しているとき，誘導起電力e〔V〕は次式で表されます．

$$e=L\frac{\Delta I}{\Delta t}=L\frac{0.6}{0.1}=6L\text{〔V〕} \tag{1.99}$$

コイルを流れる電流が変化すると磁束が変化するので，このとき発生する誘

導起電力e〔V〕は等しいから，式(1.98)＝式(1.99)としてLを求めると，

$$6L=3\times10^{-2}$$

よって，

$$L=\frac{3}{6}\times10^{-2}=0.5\times10^{-2}=5\times10^{-3}\ \mathrm{H}=5\ \mathrm{mH}$$

コイルの誘導起電力は，磁束が変化したときと，電流が変化したときに発生するよ．

問題2

図のように，磁路の長さ$l=0.2$ m，断面積$S=1\times10^{-4}\ \mathrm{m}^2$の環状鉄心に巻数$N=8\,000$の銅線を巻いたコイルがある．このコイルに直流電流$I=0.1$ Aを流したとき，鉄心中の磁束密度は$B=1.28$ Tであった．このときの鉄心の透磁率μの値〔H/m〕として，最も近いものを次の(1)～(5)のうちから一つ選べ．

ただし，コイルによって作られる磁束は，鉄心中を一様に通り，鉄心の外部に漏れないものとする．

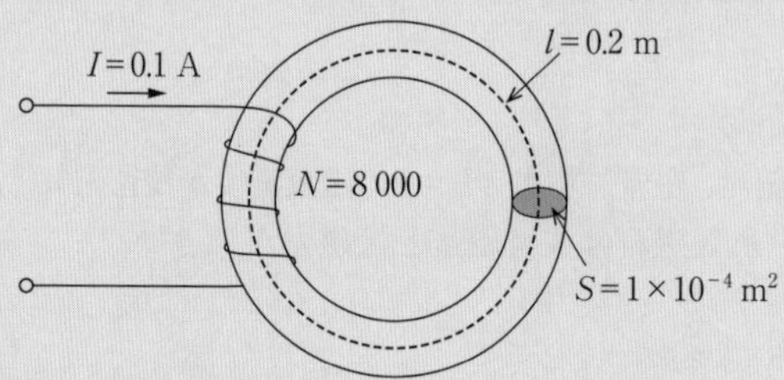

(1) 1.6×10^{-4}　(2) 2.0×10^{-4}　(3) 2.4×10^{-4}　(4) 2.8×10^{-4}　(5) 3.2×10^{-4}

(R1-4)

解説

環状鉄心内部の磁界の強さH〔A/m〕は，次式で表されます．

$$H=\frac{NI}{l}\ \text{〔A/m〕} \tag{1.100}$$

磁束密度B〔T〕は次式で表されます．

$$B=\mu H=\frac{\mu NI}{l}\ \text{〔T〕} \tag{1.101}$$

透磁率μ〔H/m〕を求めると，次式で表されます．

$$\mu=\frac{Bl}{NI}=\frac{1.28\times0.2}{8\times10^3\times0.1}=\frac{12.8\times2}{8}\times10^{-2-2}=3.2\times10^{-4}\ \text{〔H/m〕}$$

断面積の値は使わなくても答えを求めることができるよ．磁気抵抗から求めるときは断面積を使うけど，磁界と磁束密度から求めるこの方法が簡単だよ．

問題3

図のように，環状鉄心に二つのコイルが巻かれている．コイル1の巻数はNであり，その自己インダクタンスはL〔H〕である．コイル2の巻数はnであり，その自己インダクタンスは$4L$〔H〕である．巻数nの値を表す式として，正しいのは次のうちどれか．

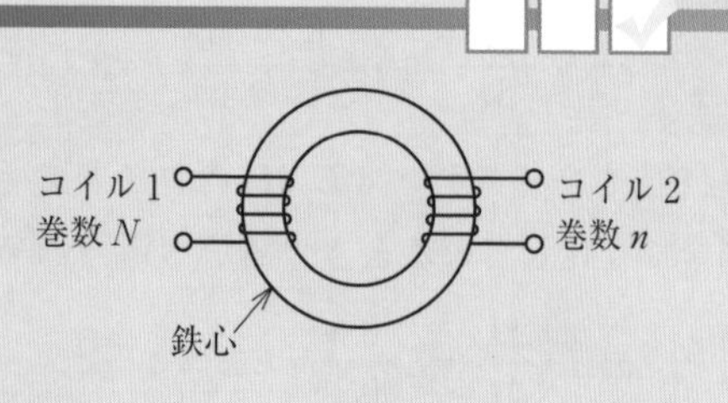

ただし，鉄心は等断面，等質であり，コイル及び鉄心の漏れ磁束はなく，また，鉄心の磁気飽和

もないものとする．

(1) $\frac{N}{4}$　(2) $\frac{N}{2}$　(3) $2N$　(4) $4N$　(5) $16N$

(H20-4)

解説

コイル2の自己インダクタンス4L〔H〕は，コイル1の自己インダクタンスL〔H〕の4倍です．巻数の2乗が自己インダクタンスに比例するので，次式で表されます．

$$\left(\frac{n}{N}\right)^2 = \frac{4L}{L} = 4$$

両辺の$\sqrt{\ }$をとると，次式となります．

$\frac{n}{N} = 2$　，　よって，$n = 2N$となります．

4 = 2^2
$\sqrt{4} = 2$だよ．
試験では$\sqrt{\ }$キーの付いた電卓は使えるよ．

問題4

環状鉄心に，コイル1及びコイル2が巻かれている．二つのコイルを図1のように接続したとき，端子A−B間の合成インダクタンスの値は1.2 Hであった．次に，図2のように接続したとき，端子C−D間の合成インダクタンスの値は2.0 Hであった．このことから，コイル1の自己インダクタンスLの値〔H〕，コイル1及びコイル2の相互インダクタンスMの値〔H〕の組合せとして，正しいものを次の(1)～(5)のうちから一つ選べ．

ただし，コイル1及びコイル2の自己インダクタンスはともにL〔H〕，その巻数をNとし，また，鉄心は等断面，等質であるとする．

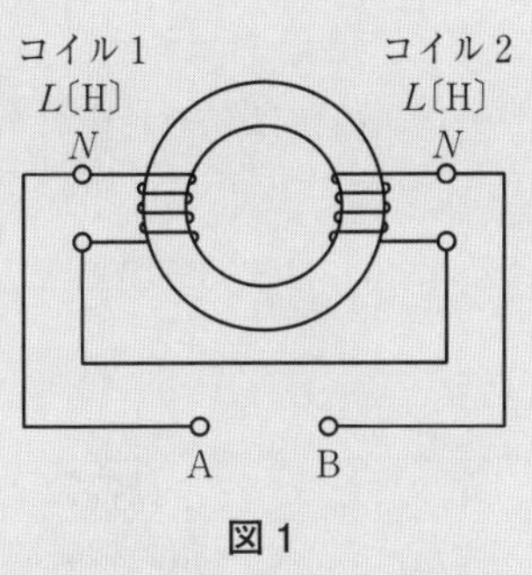

図1

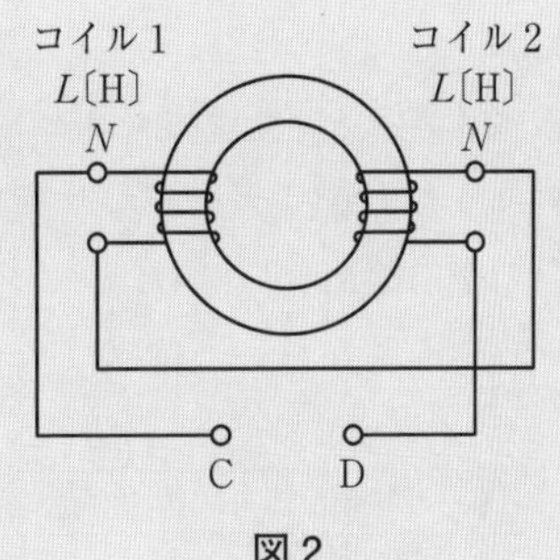

図2

	自己インダクタンスL	相互インダクタンスM
(1)	0.4	0.2
(2)	0.8	0.2
(3)	0.8	0.4
(4)	1.6	0.2
(5)	1.6	0.4

(H29-3)

(p.45の解答)　問題1 →(3)

解説

問題の図1のAからBに電流が流れるとすると，右ねじの法則よりコイル1の磁界の向きは時計回り，コイル2は反時計回りになるので，図1の接続は差動接続です．図2も同様にして考えると和動接続となります．

図1の回路より，A－B間のインダクタンスL_{AB}〔H〕は，次式で表されます．

$$L_{AB}=L+L-2M=2L-2M=1.2\ \text{H} \quad (1.102)$$

図2の回路より，C－D間のインダクタンスL_{CD}〔H〕は，次式で表されます．

$$L_{CD}=L+L+2M=2L+2M=2\ \text{H} \quad (1.103)$$

式(1.102)＋式(1.103)より，次式となります．

$4L=1.2+2=3.2$　　よって，$L=0.8$ Hとなります．

式(1.103)－式(1.102)より，次式となります．

$4M=2-1.2=0.8$　　よって，$M=0.2$ Hとなります．

L_{AB}よりL_{CD}の値が大きいので，L_{AB}が差動接続でL_{CD}が和動接続だよ．磁界の向きを考えなくても使う式は分かるよ．

問題5

次の文章は，コイルのインダクタンスに関する記述である．ここで，鉄心の磁気飽和は，無視するものとする．

均質で等断面の環状鉄心に被覆電線を巻いてコイルを作製した．このコイルの自己インダクタンスは，巻数の［(ア)］に比例し，磁路の［(イ)］に反比例する．

同じ鉄心にさらに被覆電線を巻いて別のコイルを作ると，これら二つのコイル間には相互インダクタンスが生じる．相互インダクタンスの大きさは，漏れ磁束が［(ウ)］なるほど小さくなる．それぞれのコイルの自己インダクタンスをL_1〔H〕，L_2〔H〕とすると，相互インダクタンスの最大値は［(エ)］〔H〕である．

これら二つのコイルを［(オ)］とすると，合成インダクタンスの値は，それぞれの自己インダクタンスの合計値よりも大きくなる．

上記の記述中の空白箇所(ア)，(イ)，(ウ)，(エ)及び(オ)に当てはまる組合せとして，正しいものを次の(1)～(5)のうちから一つ選べ．

	(ア)	(イ)	(ウ)	(エ)	(オ)
(1)	1乗	断面積	少なく	L_1+L_2	差動接続
(2)	2乗	長　さ	多　く	L_1+L_2	和動接続
(3)	1乗	長　さ	多　く	$\sqrt{L_1L_2}$	和動接続
(4)	2乗	断面積	少なく	L_1+L_2	差動接続
(5)	2乗	長　さ	多　く	$\sqrt{L_1L_2}$	和動接続

(H24-3)

解説

断面積S〔m^2〕，平均磁路の長さl〔m〕，透磁率μ〔H/m〕の環状鉄心にN回巻いたコイルの自己インダクタンスL〔H〕は，次式で表されます．

$$L=\frac{\mu N^2 S}{l} \quad (1.104)$$

式(1.104)より，自己インダクタンスは巻数の2乗に比例し，磁路の長さに反比例します．

自己インダクタンスを，L_1，L_2〔H〕，相互インダクタンスをM〔H〕，結合係数をkとすると，次式の関係があります．

$$k=\frac{M}{\sqrt{L_1 L_2}} \qquad (1.105)$$

$k \leqq 1$の値をもち最大値の$k=1$とすると，$M=\sqrt{L_1 L_2}$ によって表されます．

二つのコイルを和動接続したときの合成インダクタンスL_+〔H〕は，次式で表されるので，それぞれの自己インダクタンスの合計値よりも大きくなります．

$$L_+=L_1+L_2+2M \qquad (1.106)$$

和動接続は「和」だから，合成インダクタンスが大きくなるよ．差動接続は小さくなるんだね．

問題 6

次の文章は，コイルの磁束鎖交数とコイルに蓄えられる磁気エネルギーについて述べたものである．

インダクタンス1 mHのコイルに直流電流10 Aが流れているとき，このコイルの磁束鎖交数Ψ_1〔Wb〕は［（ア）］〔Wb〕である．また，コイルに蓄えられている磁気エネルギーW_1〔J〕は［（イ）］〔J〕である．

次に，このコイルに流れる直流電流を30 Aとすると，磁束鎖交数Ψ_2〔Wb〕と蓄えられる磁気エネルギーW_2〔J〕はそれぞれ［（ウ）］となる．

上記の記述中の空白箇所(ア)，(イ)及び(ウ)に当てはまる語句又は数値として，正しいものを組み合わせたのは次のうちどれか．

	（ア）	（イ）	（ウ）
(1)	5×10^{-3}	5×10^{-2}	Ψ_2はΨ_1の3倍，W_2はW_1の9倍
(2)	1×10^{-2}	5×10^{-2}	Ψ_2はΨ_1の3倍，W_2はW_1の9倍
(3)	1×10^{-2}	1×10^{-2}	Ψ_2はΨ_1の9倍，W_2はW_1の3倍
(4)	1×10^{-2}	5×10^{-1}	Ψ_2はΨ_1の3倍，W_2はW_1の9倍
(5)	5×10^{-2}	5×10^{-1}	Ψ_2はΨ_1の9倍，W_2はW_1の27倍

(H21-3)

解 説

インダクタンス$L=1\text{ mH}=1\times10^{-3}\text{ H}$，巻数$N$のコイルに電流$I=10\text{ A}$が流れているときの磁束を$\Phi$とすると，鎖交磁束数$\Psi_1$〔Wb〕は次式で表されます．

$$\Psi_1=N\Phi=LI \qquad (1.107)$$

$$=1\times10^{-3}\times10=1\times10^{-2}\text{ Wb}$$

Φはギリシャ文字の「ファイ」，Ψは「プサイ」だよ．

コイルに蓄えられる磁気エネルギーW_1〔J〕は，次式で表されます．

$$W_1=\frac{1}{2}LI^2 \qquad (1.108)$$

$$=\frac{1}{2}\times10^{-3}\times10^2=\frac{10}{2}\times10^{-2}=5\times10^{-2}\text{ J}$$

電流の値が10 Aから30 Aの3倍に増加すると，式(1.107)よりΨ_2はΨ_1の3倍となり，式(1.108)よりW_2はW_1の$3^2=9$倍となります．

(ア)と(イ)が計算できれば，答えが見つかるね．こんなお得な問題もあるから，計算しながら選択肢を絞っていくんだよ．

(p.46 ～ p.47 の解答)　問題2→(5)　問題3→(3)　問題4→(2)

問題7

図のように，磁路の平均の長さl〔m〕，断面積S〔m^2〕で透磁率μ〔H/m〕の環状鉄心に巻数Nのコイルが巻かれている．この場合，環状鉄心の磁気抵抗は$\dfrac{l}{\mu S}$〔A/Wb〕である．いま，コイルに流れている電流をI〔A〕としたとき，起磁力は (ア) 〔A〕であり，したがって，磁束は (イ) 〔Wb〕となる．

ただし，鉄心及びコイルの漏れ磁束はないものとする．

上記の記述中の空白箇所(ア)及び(イ)に当てはまる式として，正しいものを組み合わせたのは次のうちどれか．

	(ア)	(イ)
(1)	I	$\dfrac{l}{\mu S}I$
(2)	I	$\dfrac{\mu S}{l}I$
(3)	NI	$\dfrac{lN}{\mu S}I$
(4)	NI	$\dfrac{\mu SN}{l}I$
(5)	N^2I	$\dfrac{\mu SN^2}{l}I$

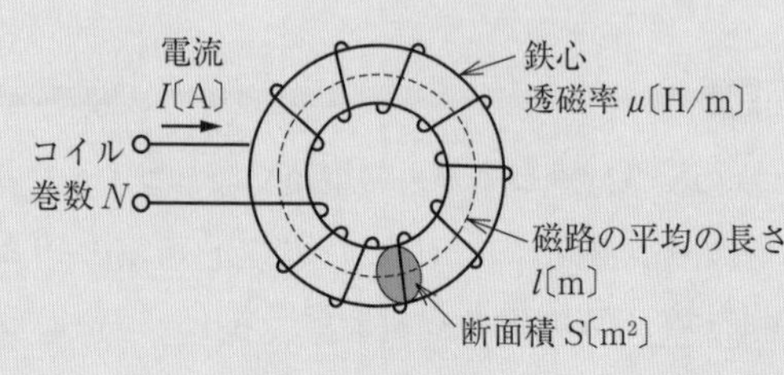

(H20-3)

解説

起磁力を$F_m=NI$〔A〕，磁気抵抗をR_m〔A/Wb〕とすると，磁束Φ〔Wb〕は次式で表されます．

$$\Phi=\frac{F_m}{R_m}=\frac{NI}{\dfrac{l}{\mu S}}=\frac{\mu SN}{l}I\ \text{〔Wb〕}$$

磁束は電気回路の電流，起磁力は起電力と同じだよ．巻数に比例して磁束が増えるので(ア)はNIだよ．N^2Iは一つしかないから間違いだと思うよ．

問題8

図は，磁性体の磁化曲線（BH曲線）を示す．次の文章は，これに関する記述である．

1　直交座標の横軸は， (ア) である．

2　aは， (イ) の大きさを表す．

3　鉄心入りコイルに交流電流を流すと，ヒステリシス曲線内の面積に (ウ) した電気エネルギーが鉄心の中で熱として失われる．

4　永久磁石材料としては，ヒステリシス曲線のaとbがともに (エ) 磁性体が適している．

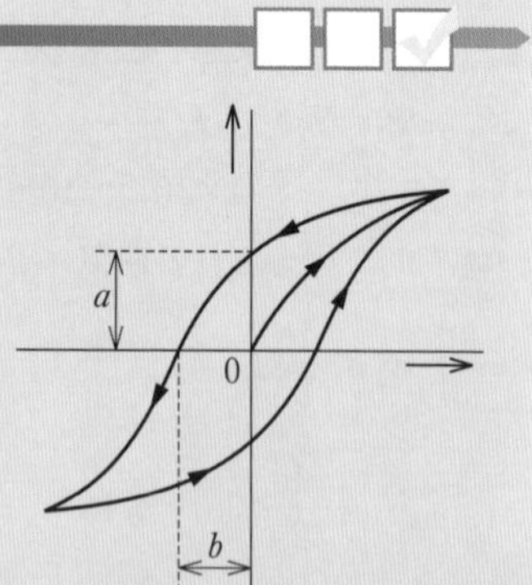

上記の記述中の空白箇所(ア)，(イ)，(ウ)及び(エ)に当てはまる組合せとして，正しいものを次の(1)～(5)のうちから一つ選べ．

	（ア）	（イ）	（ウ）	（エ）
(1)	磁界の強さ〔A/m〕	保磁力	反比例	大きい
(2)	磁束密度〔T〕	保磁力	反比例	小さい
(3)	磁界の強さ〔A/m〕	残留磁気	反比例	小さい
(4)	磁束密度〔T〕	保磁力	比例	大きい
(5)	磁界の強さ〔A/m〕	残留磁気	比例	大きい

(H29-4)

解説

横軸は外部から加える磁界の強さH〔A/m〕，縦軸は鉄心内部の磁束密度B〔T〕を表します．aは残留磁気，bは保磁力です．

aは外部の磁界がなくなったとき，内部に磁気が残るから残留磁気だよ．（イ）の「残留磁気」と（エ）の「大きい」が分かれば答えが見つかるね．

問題 9

磁界及び磁束に関する記述として，誤っているものを次の(1)～(5)のうちから一つ選べ．

(1) 1 m当たりの巻数がNの無限に長いソレノイドに電流I〔A〕を流すと，ソレノイドの内部には磁界$H=NI$〔A/m〕が生じる．磁界の大きさは，ソレノイドの寸法や内部に存在する物質の種類に影響されない．

(2) 均一磁界中において，磁界の方向と直角に置かれた直線状導体に直流電流を流すと，導体には電流の大きさに比例した力が働く．

(3) 2本の平行な直線状導体に反対向きの電流を流すと，導体には導体間距離の2乗に反比例した反発力が働く．

(4) フレミングの左手の法則では，親指の向きが導体に働く力の向きを示す．

(5) 磁気回路において，透磁率は電気回路の導電率に，磁束は電気回路の電流にそれぞれ対応する．

(H25-3)

解説

真空中に距離がr〔m〕離れた位置の2本の平行に並んだ直線状導体に，反対向きの電流I_1〔A〕，I_2〔A〕を流すと導線間に反発力が働きます．導線の長さl〔m〕の部分に働く力の大きさF〔N〕は，次式で表されるので導体間の距離に反比例します．

$$F=\frac{2I_1I_2l}{r}\times10^{-7}\text{〔N〕} \quad (1.109)$$

次に出題されるときは，正しい選択肢を変えて誤った選択肢として出題されるので，正しい選択肢の内容も覚えてね．

(p.48 ～ p.51 の解答)

問題5→(5)　問題6→(2)　問題7→(4)　問題8→(5)　問題9→(3)

1·6 電気磁気（各種電気現象）

重要知識

出題項目 CHECK!

- □ 物質の電気的性質の表し方
- □ 各種電気現象の特徴
- □ 国際単位の表し方

1·6·1　物質の電気的な性質

電気を通しやすい銀，銅，金，アルミニウム，鉄，鉛などの金属を導体といいます．電気を通しにくいビニール，雲母（うんもと呼び電気の絶縁に使われる鉱石），ガラス，油，空気などを絶縁体といいます．また，この中間の電気の通りやすい性質をもった物質を半導体といいます．半導体には，ゲルマニウム，シリコン，セレンなどがあります．半導体は，他の物質（ヒ素やホウ素など）をすこし混ぜて，トランジスタの材料などに用いられます．導体は温度が上がると抵抗率が増加しますが，半導体は温度が上がると抵抗率が減少する特徴があります．

物質の電気抵抗は，抵抗率で表します．抵抗率は面積1 m^2で長さ1 mの物質の抵抗値です．金属の銅の抵抗率は，1.68×10^{-8} Ω·m，半導体のシリコンの抵抗率は，3.97×10^{3} Ω·m，絶縁体のポリエチレンの抵抗率は，10^{16} Ω·m程度です．

抵抗率 ρ〔Ω·m〕，断面積 A〔m^2〕，長さ l〔m〕の導線の抵抗 R〔Ω〕は，次の式で表されるよ．

$$R=\rho\frac{l}{A}$$

1·6·2　電気現象

(1) 圧電効果（ピエゾ効果）

水晶，ロッシェル塩，チタン酸バリウムなどの結晶体に圧力や張力を加えると，結晶体の表面に電荷が現れて電圧が発生する現象です．

(2) ゼーベック効果

銅とコンスタンタン又はクロメルとアルメルなどの異なった金属を環状に結合して閉回路をつくり，両接合点に温度差を加えると，回路に起電力が生ずる現象です．

(3) ペルチェ効果

異なった金属の接点に電流を流すと，その電流の向きによって，熱を発生し，又は吸収する現象です．

(4) トムソン効果

1種類の金属や半導体で，2点の温度が異なるとき，その間に電流を流すと，熱を吸収し又は熱を発生する現象です．

現象の名前が覚えにくいね．ゼーベック，ペルチェ，トムソンはそれらの現象を発見した人の名前だよ．

(5) 表皮効果

導線に高周波電流を流すと周波数が高くなるにつれて，導体表面近くに密集して電流が流れ中心部に流れなくなる現象です．そのとき，導線の電流が流れる断面積が小さくなるので，直流を流したときに比較して抵抗が大きくなります．

1·6·3 電気磁気などの物理量の単位

電気磁気量は国際単位系（SI）で表されます．それらの量および単位の名称と単位記号を次表に示します．

(1) SI基本単位

量	単位の名称	単位記号
長　さ	メートル	m
質　量	キログラム	kg
時　間	秒	s
電　流	アンペア	A
温　度	ケルビン	K
物質量	モル	mol
光　度	カンデラ	cd

SI基本単位のうち，〔m〕〔kg〕〔s〕〔A〕の四つの単位を使えば，(2) の表のSI組立単位はみんな表すことができるよ．例えば，〔N〕は〔m・kg・s^{-2}〕と表すよ．

(2) SI組立単位

量	単位の名称	単位記号	他の単位による表し方
力	ニュートン	N	
仕事（エネルギー）	ジュール	J	N・m
電荷	クーロン	C	A・s
電圧	ボルト	V	J/C，Ω・A
抵抗	オーム	Ω	V/A
抵抗率	オームメートル	Ω・m	
コンダクタンス	ジーメンス	S	A/V
導電率	ジーメンス毎メートル	S/m	
電力	ワット	W	J/s，V・A
電力量	ワット秒	W・s	
電束	クーロン	C	
電束密度	クーロン毎平方メートル	C/m^2	
静電容量	ファラド	F	C/V
誘電率	ファラド毎メートル	F/m	
磁束	ウェーバ	Wb	V・s
磁束密度	テスラ	T	Wb/m^2
インダクタンス	ヘンリー	H	Wb/A
透磁率	ヘンリー毎メートル	H/m	
電界の強さ	ボルト毎メートル	V/m	
磁界の強さ	アンペア毎メートル	A/m	
周波数	ヘルツ	Hz	1/s

小文字の〔s〕はセコンド（秒）で，大文字の〔S〕はジーメンスだよ．

(3) 単位の接頭語

記号	T	G	M	k	c	m	μ	n	p
名称	テラ	ギガ	メガ	キロ	センチ	ミリ	マイクロ	ナノ	ピコ
数値	10^{12}	10^{9}	10^{6}	10^{3}	10^{-2}	10^{-3}	10^{-6}	10^{-9}	10^{-12}

試験問題では接頭語がよく出てくるので，覚えておいてね．電圧はk，電流はm，抵抗はMやk，静電容量はμやpがよく使われるよ．

● 試験の直前 ● CHECK!

- □ **圧電効果**≫≫結晶体に圧力や張力を加えると，結晶体の表面に電荷．
- □ **表皮効果**≫≫高周波電流が導線の表面近くに集中．抵抗が大きく．
- □ **単　位**≫≫力〔N〕，電荷〔C〕，電圧〔V〕，電流〔A〕，電力〔W〕，磁束〔Wb〕，磁束密度〔T〕，静電容量〔F〕，インダクタンス〔H〕，電界の強さ〔V/m〕
- □ **半導体**≫≫導体と絶縁体の中間の抵抗率．半導体は温度上昇で抵抗率が減少．導体は温度上昇で抵抗率が増加．

国家試験問題

問題 1

電気及び磁気に関する量とその単位記号(他の単位による表し方を含む)との組合せとして，誤っているものを次の(1)～(5)のうちから一つ選べ．

量	単位記号
(1) 導電率	S/m
(2) 電力量	W·s
(3) インダクタンス	Wb/V
(4) 磁束密度	T
(5) 誘電率	F/m

(H23-14)

解説

コイルの巻数をN，電流I〔A〕，磁束をΦ〔Wb〕，インダクタンスをL〔H〕とすると，次式が成り立ちます．

$$N\Phi = LI \tag{1.110}$$

$N=1$として，Lを表すと，次式となります．

$$L〔\mathrm{H}〕 = \frac{\Phi}{I}〔\mathrm{Wb/A}〕 \tag{1.111}$$

よって，インダクタンスは〔H〕または〔Wb/A〕で表すことができるので，選択肢(3)が誤っています．

インダクタンスは，電流を流すと磁束が生じるコイルの単位だから電流に関係するよ．

問題 2

固有の名称をもつSI組立単位の記号と，これと同じ内容を表す他の表し方の組合せとして，誤っているものを次の(1)～(5)のうちから一つ選べ．

	SI組立単位の記号	SI基本単位及びSI組立単位による他の表し方
(1)	F	C/V
(2)	W	J/s
(3)	S	A/V
(4)	T	Wb/m^2
(5)	Wb	V/s

（H30-14）

解説

コイルの巻数をN，コイルを通過する磁束の変化を$\Delta\Phi$〔Wb〕，微小時間をΔt〔s〕とすると，コイルの誘導起電力e〔V〕は，ファラデーの法則より次式で表されます．

$$e=N\frac{\Delta\Phi}{\Delta t}\text{〔V〕} \tag{1.112}$$

$N=1$として，$\Delta\Phi$〔Wb〕を表すと次式となります．

$$\Delta\Phi\text{〔Wb〕}=e\Delta t\text{〔V・s〕}$$

よって，〔Wb〕で表される磁束は〔V・s〕で表すことができるので，選択肢(5)が誤っています．

大文字のSは，ジーメンスと読んでコンダクタンスだよ．抵抗の逆数だからA/Vで合ってるね．

53ページにある(2)SI組立単位の表を見てね．

（p.54 ～ p.55 の解答）　問題1→(3)　問題2→(5)

第2章　電気回路

2·1 電気回路（直流回路）

重要知識

出題項目 CHECK!

- □ 温度で変化する抵抗値の求め方
- □ 合成抵抗や各部の電流，電圧，電力の求め方
- □ 負荷に供給される最大電力の求め方

2·1·1　導線の電気抵抗

(1) 抵抗率

図2.1のような長さl〔m〕，断面積A〔m^2〕の導線の抵抗R〔Ω〕は，次式で表されます．

$$R=\rho\frac{l}{A}\ 〔\Omega〕 \tag{2.1}$$

ここで，ρ〔Ω·m：オーム・メートル〕は導線の材質と温度によって定まる定数で，抵抗率といいます．

水の流れと一緒だね．ホースの断面が大きければ，水の抵抗が少なくてたくさん水が流れるよ．

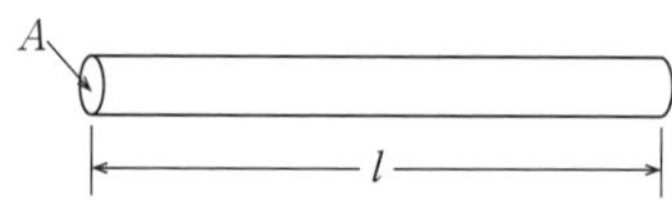

図2.1　導線の電気抵抗

(2) 導電率

抵抗率の逆数を導電率と呼び，電気の通りやすさを表す定数です．導電率σ〔S/m：ジーメンス毎メートル〕は次式で表されます．

$$\sigma=\frac{1}{\rho}\ 〔\mathrm{S/m}〕 \tag{2.2}$$

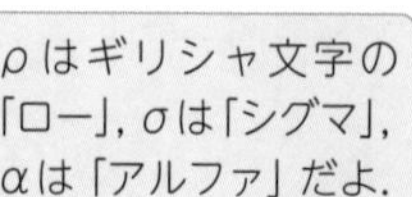

2·1·2　抵抗の温度特性

一般に，金属などの導線の電気抵抗は温度が上がると**図2.2**のように温度に比例して抵抗値が大きくなります．温度係数がα〔1/℃〕の金属において，ある温度T_1〔℃〕の抵抗値がR_1〔Ω〕のとき，温度がT_2〔℃〕に上昇したときの抵抗値R_2〔Ω〕は，次式で表されます．

$$R_2=\{1+\alpha(T_2-T_1)\}R_1 \tag{2.3}$$

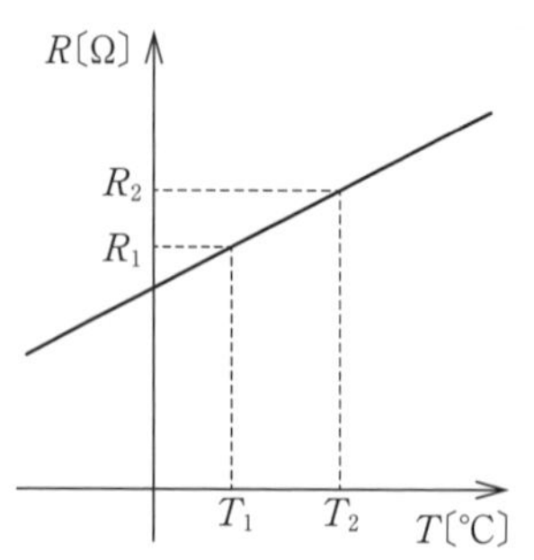

図2.2　抵抗の温度特性

2·1·3 オームの法則

図2.3のように，抵抗R〔Ω〕に電圧V〔V〕を加えると流れる電流I〔A〕の関係は，オームの法則によって次式で表されます．

$$I=\frac{V}{R}〔A〕 \quad または \quad V=RI〔V〕 \quad または \quad R=\frac{V}{I}〔Ω〕 \tag{2.4}$$

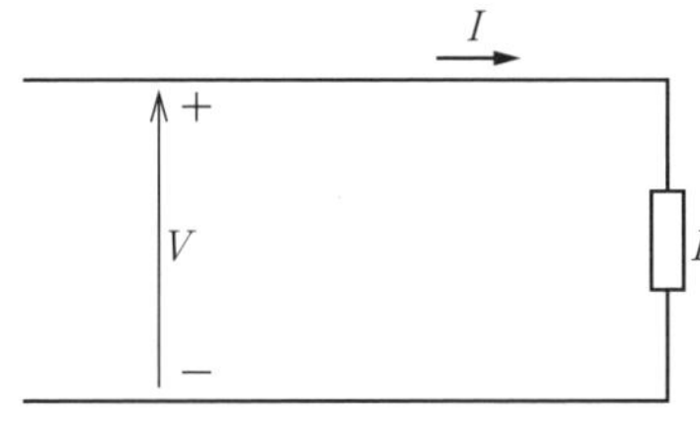

図 2.3　オームの法則

電流の矢印の向きは，電流が流れる向きを表すよ．
電圧の矢印の向きは，電圧が正（+）の向きを表すよ．

抵抗R〔Ω〕の逆数をコンダクタンスG〔S：ジーメンス〕と呼び，電流I〔A〕は，次式で表されます．

$$G=\frac{1}{R}〔S〕 \tag{2.5}$$

$$I=GV〔A〕 \tag{2.6}$$

2·1·4 キルヒホッフの法則

いくつかの起電力や抵抗が含まれる電気回路は，キルヒホッフの法則によって表すことができます．

(1) 第1法則（電流の法則）

図2.4の回路の接続点Pにおいて，流入する電流の和と流出する電流の和は等しくなって，次式が成り立ちます．

$$I_1+I_2=I_3 \tag{2.7}$$

電圧降下は，抵抗に電流が流れ込む向きが正（+）の向きとなるよ．閉回路の向きじゃないよ．
電圧源自体の内部抵抗は0Ωだよ．

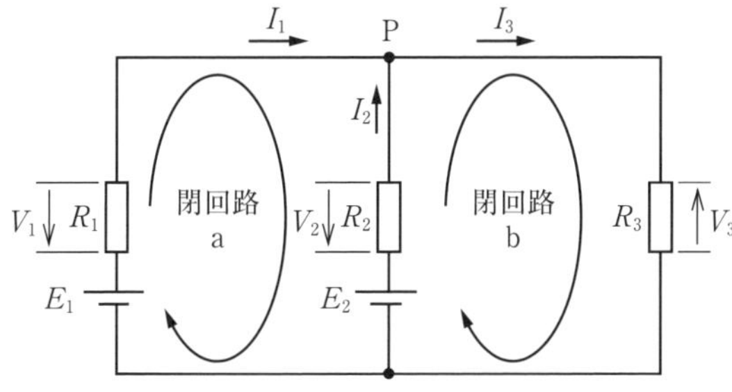

図 2.4　キルヒホッフの法則

(2) 第2法則（電圧の法則）

図2.4の閉回路aにおいて，各抵抗の電圧降下の和は起電力（電圧源）の和と等しくなって，次式が成り立ちます．

$$E_1 - E_2 = V_1 - V_2 = R_1 I_1 - R_2 I_2 \tag{2.8}$$

閉回路bでは，次式が成り立ちます．

$$E_2 = V_2 + V_3 = R_2 I_2 + R_3 I_3 \tag{2.9}$$

一回りして元に戻る経路をもつ回路を閉回路といいます．回路の一部でも閉回路になれば，キルヒホッフの電圧の法則が成り立ちます．

直列に接続された抵抗に電流が流れると各抵抗にはオームの法則に基づく電圧が発生します．電源側からみれば，その部分で電圧が下がるので**電圧降下**といいます．

複雑な回路があったとき，その一部でも一回りできればそれが閉回路になって，キルヒホッフの電圧の法則が成り立つよ．

2·1·5　抵抗の接続

(1) 直列接続

図2.5のように直列接続したとき，合成抵抗R_S〔Ω〕は次式で表されます．

$$R_S = R_1 + R_2 + R_3 + \cdots + R_n \tag{2.10}$$

直列の場合は足せばいいよ．
直列と並列の計算方法がコンデンサとは逆になるよ．

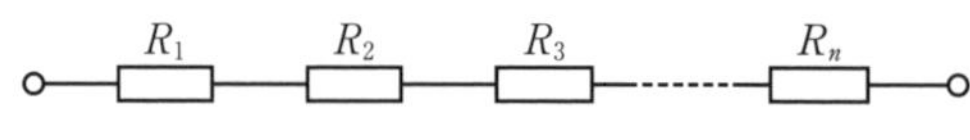

図 2.5　n個の抵抗の直列接続

Point

同じ値の部品の直列接続

同じ値の部品二つを直列に接続すると，抵抗の場合は合成した値は2倍に，コンデンサでは$\frac{1}{2}$倍(半分)になります．

(2) 並列接続

図2.6(a)のように並列接続したとき，**合成抵抗**R_P〔Ω〕は次式で表されます．

$$\frac{1}{R_P} = \frac{1}{R_1} + \frac{1}{R_2} + \frac{1}{R_3} + \cdots + \frac{1}{R_n} \tag{2.11}$$

図2.6(b)の二つの抵抗の計算は，次式によって求めることができます．

$$R_P = \frac{R_1 R_2}{R_1 + R_2} \text{〔Ω〕} \tag{2.12}$$

式(2.12)は抵抗が二つの場合にのみ使えるよ．
三つ以上のときに二つずつ計算する場合にも使えるよ．

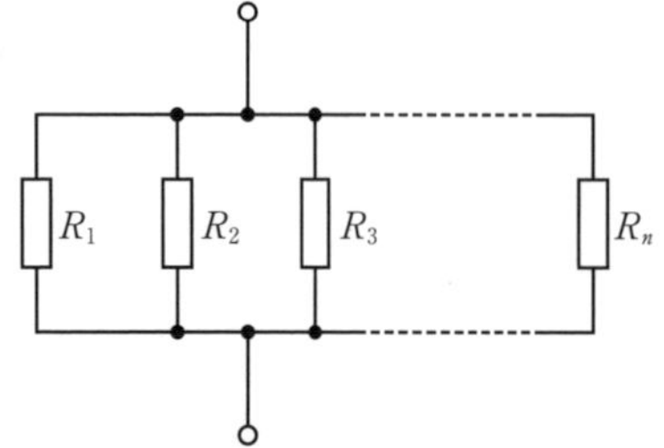

(a) n個の抵抗の並列接続

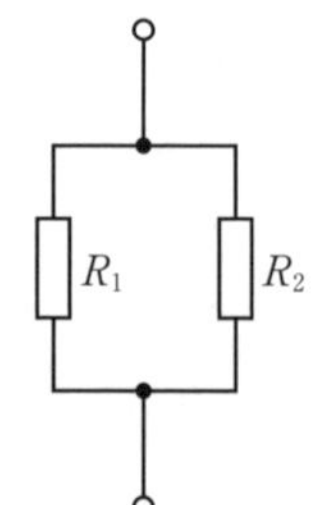

(b) 2個の抵抗の並列接続

図 2.6　抵抗の並列接続

Point

RとnRの並列抵抗の計算

小さい方の抵抗R〔Ω〕とそのn倍の値の抵抗nR〔Ω〕が並列に接続されているとき，次式によって合成抵抗R_0〔Ω〕を求めることができます．

$$R_0 = \frac{n}{1+n} R〔\Omega〕 \tag{2.13}$$

同じ値($n=1$)のときは$\frac{1}{2}R$〔Ω〕，2倍は$\frac{2}{3}R$〔Ω〕です．

抵抗を二つ並列接続すると合成抵抗は，小さい方の抵抗の値よりも小さくなります．

試験は時間と勝負だよ．速く計算できる方法を覚えてね．

2·1·6　電圧の分圧，電流の分流

図2.7の直列抵抗R_1，R_2〔Ω〕に加わる電圧V_1，V_2〔V〕は，次式で表されます．

$$V_1 = \frac{R_1}{R_1+R_2} V〔V〕 \tag{2.14}$$

$$V_2 = \frac{R_2}{R_1+R_2} V〔V〕 \tag{2.15}$$

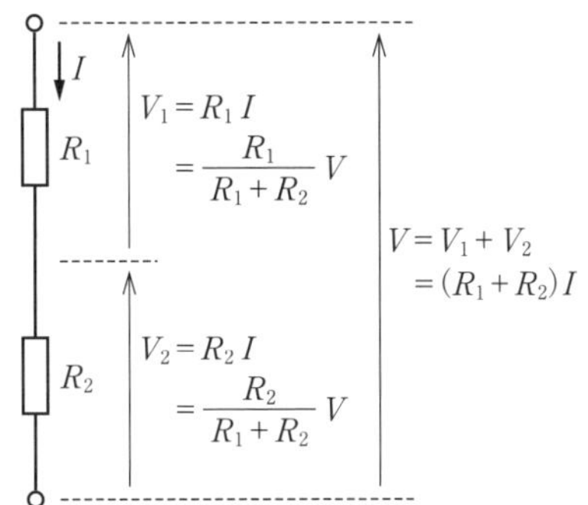

図2.7　電圧の分圧

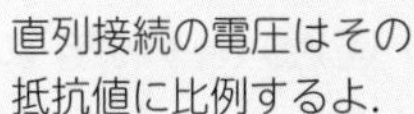

図2.8の並列抵抗R_1，R_2〔Ω〕を流れる電流I_1，I_2〔A〕は，次式で表されます．

$$I_1 = \frac{R_2}{R_1+R_2} I〔A〕 \tag{2.16}$$

$$I_2 = \frac{R_1}{R_1+R_2} I〔A〕 \tag{2.17}$$

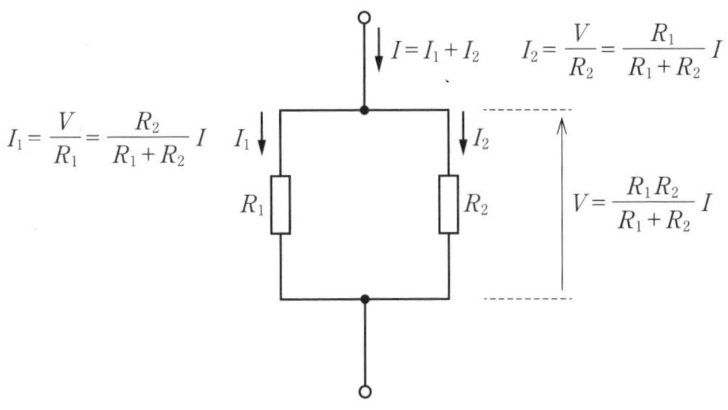

図2.8　電流の分流

並列接続の電流はほかの辺の抵抗値に比例するよ．

Point

同じ値の部品の並列接続

同じ値の部品二つを並列に接続すると，コンデンサの場合は合成した値は2倍に，抵抗では$\frac{1}{2}$倍(半分)になります．

試験問題に同じ値の接続がよく出てくるよ．直列と並列，抵抗とコンデンサの接続の計算が直ぐにできるようにしてね．

2·1·7　電　力

抵抗に電流が流れるとジュール熱が発生します．また，モータに電流を流すと力が発生します．このような電気の行う単位時間当たりの仕事を**電力**といいます．**図2.3**の抵抗で消費する電力P〔W：ワット〕は，次式で表されます．

$$P=VI\text{〔W〕} \qquad (2.18)$$

オームの法則より，$V=RI$を代入すると，次式となります．

$$P=VI=(RI)I=RI^2\text{〔W〕} \qquad (2.19)$$

$I=\dfrac{V}{R}$を代入すると，次式となります．

$$P=VI=V\left(\frac{V}{R}\right)=\frac{V^2}{R}\text{〔W〕} \qquad (2.20)$$

電圧V，電流I，抵抗Rのうちどれか二つが分かれば，電力Pを求めることができるよ．三つの式が使えるようにしてね．

2·1·8　負荷に供給される電力の最大値

図2.9(a)のように，起電力E〔V〕，内部抵抗r〔Ω〕の電源に負荷抵抗R〔Ω〕を接続すると，Rに供給される電力P〔W〕は次式で表されます．

$$P=RI^2=R\left(\frac{E}{r+R}\right)^2=\frac{R}{(r+R)^2}E^2\text{〔W〕} \qquad (2.21)$$

乾電池の電圧は同じだけど大きさが違うのは，内部抵抗が違うんだね．

ここで，Rの値を0〜∞〔Ω〕まで変化させたとき，Rに供給される電力は，**図2.9**(b)のようになって，$R=r$のときに負荷に**最大電力**P_mが供給されます．

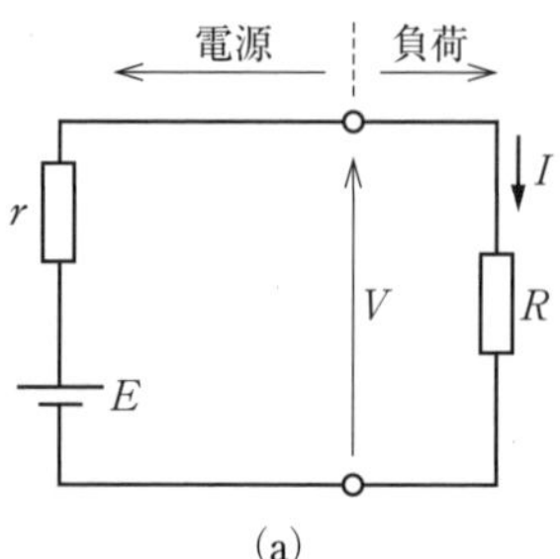

(a)

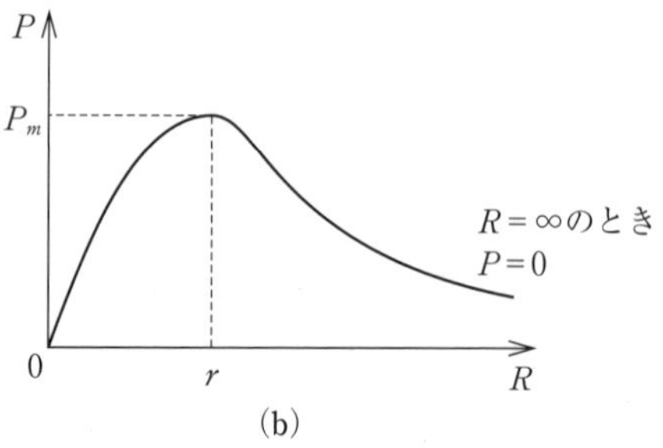

(b)

図2.9　最大供給電力

Rの値が零のときは電圧が零だから電力は零だよ．Rの値が∞のときは電流が零だから電力は零だね．

- □ **抵抗の温度特性**≫≫$R_2 = \{1 + \alpha(T_2 - T_1)\}R_1$
- □ **キルヒホッフの電流法則**≫≫流入する電流の和と流出する電流の和は等しい.
- □ **キルヒホッフの電圧法則**≫≫各抵抗の電圧降下の和は起電力の和と等しい.
- □ **直列合成抵抗**≫≫$R_S = R_1 + R_2 + R_3 + \cdots$
- □ **並列合成抵抗**≫≫$\dfrac{1}{R_P} = \dfrac{1}{R_1} + \dfrac{1}{R_2} + \dfrac{1}{R_3} + \cdots$
- □ **RとnRの並列合成抵抗**≫≫$R_0 = \dfrac{n}{1+n}R$
- □ **電圧の分圧**≫≫$V_1 = \dfrac{R_1}{R_1 + R_2}V$
- □ **電流の分流**≫≫$I_1 = \dfrac{R_2}{R_1 + R_2}I$
- □ **電力**≫≫$P = VI = \dfrac{V^2}{R} = RI^2$
- □ **最大電力供給条件**≫≫$R = r$

国家試験問題

問題 1

20℃における抵抗値がR_1〔Ω〕，抵抗温度係数がα_1〔℃$^{-1}$〕の抵抗器Aと20℃における抵抗値がR_2〔Ω〕，抵抗温度係数が$\alpha_2 = 0$℃$^{-1}$の抵抗器Bが並列に接続されている．その20℃と21℃における並列抵抗値をそれぞれr_{20}〔Ω〕，r_{21}〔Ω〕とし，$\dfrac{r_{21} - r_{20}}{r_{20}}$を変化率とする．変化率として正しいものを次の(1)～(5)のうちから一つ選べ.

(1) $\dfrac{\alpha_1 R_1 R_2}{R_1 + R_2 + \alpha_1^2 R_1}$　(2) $\dfrac{\alpha_1 R_2}{R_1 + R_2 + \alpha_1 R_1}$　(3) $\dfrac{\alpha_1 R_1}{R_1 + R_2 + \alpha_1 R_1}$

(4) $\dfrac{\alpha_1 R_2}{R_1 + R_2 + \alpha_1 R_2}$　(5) $\dfrac{\alpha_1 R_1}{R_1 + R_2 + \alpha_1 R_2}$

(H23-5)

解説

図2.10のように接続された抵抗器Aにおいて，温度を$T_1 = 20$℃，$T_2 = 21$℃，R_1〔Ω〕のT_2のときの抵抗値R_{12}〔Ω〕は，次式で表されます.

$$\begin{aligned} R_{12} &= \{1 + \alpha_1(T_2 - T_1)\}R_1 \\ &= \{1 + \alpha_1(21 - 20)\}R_1 \\ &= (1 + \alpha_1)R_1 \text{〔Ω〕} \qquad (2.22) \end{aligned}$$

抵抗器BのT_2のときの抵抗値R_{22}〔Ω〕は，次式で表されます.

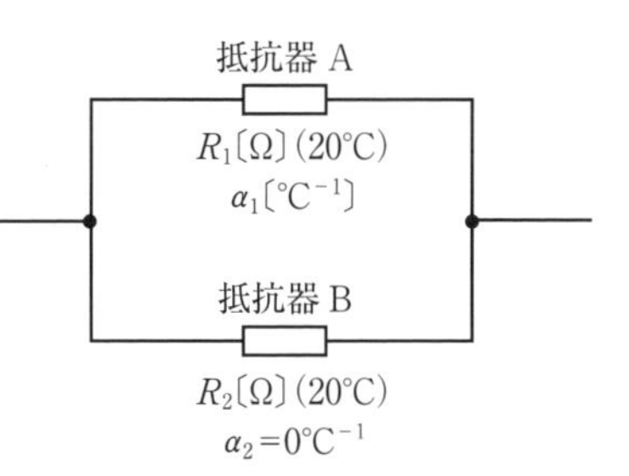

図 2.10

$$
\begin{aligned}
R_{22} &= \{1+\alpha_2(T_2-T_1)\}R_2 \\
&= \{1+0\times(21-20)\}R_2 \\
&= R_2〔\Omega〕
\end{aligned}
\tag{2.23}
$$

T_1のときの抵抗値r_{20}〔Ω〕は，R_1とR_2の並列合成抵抗だから，次式が成り立ちます．

$$
r_{20}=\frac{R_1R_2}{R_1+R_2} \tag{2.24}
$$

計算が大変だけど，この辺まで計算すれば答えが見えてくるね．

T_2のときの抵抗値r_{21}〔Ω〕は，R_{12}とR_{22}の並列合成抵抗だから，式(2.22)，(2.23)より次式が成り立ちます．

$$
r_{21}=\frac{(1+\alpha_1)R_1R_2}{(1+\alpha_1)R_1+R_2} \tag{2.25}
$$

問題で与えられた式から変化率αを求めると，次式で表されます．

$$
\begin{aligned}
\alpha &= \frac{r_{21}-r_{20}}{r_{20}} = r_{21}\times\frac{1}{r_{20}}-1 \\
&= \frac{(1+\alpha_1)R_1R_2}{(1+\alpha_1)R_1+R_2}\times\frac{R_1+R_2}{R_1R_2}-1 \\
&= \frac{(1+\alpha_1)(R_1+R_2)}{(1+\alpha_1)R_1+R_2}-\frac{(1+\alpha_1)R_1+R_2}{(1+\alpha_1)R_1+R_2} \\
&= \frac{(1+\alpha_1)R_2-R_2}{(1+\alpha_1)R_1+R_2} \\
&= \frac{\alpha_1R_2}{R_1+R_2+\alpha_1R_1}
\end{aligned}
$$

R_1とR_2は並列接続なので，R_1に比較してR_2がものすごく大きいときは，R_1のみと考えることができるよ．そのとき，温度係数もα_1になるよ．その条件を満足する選択肢は(2)のみだよ．例えば，$R_1+R_2+\alpha_1R_1 \fallingdotseq R_2$として，$R_1+R_2+\alpha_1R_2 \fallingdotseq (1+\alpha_1)R_2$にしてみれば分かるよね．落ち着いて考えれば，計算しなくても答えがでるよ．

問題2

図の抵抗回路において，端子a，b間の合成抵抗R_{ab}〔Ω〕の値は1.8R〔Ω〕であった．このとき，抵抗R_x〔Ω〕の値として，正しいのは次のうちどれか．

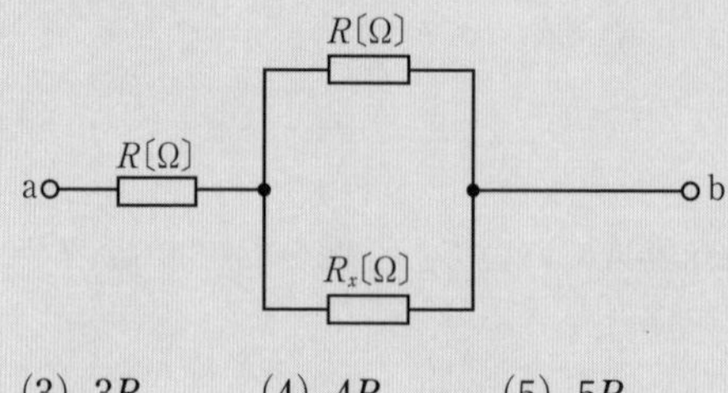

(1) R　　(2) $2R$　　(3) $3R$　　(4) $4R$　　(5) $5R$

(H25-8)

解説

合成抵抗R_{ab}〔Ω〕から直列に接続された抵抗R〔Ω〕を引けば，並列接続された抵抗R_P〔Ω〕となるので，R_P=0.8R〔Ω〕となります．

Rにそのn倍の値の抵抗nR〔Ω〕が並列に接続されているときの合成抵抗R_0〔Ω〕は，次式によって求めることができます．

$$R_0=\frac{n}{1+n}R〔\Omega〕 \qquad (2.26)$$

$0.8=\frac{4}{5}$ となるのは，$n=4$のときなので，$R_x=4R$となります．

抵抗の並列接続は，n倍の比になっている問題が多いので，式(2.26)を覚えておけば，計算が速くできるよ．並列接続すると，小さい方の抵抗値よりも合成抵抗が小さくなるよ．二つの抵抗値が同じときに合成抵抗は$\frac{1}{2}$になるよ．

問題 3

図に示すような抵抗の直並列回路がある．この回路に直流電圧5Vを加えたとき，電源から流れ出る電流I〔A〕の値として，最も近いものを次の(1)～(5)のうちから一つ選べ．

(1) 0.2
(2) 0.4
(3) 0.6
(4) 0.8
(5) 1.0

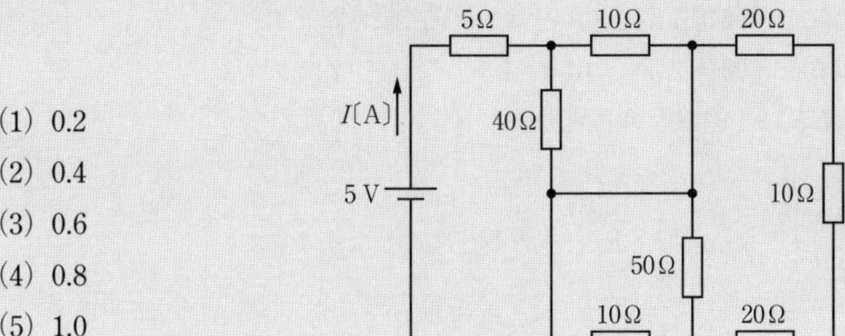

(H16-4)

解 説

問題の回路図は一部の回路が短絡されているので，等価回路は**図2.11**のようになります．合成抵抗R〔Ω〕は，次式で表されます．

10Ωと40Ωの抵抗の接続は$n=4$倍の抵抗の並列接続だから，次の式で表されるよ．
$\frac{n}{1+n}\times10=\frac{4}{1+4}\times10=8$

$$R=R_1+\frac{R_2R_3}{R_2+R_3}$$

$$=5+\frac{10\times40}{10+40}=5+\frac{10\times10\times4}{10\times(1+4)}$$

$$=5+\frac{10\times4}{1+4}=5+8=13\ \Omega$$

電流I〔A〕を求めると，次式で表されます．

$$I=\frac{E}{R}=\frac{5}{13}\fallingdotseq0.38\fallingdotseq0.4\ \mathrm{A}$$

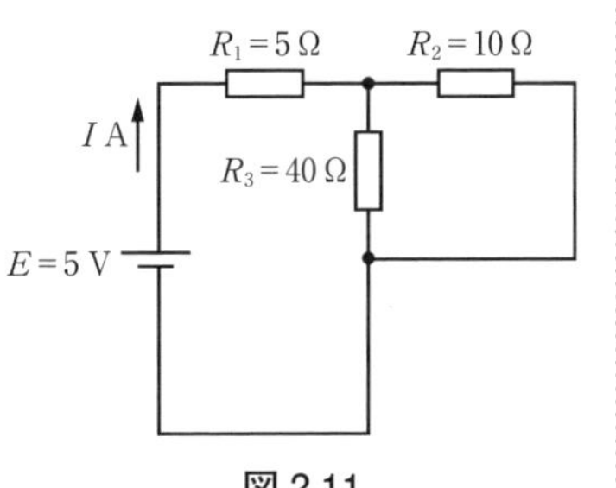

図2.11

10Ωと40Ωを並列接続すると，小さい方の抵抗10Ωの$\frac{1}{2}$の5Ωよりは合成抵抗が大きくなるので，5Vの電源に接続された合成抵抗Rは，10Ωより大きくなるよ．だから，電流が0.5Aより小さくなるので答えは(1)か(2)だよ．計算しやすい(1)の答えで計算すると合成抵抗は25Ωになって，10Ωと40Ωの並列抵抗が10Ω以下で，それに5Ωを足してもそれより大きくなるから間違い．答えは(2)だよ．

(p.63の解答) 問題1 →(2)

問題 4

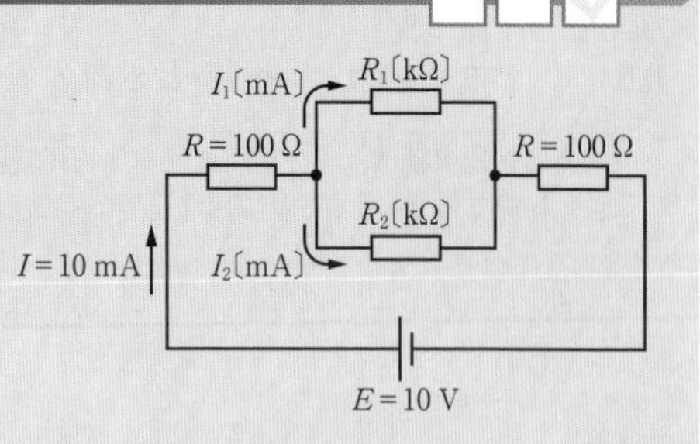

図のように，抵抗を直並列に接続した直流回路がある．この回路を流れる電流Iの値は，$I=10$ mAであった．このとき，抵抗R_2〔kΩ〕として，最も近いR_2の値を次の(1)～(5)のうちから一つ選べ．

ただし抵抗R_1〔kΩ〕に流れる電流I_1〔mA〕と抵抗R_2〔kΩ〕に流れる電流I_2〔mA〕の電流比$\dfrac{I_1}{I_2}$の値は$\dfrac{1}{2}$とする．

(1) 0.3　　(2) 0.6　　(3) 1.2　　(4) 2.4　　(5) 4.8

(H26-6)

解説

直列に接続された二つの抵抗R〔Ω〕による電圧降下V_R〔V〕は，次式で表されます．

$$V_R=I(R+R)=10\times10^{-3}\times(100+100)=2\,000\times10^{-3}=2\text{ V} \tag{2.27}$$

R_1とR_2〔Ω〕の並列抵抗の電圧降下V_{12}〔V〕は，次式となります．

$$V_{12}=E-V_R=10-2=8\text{ V} \tag{2.28}$$

$\dfrac{I_1}{I_2}=\dfrac{1}{2}$の電流比から$I_2=\left(\dfrac{2}{3}\right)I$となるので，$R_2$を求めると次式となります．

$$R_2=\frac{V_{12}}{I_2}=\frac{8}{\dfrac{2}{3}\times10\times10^{-3}}=\frac{24}{20}\times10^3=1.2\text{ k}\Omega$$

全合成抵抗が1kΩ，$V_R=2$V，$V_{12}=8$Vなので，抵抗比からR_1とR_2の合成抵抗R_{12}は0.8kΩだね．電流が多く流れる小さい方の抵抗を求めるのだけど，その値は合成抵抗の0.8kΩより大きいので，(1)と(2)は違うよ．1:2の抵抗比だから合成抵抗$R_{12}=\dfrac{2}{3}R_2$になるので，$R_2=\dfrac{3}{2}\times0.8=1.2$kΩだよ．

問題 5

図のような直流回路において，直流電源の電圧が90 Vであるとき，抵抗R_1〔Ω〕，R_2〔Ω〕，R_3〔Ω〕の両端電圧はそれぞれ30 V，15 V，10 Vであった．抵抗R_1，R_2，R_3のそれぞれの値〔Ω〕の組合せとして，正しいものを次の(1)～(5)のうちから一つ選べ．

	R_1	R_2	R_3
(1)	30	90	120
(2)	80	60	120
(3)	30	90	30
(4)	60	60	30
(5)	40	90	120

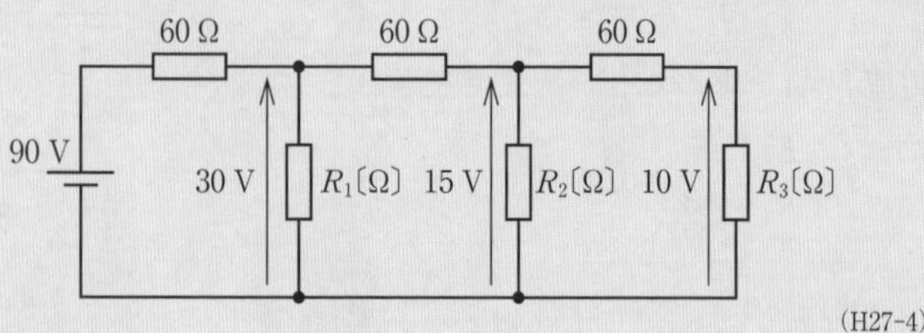

(H27-4)

解説

図2.12の解説図において，抵抗R_3から求めていくと，R_3の電圧降下$V_3=10$ Vと$R_6=60$ Ωの電圧降下$V_6=V_2-V_3=15-10=5$ Vおよびそれらの抵抗比より，次式が成り立ちます．

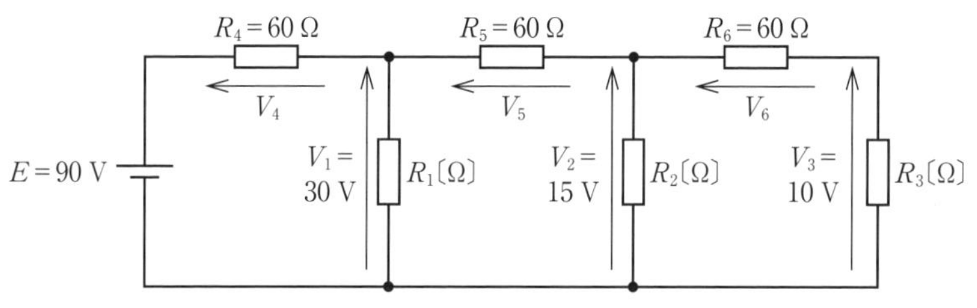

図 2.12

$$R_3 = \frac{V_3}{V_6} R_6 = \frac{10}{5} \times 60 = 120\ \Omega \tag{2.29}$$

R_5の電圧降下は$V_5=30-15=15$ Vなので，V_2と等しいから，R_2，R_3，R_6の三つの抵抗の合成抵抗がR_5と等しくなるから，次式が成り立ちます．

$$\frac{1}{R_2} + \frac{1}{R_3 + R_6} = \frac{1}{R_2} + \frac{1}{120 + 60} = \frac{1}{60}$$

$$\frac{1}{R_2} = \frac{1}{60} - \frac{1}{180} = \frac{2}{180} = \frac{1}{90}$$

よって，$R_2=90\ \Omega$となります．

R_4の電圧降下$V_4=E-V_1=90-30=60$ Vと$V_1=30$ Vの比より，R_1，R_5，R_2，R_6，R_3の合成抵抗は30 Ωとなるので，R_2，R_6，R_3の合成抵抗はR_5と同じ値の60 Ωだから，次式が成り立ちます．

$$\frac{1}{R_1} + \frac{1}{R_5 + 60} = \frac{1}{R_1} + \frac{1}{60 + 60} = \frac{1}{30}$$

$$\frac{1}{R_1} = \frac{1}{30} - \frac{1}{120} = \frac{3}{120} = \frac{1}{40}$$

よって，$R_1=40\ \Omega$となります．

R_2が60 Ωだと，抵抗比からR_1の右にある抵抗を全部取ったときの電圧比になるので，違うよ．90 Ωだね．

R_3から選んでいくと，R_3は選択肢に三つある120 Ω，R_2も三つある90 Ω，次のR_1は二つある30 Ωにしたいところだけど，30 Ωは抵抗比からR_1の右の抵抗を全部取ったときの電圧比になるので，40 Ωの(5)が正解だね．選択肢の内に一つしかない数値や用語が答えになることはまれだよ．

問題 6

図のように，七つの抵抗及び電圧$E=100$ Vの直流電源からなる回路がある．この回路において，A-D間，B-C間の各電位差を測定した．このとき，A-D間の電位差の大きさ〔V〕及びB-C間の電位差の大きさ〔V〕の組合せとして，正しいものを次の(1)～(5)のうちから一つ選べ．

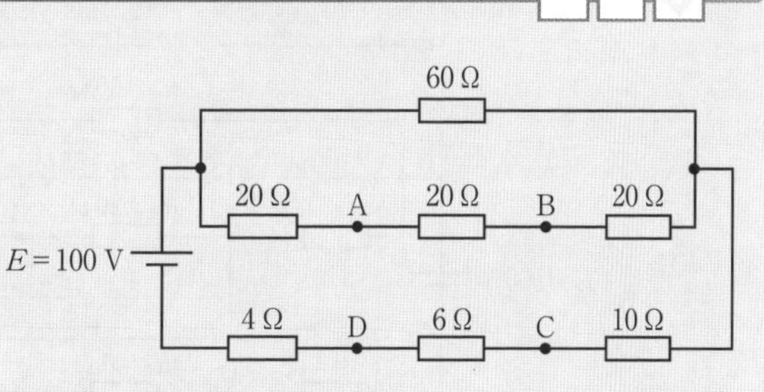

	A-D間の電位差の大きさ	B-C間の電位差の大きさ
(1)	28	60
(2)	40	72
(3)	60	28
(4)	68	80
(5)	72	40

(R1-5)

(p.64 ～ p.65 の解答)　問題 2 →(4)　問題 3 →(2)

解説

図2.13の解説図において，R_2，R_3，R_4〔Ω〕の直列合成抵抗$R_{2\sim4}=20+20+20=60\ \Omega$となるので，$R_1$〔Ω〕と$R_{2\sim4}$の並列合成抵抗$R_{1\sim4}$〔Ω〕は，

$$R_{1\sim4}=\frac{R_1}{2}=\frac{60}{2}=30\ \Omega$$

となります．R_5，R_6，R_7〔Ω〕の直列合成抵抗$R_{5\sim7}=10+6+4=20\ \Omega$となるので，抵抗比と電圧比の関係から，点Eの電位$V_E$〔V〕は次式となります．

$$V_E=\frac{R_{5\sim7}}{R_{1\sim4}+R_{5\sim7}}E=\frac{20}{30+20}\times100=40\ \mathrm{V}$$

V_1〔V〕を求めると，次式で表されます．

$$V_1=E-V_E=100-40=60\ \mathrm{V}$$

$R_2=R_3=R_4$だから，

$$V_{BE}=V_{AB}=V_{FA}=\frac{V_1}{3}=\frac{60}{3}=20\ \mathrm{V}$$

となるので，$V_A=V_E+40=80\ \mathrm{V}$，$V_B=V_E+20=60\ \mathrm{V}$となります．

点Cと点Dの電位V_CとV_D〔V〕は次式で表されます．

$$V_C=\frac{R_6+R_7}{R_{5\sim7}}V_E=\frac{10}{20}\times40=20\ \mathrm{V}$$

$$V_D=\frac{R_7}{R_{5\sim7}}V_E=\frac{4}{20}\times40=8\ \mathrm{V}$$

よって，A-D間の電位の大きさV_{AD}〔V〕，B-C間の電位の大きさV_{BC}〔V〕は，次式で表されます．

$$V_{AD}=V_A-V_D=80-8=72\ \mathrm{V}$$

$$V_{BC}=V_B-V_C=60-20=40\ \mathrm{V}$$

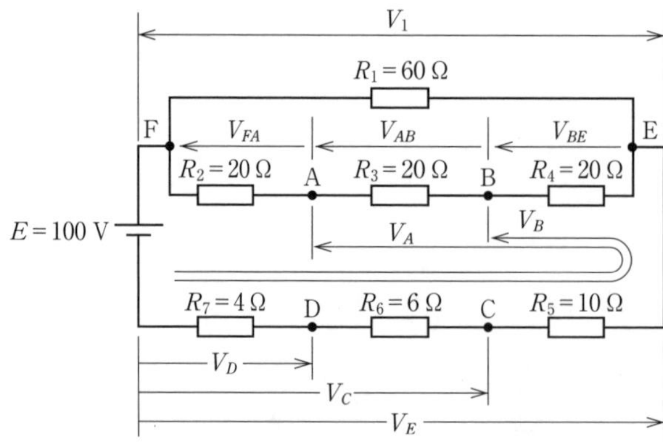

図2.13

二つの同じ値の抵抗Rの並列合成抵抗は$\frac{R}{2}$になるよ．電圧比も計算しやすい数値だから，暗算で求めることができるね．

(－)を基準とした電位は，高い方からA, B, C, Dの順番だね．
一番高いAと一番低いDの電位差V_{AD}は，それらの間のV_{BC}より大きいよね．だから答えは(3)か(5)だよ．

図2.13の解説図は各部の電圧を記号で書いてあるけど，計算しながら試験問題に電圧を書き込めば分かりやすいね．

V_{AD}かV_{BC}のどちらかが分かれば答えが見つかるよ．選択肢の値をよく見てね．

問題 7

抵抗値が異なる抵抗R_1〔Ω〕とR_2〔Ω〕を図1のように直列に接続し，30 Vの直流電圧を加えたところ，回路に流れる電流は6 Aであった．次に，この抵抗R_1〔Ω〕とR_2〔Ω〕を図2のように並列に接続し，30 Vの直流電圧を加えたところ，回路に流れる電流は25 Aであった．このとき，抵抗R_1〔Ω〕とR_2〔Ω〕のうち小さい方の抵抗〔Ω〕の値として，正しいのは次のうちどれか．

(1) 1　　(2) 1.2　　(3) 1.5

(4) 2　　(5) 3

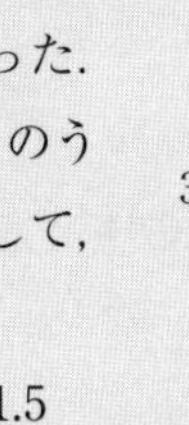
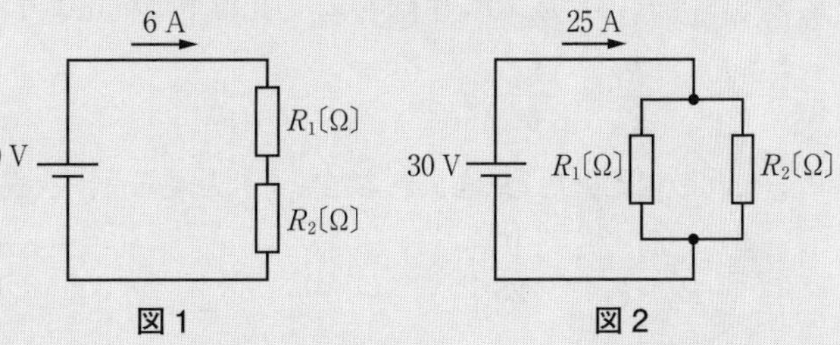

図1　　図2

(H21-6)

解　説

問題の図1の回路の起電力E〔V〕，電流I_1〔A〕より次式が成り立ちます．

$$R_1+R_2=\frac{E}{I_1}=\frac{30}{6}=5\,\Omega \tag{2.30}$$

問題の図2の回路の抵抗は並列接続なので，電流をI_2〔A〕とすると，次式が成り立ちます．

$$\frac{R_1 R_2}{R_1+R_2}=\frac{E}{I_2}=\frac{30}{25}=1.2\,\Omega \tag{2.31}$$

式(2.30)を式(2.31)に代入すると，次式となります．

$$\frac{R_2 R_3}{5}=1.2 \qquad \text{よって，} \quad R_1 R_2=6\text{となります．} \tag{2.32}$$

式(2.30)と式(2.32)に，選択肢の値のうちからR_1に2 Ωを代入すれば，R_2は3 Ωとなり，両方の式が成り立つので，答えは(4)です．

並列接続すると，合成抵抗は，小さい方の抵抗値よりも小さくなるよ．図2の合成抵抗が1.2 Ωだから，(1)と(2)は違うよ．

ここまで，計算すれば，2 Ωと3 Ωの組み合わせが分かるね．このあとの計算は2次方程式になるからやめて，選択肢の値から答えを見つけよう．

問題 8

図に示す直流回路において，抵抗R_1=5 Ωで消費される電力は抵抗R_3=15 Ωで消費される電力の何倍となるか．その倍率として，最も近い値を次の(1)～(5)のうちから一つ選べ．

(1) 0.9　　(2) 1.2　　(3) 1.5

(4) 1.8　　(5) 2.1

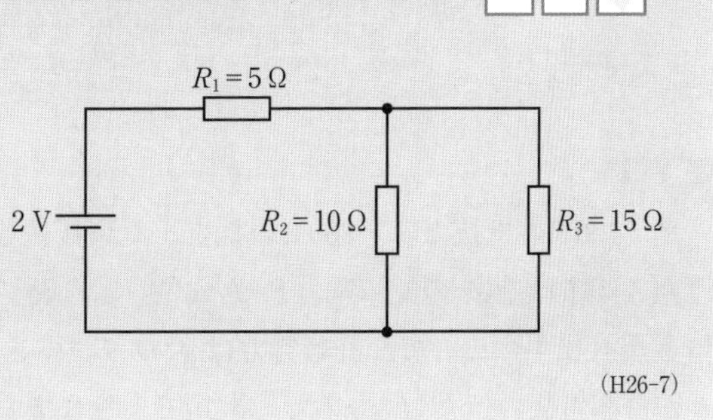

(H26-7)

(p.66 の解答)　**問題 4**→(3)　**問題 5**→(5)

解 説

R_2とR_3の合成抵抗R_{23}〔Ω〕は，次式で表されます．

$$R_{23}=\frac{R_2 R_3}{R_2+R_3}=\frac{10\times 15}{10+15}=\frac{150}{25}=6\ \Omega \tag{2.33}$$

R_1の電圧降下V_1とR_{23}の電圧降下V_{23}の比は，抵抗比より次式で表されます．

$$\frac{V_1}{V_{23}}=\frac{R_1}{R_{23}}=\frac{5}{6} \tag{2.34}$$

R_1を流れる電流をI_1，R_3を流れる電流をI_3とすると，次式の関係があります．

$$I_3=\frac{R_2}{R_2+R_3}I_1=\frac{10}{25}I_1 \tag{2.35}$$

I_3とI_1の比を求めると，次式となります．

$$\frac{I_1}{I_3}=\frac{25}{10} \tag{2.36}$$

電力は電圧と電流の積なので，R_1の電力P_1とR_3の電力P_3の比は，式(2.34)と式(2.36)より，次式によって表すことができます．

$$\frac{P_1}{P_3}=\frac{5}{6}\times\frac{25}{10}=\frac{125}{60}\fallingdotseq 2.1$$

選択肢に同じような数値が並ぶときは，普通は端しっこはあまりないんだけど，これは(5)が答えだね．

問題9

次の文章は，抵抗器の許容電力に関する記述である．

許容電力$\frac{1}{4}$ W，抵抗値100Ωの抵抗器A，及び許容電力$\frac{1}{8}$ W，抵抗値200Ωの抵抗器Bがある．抵抗器Aと抵抗器Bとを直列に接続したとき，この直列抵抗に流すことのできる許容電流の値は［（ア）］〔mA〕である．また，直列抵抗全体に加えることのできる電圧の最大値は，抵抗器Aと抵抗器Bとを並列に接続したときに加えることのできる電圧の最大値の［（イ）］倍である．

上記の記述中の空白箇所(ア)及び(イ)に当てはまる数値の組合せとして，最も近いものを次の(1)～(5)のうちから一つ選べ．

	(ア)	(イ)
(1)	25.0	1.5
(2)	25.0	2.0
(3)	37.5	1.5
(4)	50.0	0.5
(5)	50.0	2.0

(H30-5)

解 説

$R_1=100\ \Omega$の抵抗と$R_2=200\ \Omega$の抵抗を直列接続したとき，各抵抗に流れる電流I〔A〕は同じ値なので，電力$P=I^2R$〔W〕よりR_2の電力P_2は，R_1の電力P_1の2倍となります．ここで，許容電力はR_2の方が小さいので，$P_2=\frac{1}{8}$ Wとなるときが許容電流の値I_m〔A〕なので，次式で表されます．

並列接続では，抵抗値と電力が反比例するので，どちらの許容電圧も同じだね．

$$I_m{}^2 R_2=\frac{1}{8}$$

電卓がなくても計算できるけど，あった方がいいね．

$$I_m = \frac{1}{\sqrt{8 \times R_2}} = \frac{1}{\sqrt{8 \times 200}}$$

$$= \frac{1}{\sqrt{40 \times 40}} = \frac{1}{40} = 25 \times 10^{-3}\ \mathrm{A} = 25\ \mathrm{mA} \qquad (2.37)$$

このとき，直列抵抗に加わる電圧の最大値V_S〔V〕は次式で表されます．

$$V_S = (R_1 + R_2)\, I_m = (100 + 200) \times 25 \times 10^{-3} = 7.5\ \mathrm{V} \qquad (2.38)$$

R_1とR_2の抵抗を並列接続したとき，各抵抗に加わる電圧V_P〔V〕は同じ値なので，電力$P = \dfrac{V^2}{R}$〔W〕よりR_2のときのP_2は，R_1のときのP_1の$\dfrac{1}{2}$倍となります．このとき，許容電力の比と同じになるので，$P_1 = \dfrac{1}{4}$ Wあるいは$P_2 = \dfrac{1}{8}$ Wとなるときが許容電圧V_m〔V〕になります．このとき，R_2に流れる電流は式(2.37)の値と同じなので，V_Pは次式で表されます．

$$V_P = R_2\, I_m = 200 \times 25 \times 10^{-3} = 5\ \mathrm{V} \qquad (2.39)$$

式(2.38)，式(2.39)より，直列接続したときは，並列接続したときに加えることができる電圧の最大値の$\dfrac{V_S}{V_P} = \dfrac{7.5}{5} = 1.5$倍となります．

並列接続で抵抗に加わる許容電圧が，直列接続したときにどちらかの抵抗の許容電圧になるよ．抵抗の比が1:2だから，直列接続すると，並列接続したときのR_1の電圧の1＋2＝3倍か，R_2の電圧の$\dfrac{1}{2}$＋1＝1.5倍だね．（イ）に3倍はないから，選択肢は二つに絞れるね．

問題 10

起電力がE〔V〕で内部抵抗がr〔Ω〕の電池がある．この電池に抵抗R_1〔Ω〕と可変抵抗R_2〔Ω〕を並列につないだとき，抵抗R_2〔Ω〕から発生するジュール熱が最大となるときの抵抗R_2〔Ω〕の値を表す式として，正しいのは次のうちどれか．

(1) $R_2 = r$　(2) $R_2 = R_1$　(3) $R_2 = \dfrac{rR_1}{r - R_1}$　(4) $R_2 = \dfrac{rR_1}{R_1 - r}$　(5) $R_2 = \dfrac{rR_1}{r + R_1}$

（H19-5）

解説

問題の回路の接続は**図2.14**のようになります．起電力E〔V〕，内部抵抗r〔Ω〕，並列抵抗R_1〔Ω〕によって構成された電源にR_2〔Ω〕の負荷抵抗を接続したと考えると，電源側の内部抵抗R_0〔Ω〕は次式で表されます．

$$R_0 = \frac{rR_1}{r + R_1}\ 〔\Omega〕 \qquad (2.40)$$

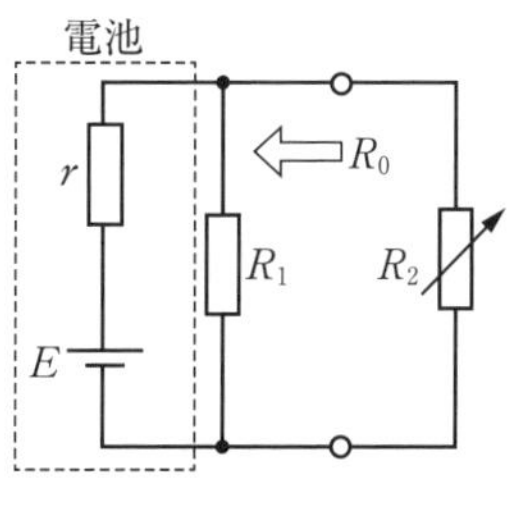

図 2.14

起電力（電圧源）自体の内部抵抗は，0Ωだよ．

$R_0 = R_2$のときに負荷に最大電力が供給されるので，R_2から発生するジュール熱が最大となります．

選択肢の(3)と(4)は分母の抵抗値が同じときに$R_2 = \infty$〔Ω〕となるので電力を消費しないので間違いだよ．(1)と(2)は抵抗を一つ無視して簡単すぎるから変だね．答えは(5)だよ．

（p.67 ～ p.71 の解答）　 問題6 →(5)　問題7 →(4)　問題8 →(5)　問題9 →(1)　問題10 →(5)

2·2 電気回路（回路の定理）

重要知識

出題項目 CHECK!

- □ 電圧源と電流源による回路の表し方
- □ 回路の定理による電流，電圧の求め方
- □ ブリッジ回路が平衡したときの抵抗比から未知抵抗の求め方

2·2·1 重ね合わせの原理

図2.15の回路において，図2.15(a)の回路の各枝路を流れる電流I_1，I_2，I_3〔A〕は，起電力E_1〔V〕のみの図2.15(b)の回路によって求めた電流I_{1b}，I_{2b}，I_{3b}〔A〕と起電力E_2〔V〕のみの図2.15(c)の回路によって求めた電流I_{1c}，I_{2c}，I_{3c}〔A〕の和より，次式によって求めることができます．これを**重ね合わせの原理**といいます．

$$I_1=I_{1b}+(-I_{1c})\text{〔A〕} \tag{2.41}$$

$$I_2=(-I_{2b})+I_{2c}\text{〔A〕} \tag{2.42}$$

$$I_3=I_{3b}+I_{3c}\text{〔A〕} \tag{2.43}$$

起電力を一つにすれば，合成抵抗の計算と分流の計算によって，各枝路電流

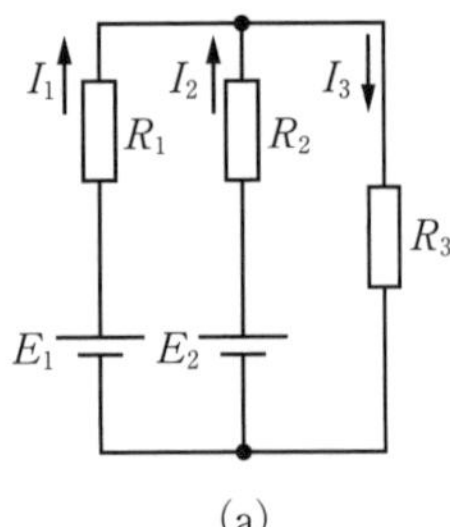

(a)

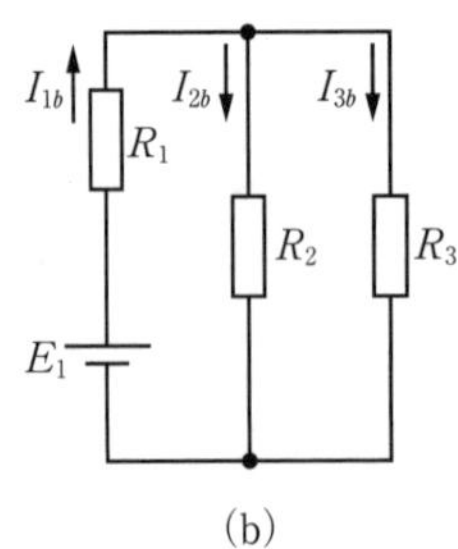

(b)

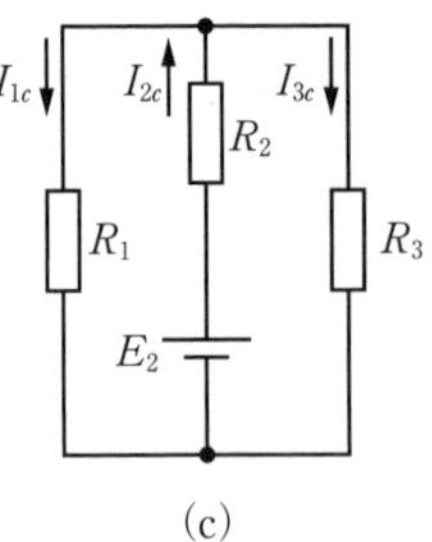

(c)

図2.15　重ね合わせの原理

を求めることができます．電流の向きが逆のときは，(−)の値として計算します．

重ね合わせの原理は分かりやすいね．電気回路を解くときの基本的な解き方だよ．でも，式がたくさん必要なので，国家試験問題の解き方としては時間がかかるから向かないね

2·2·2 テブナンの定理

図2.16(a)の回路において，端子ab間を開放したときの回路網の開放電圧をV_{ab}〔V〕，回路網を見た内部抵抗をR_{ab}〔Ω〕とすると，この回路網に図2.16(b)のように，抵抗R〔Ω〕を接続したとき流れる電流は，**テブナンの定理**によって次式で表されます．

$$I=\frac{V_{ab}}{R_{ab}+R}\text{〔A〕} \tag{2.44}$$

図2.16(b)の回路を等価回路で表すと図(c)のようになります．

重ね合わせの原理やテブナンの定理は，複雑な回路網に使うんだよ．

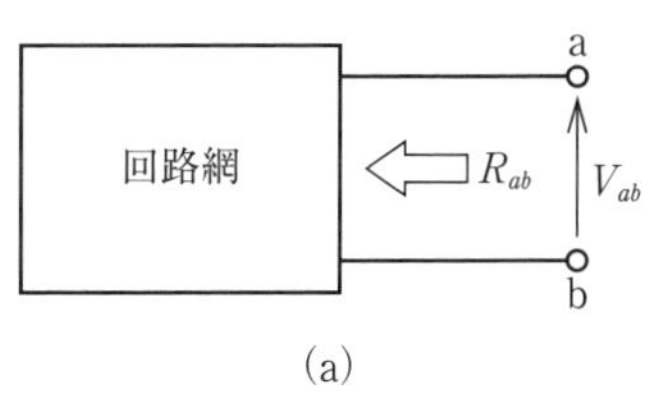

(a)

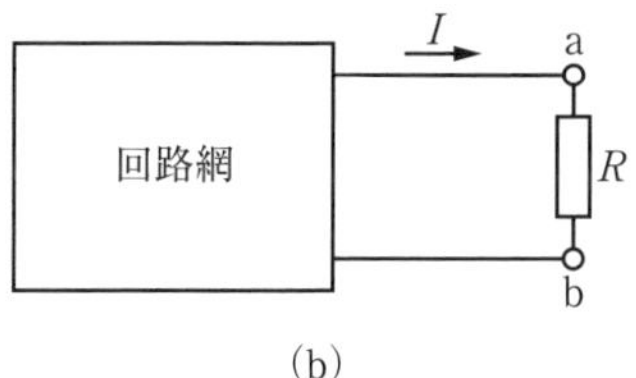

(b)

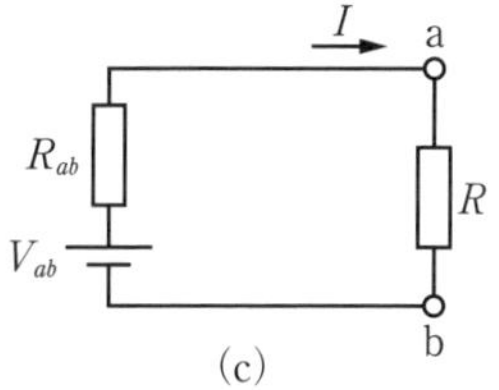

(c)

図 2.16　テブナンの定理

2·2·3　ノートンの定理，ミルマンの定理

図2.17(a)の回路において，端子ab間を短絡したときの回路網の短絡電流を I_S〔A〕，回路網を見た内部コンダクタンスを G_{ab}〔S〕とすると，その回路網に図2.17(b)のように，コンダクタンス G〔S〕を接続したときの端子ab間の電圧 V〔V〕は，ノートンの定理によって次式で表されます．

$$V=\frac{I_S}{G_{ab}+G}〔\mathrm{V}〕 \tag{2.45}$$

図2.17(b)の回路を等価回路で表すと図(c)のようになります．

テブナンの定理は電圧源，ノートンの定理やミルマンの定理は電流源で表されるよ．

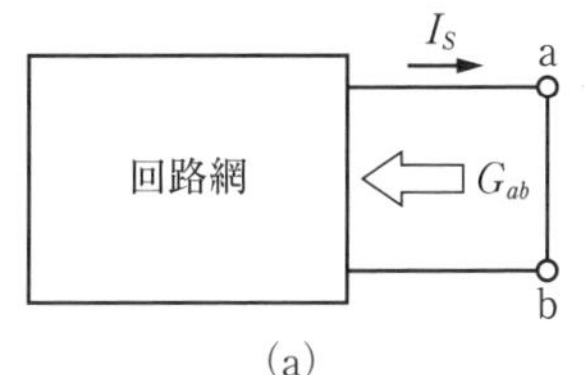

(a)

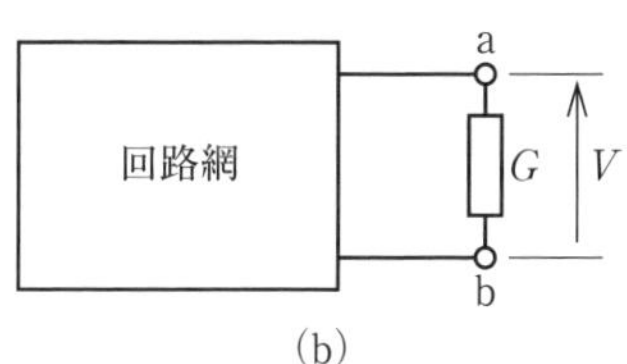

(b)

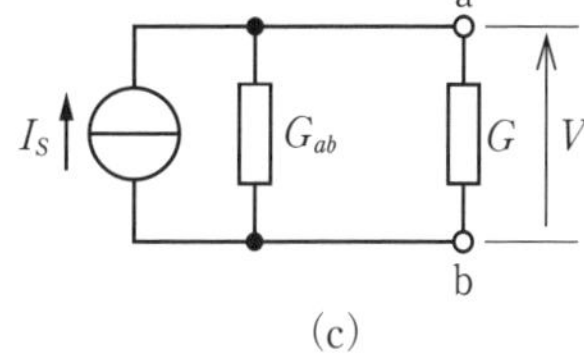

(c)

図 2.17　ノートンの定理

図2.18の回路のように，いくつかの起電力 E〔V〕と抵抗 R〔Ω〕の枝路が並列に接続されているとき，端子電圧 V〔V〕は次式で表されます．これをミルマンの定理といいます．

$$V=\frac{\dfrac{E_1}{R_1}+\dfrac{E_2}{R_2}-\dfrac{E_3}{R_3}}{\dfrac{1}{R_1}+\dfrac{1}{R_2}+\dfrac{1}{R_3}}〔\mathrm{V}〕 \tag{2.46}$$

各枝路の起電力の向きが V の向きと逆の場合は，符号を－とします．起電力がない場合は $E=0$ とします．

電流源自体の内部抵抗は∞〔Ω〕だよ．電圧源は0Ωだね．

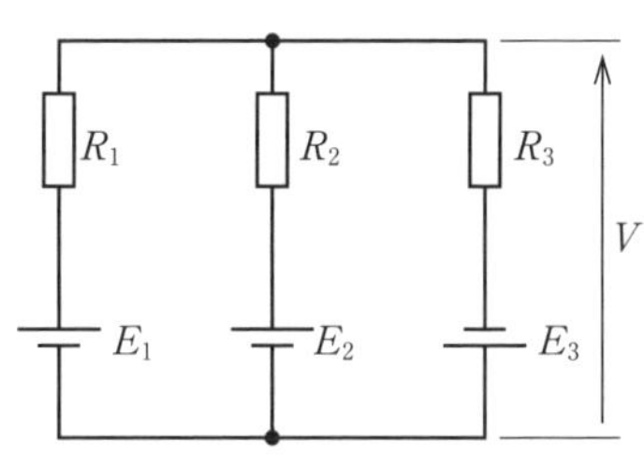

図 2.18　ミルマンの定理

ミルマンの定理は電圧源と抵抗の直列回路が，並列接続された回路に使うんだよ．

2·2·4　ブリッジ回路

図2.19のようにR_1～R_4の四つの抵抗で構成した回路をブリッジ回路といいます．各抵抗の比が，

$$\frac{R_1}{R_2}=\frac{R_3}{R_4}\quad あるいは \quad R_1 R_4=R_2 R_3 \tag{2.47}$$

の関係となるとき，ブリッジ回路が平衡して，ab端の電圧が等しくなるのでR_5を流れる電流$I_5=0$ Aとなります．式(2.47)をブリッジの平衡条件と呼びます．

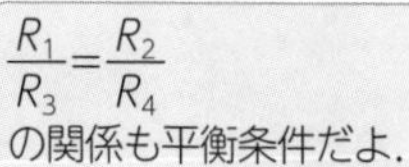

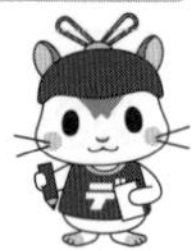

$\frac{R_1}{R_3}=\frac{R_2}{R_4}$
の関係も平衡条件だよ．

四つの抵抗が菱形だと分かりやすいけど，試験問題では四角形に描かれることがあるから気を付けてね．抵抗比はあまり複雑なことはないから，抵抗比でブリッジ回路かどうかを見つければいいよ．

注意
デ

a
b
I_1
I_2
I_3
I_4
I_5
R_1
R_2
R_3
R_4
R_5
E
平衡すると，
$I_1=I_2$
$I_3=I_4$
$I_5=0$

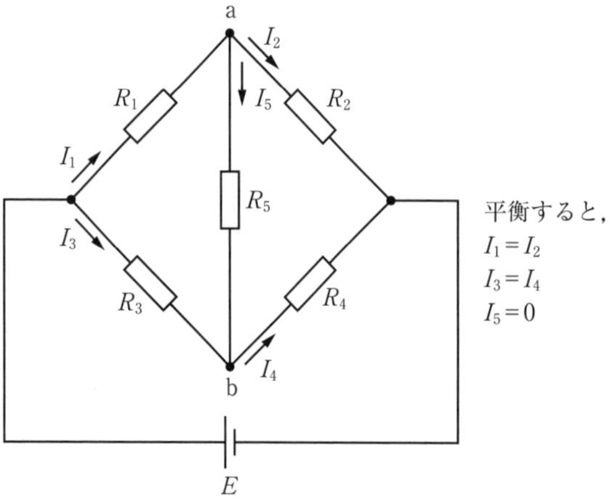

図2.19　ブリッジ回路

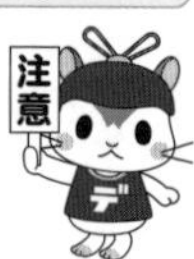

● 試験の直前 ● CHECK!

□ **テブナンの定理**≫≫$I=\dfrac{V_{ab}}{R_{ab}+R}$，$V_{ab}$：開放電圧

□ **ノートンの定理**≫≫$V=\dfrac{I_S}{G_{ab}+G}$，I_S：短絡電流

□ **ミルマンの定理**≫≫$V=\dfrac{\dfrac{E_1}{R_1}+\dfrac{E_2}{R_2}-\dfrac{E_3}{R_3}}{\dfrac{1}{R_1}+\dfrac{1}{R_2}+\dfrac{1}{R_3}}$，$E_3$は$V$と逆向きのとき

□ **ブリッジ回路**≫≫対辺の抵抗積$R_1R_4=R_2R_3$のとき回路が平衡．中央に接続された抵抗の電流$I=0$

国家試験問題

問題 1

図の直流回路において，抵抗R=10 Ωで消費される電力〔W〕の値として，最も近いものを次の(1)～(5)のうちから一つ選べ．

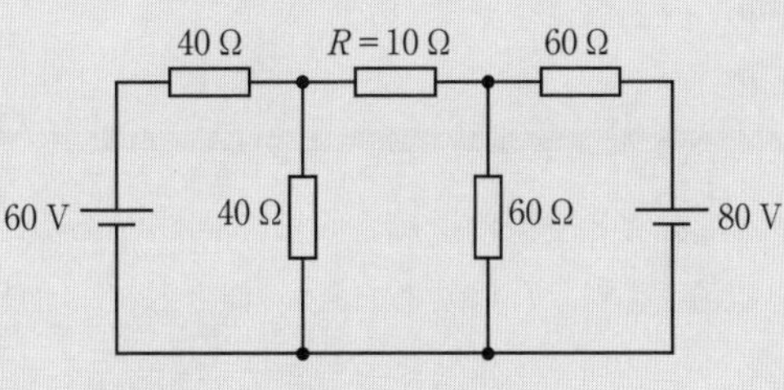

(1) 0.28　(2) 1.89　(3) 3.79　(4) 5.36　(5) 7.62

(H25-6)

解 説

図2.20 (a) のように，抵抗R〔Ω〕の両端で左右に分けてテブナンの定理を適用します．$R_1=R_2$，$R_3=R_4$なので，開放電圧も内部抵抗も$\dfrac{1}{2}$となるので，次式で表されます．

$$V_{ab}=\frac{E_1}{2}=\frac{60}{2}=30\ \text{V}$$

$$V_{cd}=\frac{E_2}{2}=\frac{80}{2}=40\ \text{V}$$

$$R_{ab}=\frac{R_1}{2}=\frac{40}{2}=20\ \Omega$$

$$R_{cd}=\frac{R_3}{2}=\frac{60}{2}=30\ \Omega$$

よって，図2.20(b)のような等価回路で表されるので，Rに流れる電流I〔A〕は，

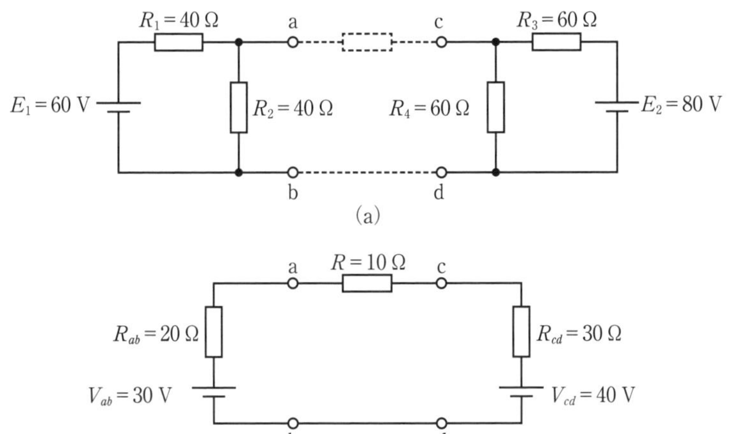

図 2.20

電圧源自体の内部抵抗は0 Ωとして計算してね．

Rをとって左右の回路を見ると，二つずつの抵抗が同じことを見つけてね．開放電圧と内部抵抗を簡単に求めることができるから，テブナンの定理を使って簡単な等価回路にすることができるね．

第2章　電気回路

次式で表されます．

$$I=\frac{V_{cd}-V_{ab}}{R_{ab}+R+R_{cd}}=\frac{40-30}{20+10+30}=\frac{1}{6}\ \text{A}$$

電力P〔W〕は，次式によって求めることができます．

$$P=I^2R=\left(\frac{1}{6}\right)^2\times 10=\frac{10}{36}\fallingdotseq 0.28\ \text{W}$$

重ね合わせの原理を使って，起電力を一つずつにして，求めてもいいよ．

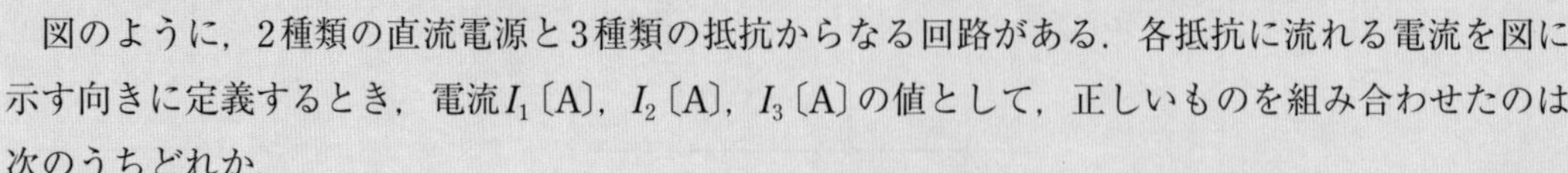

図のように，2種類の直流電源と3種類の抵抗からなる回路がある．各抵抗に流れる電流を図に示す向きに定義するとき，電流I_1〔A〕，I_2〔A〕，I_3〔A〕の値として，正しいものを組み合わせたのは次のうちどれか．

	I_1	I_2	I_3
(1)	−1	−1	0
(2)	−1	1	−2
(3)	1	1	0
(4)	2	1	1
(5)	1	−1	2

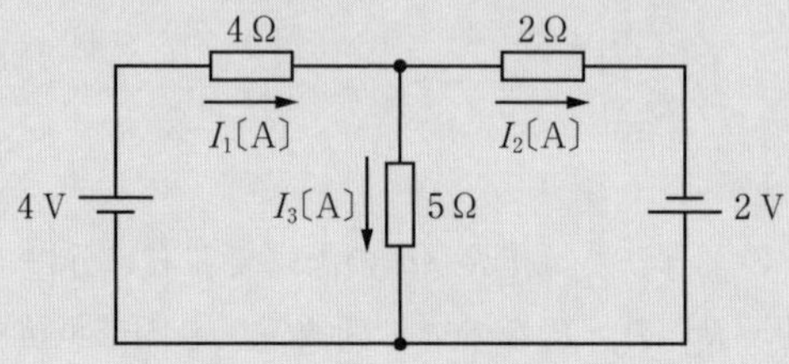

(H20-7)

解説

電圧の向きと大きさから，I_1とI_2は正の向きとなるのが分かるので，答えは(3)か(4)です．(3)の数値を**図2.21**の閉回路aに適用すると，次式で表されます．

$$R_1I_1+R_3I_3=E_1$$

$$4\times 1+5\times 0=4$$

閉回路bは，

$$R_1I_1+R_2I_2=E_1+E_2$$

$$4\times 1+2\times 1=4+2$$

となって，二つの式とも成り立つので，(3)が正しい答えです．

電流を未知数にしてキルヒホッフの法則から全ての電流を求めちゃダメだよ．時間が足りないよ．

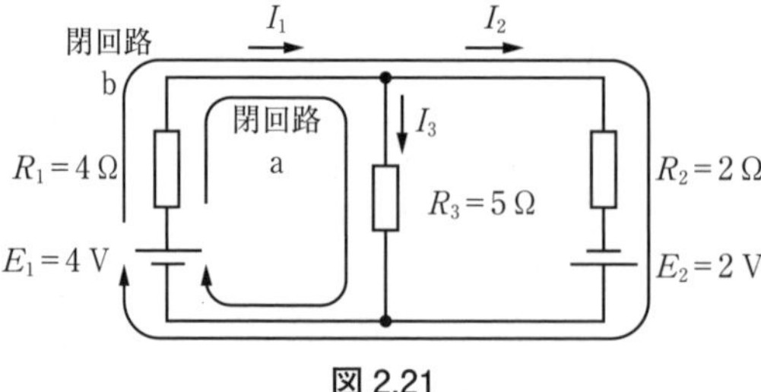

図 2.21

別解

ミルマンの定理を適用すると，次式によって求めることができます．

$$V=\frac{\dfrac{E_1}{R_1}-\dfrac{E_2}{R_2}}{\dfrac{1}{R_1}+\dfrac{1}{R_2}+\dfrac{1}{R_3}}=\frac{\dfrac{4}{4}-\dfrac{2}{2}}{\dfrac{1}{4}+\dfrac{1}{2}+\dfrac{1}{5}}=0\ \text{V}$$

この問題は選択肢の値から簡単に答えがでたけど，ミルマンの定理を使っても簡単だよ．

R_3の端子電圧0Vとなるので，$I_3=0$Aとなります．また，

$$R_1 I_1 = E_1$$

となるので，次式となります．

$$4 I_1 = 4$$

よって，$I_1=1$A，I_3とI_1の値より，(3)が正しい答えです．

問題3 

図1のように電圧がE〔V〕の直流電圧源で構成される回路を，図2のように電流がI〔A〕の直流電流源（内部抵抗が無限大で，負荷変動があっても定電流を流出する電源）で構成される等価回路に置き替えることを考える．この場合，電流I〔A〕の大きさは図1の端子a-bを短絡したとき，そこを流れる電流の大きさに等しい．また，図2のコンダクタンスG〔S〕の大きさは図1の直流電圧源を短絡し，端子a-bからみたコンダクタンスの大きさに等しい．I〔A〕とG〔S〕の値を表す式の組合せとして，正しいものを次の(1)～(5)のうちから一つ選べ．

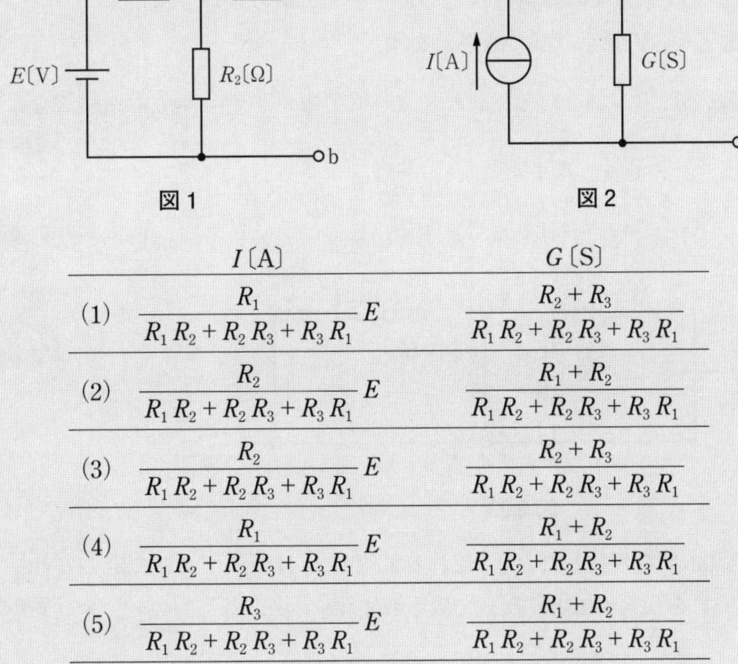

図1　図2

	I〔A〕	G〔S〕
(1)	$\dfrac{R_1}{R_1R_2+R_2R_3+R_3R_1}E$	$\dfrac{R_2+R_3}{R_1R_2+R_2R_3+R_3R_1}$
(2)	$\dfrac{R_2}{R_1R_2+R_2R_3+R_3R_1}E$	$\dfrac{R_1+R_2}{R_1R_2+R_2R_3+R_3R_1}$
(3)	$\dfrac{R_2}{R_1R_2+R_2R_3+R_3R_1}E$	$\dfrac{R_2+R_3}{R_1R_2+R_2R_3+R_3R_1}$
(4)	$\dfrac{R_1}{R_1R_2+R_2R_3+R_3R_1}E$	$\dfrac{R_1+R_2}{R_1R_2+R_2R_3+R_3R_1}$
(5)	$\dfrac{R_3}{R_1R_2+R_2R_3+R_3R_1}E$	$\dfrac{R_1+R_2}{R_1R_2+R_2R_3+R_3R_1}$

(H24-5)

解説

抵抗$R_1=0\,\Omega$とすると，回路は**図2.22**のようになります．端子a-b間を短絡したときに回路を流れる電流I〔A〕は，R_3〔Ω〕のみが関係するから，次式で表されます．

$$I=\frac{E}{R_3}\text{〔A〕} \qquad (2.48)$$

（p.75の解答）　**問題1**→(1)

抵抗$R_1=0$として式(2.48)のI〔A〕の値になる選択肢は，(2)と(3)です．

次に，抵抗$R_2=0\,\Omega$とすると，端子a-bから見た内部抵抗はR_3となるので，コンダクタンスG〔S〕は次式で表されます．

$$G=\frac{1}{R_3}\ \text{〔S〕} \tag{2.49}$$

式(2.49)の値となるG〔S〕の選択肢は，(2)，(4)，(5)．よって，答えは二つとも条件を満足する(2)です．

選択肢(1)と(4)は，$R_1=0$のとき，$I=0$だから違うよ．

電圧源の内部抵抗は，$0\,\Omega$だから，$R_1=0\,\Omega$のときも$G=\dfrac{1}{R_3}$になるよ．これも(2)，(4)，(5)だよ．

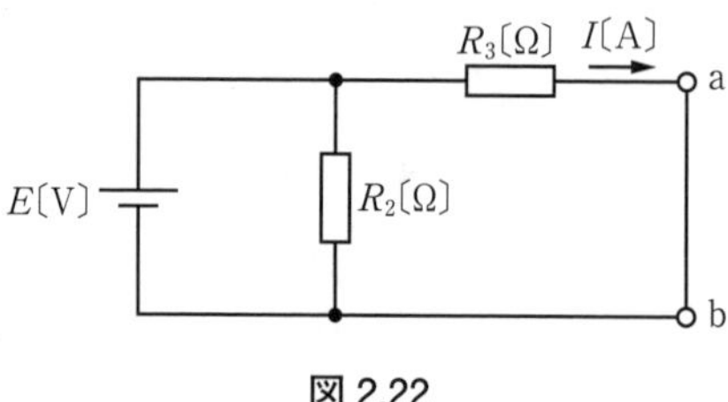

図2.22

別解

図2.23のように抵抗R_3を外部の負荷抵抗として，テブナンの定理を適用すると，cd間の開放電圧V_{cd}〔V〕は，次式で表されます．

$$V_{cd}=\frac{R_2}{R_1+R_2}E\ \text{〔V〕} \tag{2.50}$$

内部抵抗R_{cd}〔Ω〕は，次式で表されます．

$$R_{cd}=\frac{R_1R_2}{R_1+R_2}\ \text{〔Ω〕} \tag{2.51}$$

まず，テブナンの定理を使って回路を簡単にすると計算式が分かりやすいよ．直流回路の問題は，テブナンの定理やミルマンの定理を使わないとかなり時間がかかるよ．使い方をマスターしてね．

図2.23

R_3を接続したとき(ab間を短絡したとき)流れる電流I〔A〕は，テブナンの定理に式(2.50)，式(2.51)を代入すると，次式で表されます．

分母と分子に(R_1+R_2)を掛けるんだよ．

$$I=\frac{V_{cd}}{R_{cd}+R_3}=\frac{\dfrac{R_2}{R_1+R_2}E}{\dfrac{R_1R_2}{R_1+R_2}+R_3}$$

$$=\frac{R_2}{R_1R_2+R_3(R_1+R_2)}E=\frac{R_2}{R_1R_2+R_2R_3+R_3R_1}E\ \text{〔A〕} \tag{2.52}$$

内部抵抗R_{ab}〔Ω〕は，次式で表されます．

$$R_{ab}=\frac{R_1R_2}{R_1+R_2}+R_3=\frac{R_1R_2+R_3\ (R_1+R_2)}{R_1+R_2}$$

$$= \frac{R_1 R_2 + R_2 R_3 + R_3 R_1}{R_1 + R_2} \,[\Omega] \qquad (2.53)$$

コンダクタンスG〔S〕にすると，次式で表されます．

$$G = \frac{1}{R_{ab}} = \frac{R_1 + R_2}{R_1 R_2 + R_2 R_3 + R_3 R_1} \,[\mathrm{S}]$$

回路が複雑なので，計算に時間がかかるよ．どれかの数値を0か∞にしたときの値から選択肢を絞ればいいよ．

問題 4

図のように，直流電圧E=10 Vの定電圧源，直流電流I=2 Aの定電流源，スイッチS，r=1 ΩとR〔Ω〕の抵抗からなる直流回路がある．この回路において，スイッチSを閉じたとき，R〔Ω〕の抵抗に流れる電流I_Rの値〔A〕がSを閉じる前に比べて2倍に増加した．Rの値〔Ω〕として，最も近いものを次の(1)～(5)のうちから一つ選べ．

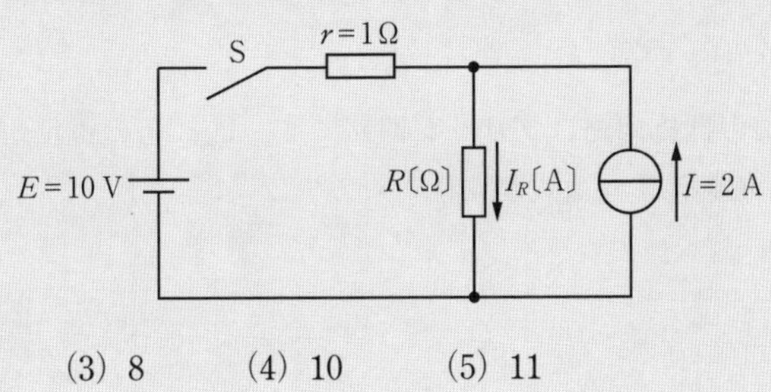

(1) 2　　(2) 3　　(3) 8　　(4) 10　　(5) 11

(H30-7)

解説

Sを開いているときに抵抗Rを流れる電流I_Rは，電流源の電流が流れるので，I_R=I=2 Aです．Sを閉じると電流が2倍の4 Aとなるので，増加した電流I_r=4−2=2 Aは電源から抵抗r〔Ω〕を流れる電流だから，rの電圧降下V_r〔V〕は，次式で表されます．

$$V_r = r I_r = 1 \times 2 = 2\,\mathrm{V}$$

このとき，抵抗Rに加わる電圧をV_Rとすると，次式が成り立ちます．

$$R = \frac{V_R}{2 I_R} = \frac{E - V_r}{2 I_R} = \frac{10 - 2}{2 \times 2} = \frac{8}{4} = 2\,\Omega$$

Rが8 Ωだと，Sを閉じる前の電圧が8×2＝16Vになるから，Sを閉じてE＝10Vを加えてもI_Rは増加しないよ．だから，答えは(1)か(2)だね．そこで，Rが3 Ωだとすると，Sを閉じる前の電圧が3×2＝6V，Sを閉じると電流が2倍だから2×3×2＝12Vになるから，これも間違いだよ．答えは(1)だね．

(p.76 ～ p.77 の解答)　問題2 →(3)　問題3 →(2)

問題５

図の直流回路において，200 V の直流電源から流れ出る電流が 25 A である．16 Ω と r〔Ω〕の抵抗の接続点 a の電位を V_a〔V〕，8 Ω と R〔Ω〕の抵抗の接続点 b の電位を V_b〔V〕とする．$V_a = V_b$ となる r〔Ω〕と R〔Ω〕の値の組合せとして，正しいものを次の(1)～(5)のうちから一つ選べ．

	r	R
(1)	2.9	5.8
(2)	4.0	8.0
(3)	5.8	2.9
(4)	8.0	4.0
(5)	8.0	16

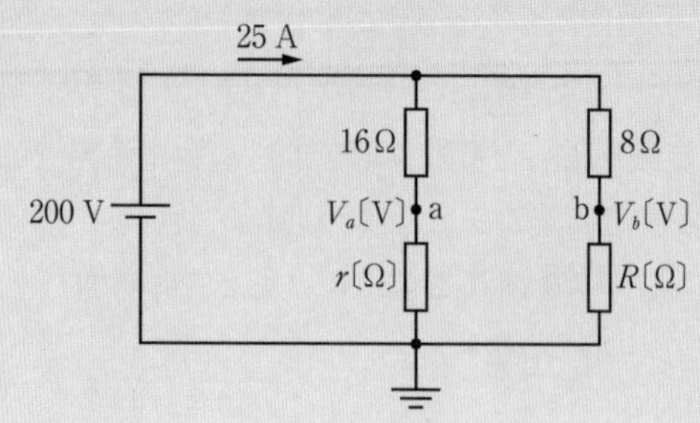

(H23-6)

解説

問題の図において，四つの抵抗回路はブリッジ回路です．V_a と V_b の電位が同じときは，ブリッジの平衡条件より次式が成り立ちます．

$$16 \times R = 8 \times r$$

よって，次式となります．

$$r = 2R \tag{2.54}$$

16Ωと8Ωの比が2:1だから，r:Rも2:1だよ．

この条件が満足する選択肢は(3)と(4)になります．計算が簡単そうな(4)で計算すると，次式で表されます．

$$16 + r = 16 + 8 = 24\ \Omega$$

$$8 + R = 8 + 4 = 12\ \Omega$$

抵抗値が $n = 2$ 倍の値の並列接続だから，合成抵抗 R_0〔Ω〕は，次式で表されます．

$$R_0 = \frac{n}{n+1} \times 12 = \frac{2}{2+1} \times 12 = 8\ \Omega$$

起電力 $E = 200$ V から流れる電流 I〔A〕は，

$$I = \frac{E}{R_0} = \frac{200}{8} = 25\ \text{A}$$

となって，問題の数値と一致するので答えは(4)です．

未知数が二つなので連立方程式で解かなければいけないんだけど，時間の無駄だよ．数値を代入して求めてね．電卓を使えば簡単だね．

(p.79 ～ p.80 の解答)　問題４→(1)　問題５→(4)

2·3 電気回路（交流回路 1）

出題項目 CHECK!

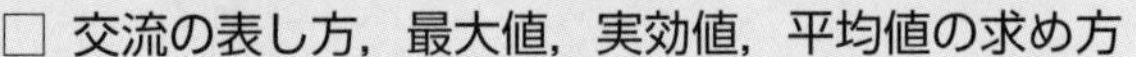

- □ 交流の表し方，最大値，実効値，平均値の求め方
- □ コイルとコンデンサの特性
- □ リアクタンスとインピーダンス，それらの電流と電圧および位相差の求め方

2·3·1 正弦波交流

時間とともに大きさや方向が繰り返し変化する電圧や電流を交流といい，正弦波的に変化する交流を正弦波交流といいます．正弦波交流の電圧は，図2.24のように変化します．最大値がV_m〔V〕の電圧の瞬時値をv〔V〕，最大値がI_m〔A〕の電流の瞬時値をi〔A〕とすると，それらは次式で表されます．

$$v = V_m \sin \omega t \text{〔V〕} \tag{2.55}$$

$$i = I_m \sin \omega t \text{〔A〕} \tag{2.56}$$

ただし，角周波数 $\omega = 2\pi f = \dfrac{2\pi}{T}$〔rad/s〕で表されます．

瞬時値は，時刻tのときの，瞬間の値を表す式だよ．

一つの波形の変化を1サイクルといい，1サイクルに要する時間T〔s〕を1周期といいます．また，交流の1秒間に繰り返されるサイクル数を周波数f〔Hz〕といいます．

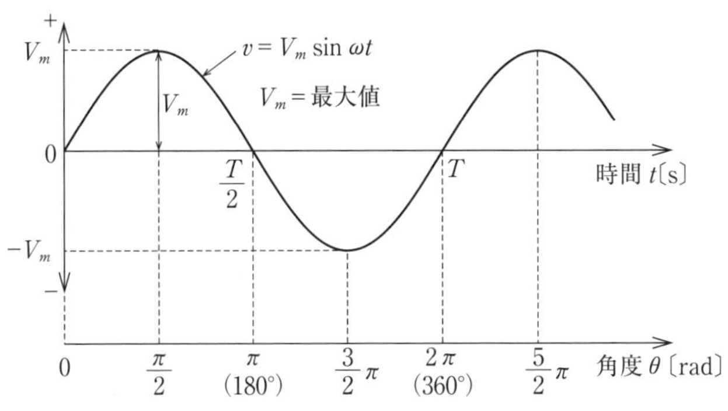

図 2.24　正弦波交流

周期が同じで時間的にずれた二つの波形を表すときは，位相差といってθ〔rad〕で表すよ．θはギリシャ文字の「シータ」，ωは「オメガ」だよ．

関連知識

角周波数ω〔rad/s：ラジアン毎秒〕は時刻t〔s〕を角度の関数θ〔rad〕に変換する定数です．

$t = T$（1周期）のときに，$\theta = 2\pi$〔rad〕となります．

2·3·2　平均値，実効値

最大値がV_m〔V〕の交流の正または負の半周期において，平均値V_a〔V〕は次式で表されます．

$$V_a = \frac{2}{\pi} V_m \fallingdotseq 0.637\, V_m \text{〔V〕} \tag{2.57}$$

また，直流と同じ電力を消費する電圧に換算した値を実効値V_e〔V〕といい，次式で表されます．

$$V_e = \frac{1}{\sqrt{2}} V_m \fallingdotseq 0.707\, V_m \text{〔V〕} \tag{2.58}$$

正負に変化する1周期の平均値は0になるので，半周期で求めるよ．

2·3·3　交流のフェーザ表示

図2.25のように同じ周波数の二つの交流電圧v_1，v_2があり，それらにθ〔rad〕の位相差があるとき，これらの関係を**図2.26**のように表したものをフェーザ(位相)表示といい，これらを表した図をベクトル図といいます．

位相の異なる交流電圧の和を求めるときに，三角関数の公式を用いて計算しなくても，ベクトル図によって求めることができるんだよ．

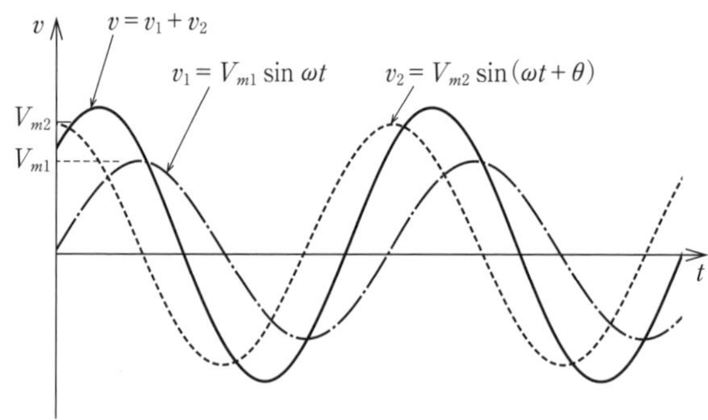

図2.25　位相差のある交流電圧

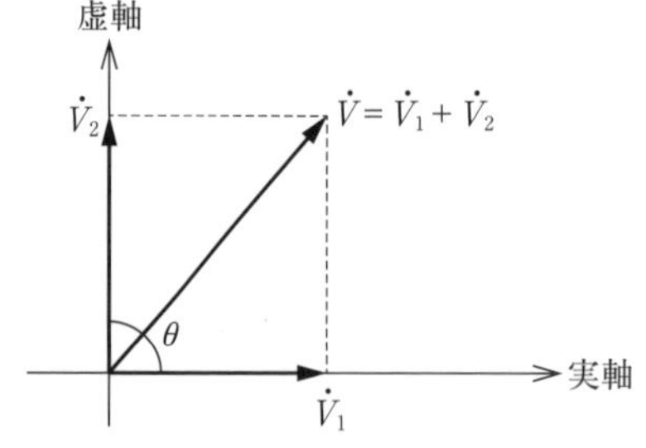

図2.26　交流電圧のベクトル図

v_1, v_2の記号は瞬時値を，$\dot{V}_1$, $\dot{V}_2$の記号はベクトルを表すよ．

2·3·4　複素数

正弦波交流の電圧や電流は，複素数で表され電気回路の演算に用いられます．**図2.27**のように，複素平面上の点$\dot{Z}$は，次式で表すことができます．

$$\dot{Z} = a + jb \tag{2.59}$$

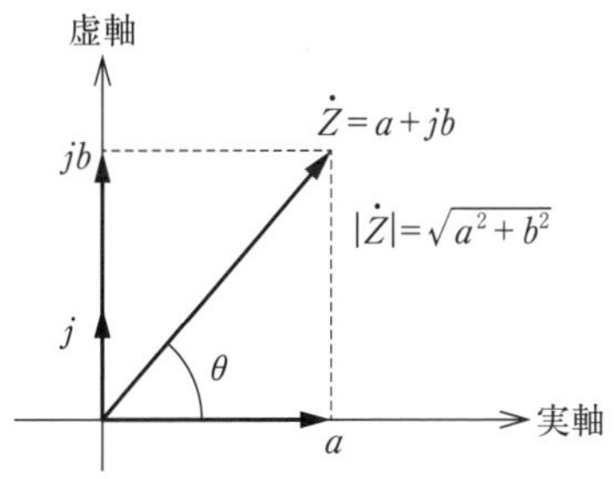

図 2.27　複素平面

ここで，aを実数部，bを虚数部といいます．

jは，虚数単位と呼び次式で表されます．

$$j=\sqrt{-1}$$

$$j^2=-1$$

$$\frac{1}{j}=\frac{j}{jj}=\frac{j}{-1}=-j$$

$\dot{Z}$の大きさZは，次式で表されます．

$$Z=|\dot{Z}|=\sqrt{a^2+b^2} \tag{2.60}$$

図の偏角をθとすると，次式で表されます．

$$\tan\theta=\frac{b}{a} \qquad \text{または，} \qquad \theta=\tan^{-1}\frac{b}{a} \tag{2.61}$$

数学では虚数単位をiで表すけど，電気回路ではjだよ．電流の記号と紛らわしいからかな．$\tan^{-1}$は「アークタンジェント」と読んでtanの逆関数を表すよ．変数θの値を求めることができるよ．

数学の計算

$\dot{Z}$は次のような指数関数で表すこともできます．

$$\dot{Z}=|\dot{Z}|e^{j\theta}$$

ここで，eは自然対数の底で，$e\fallingdotseq 2.718$の値をもちます．また，$e^{j\theta}$は，**オイラーの公式**より次式で表されます．

$$e^{j\theta}=\cos\theta+j\sin\theta$$

2·3·5　抵抗回路

図2.28のように，抵抗R〔Ω〕に交流電流i〔A〕が流れているとき，抵抗の端子電圧v_R〔V〕は，電流と電圧の位相が同相なのでベクトル$\dot{I}$〔A〕，$\dot{V}_R$〔V〕を用いて表すと，次式で表されます．

$$\dot{V}_R=R\dot{I}\text{〔V〕} \tag{2.62}$$

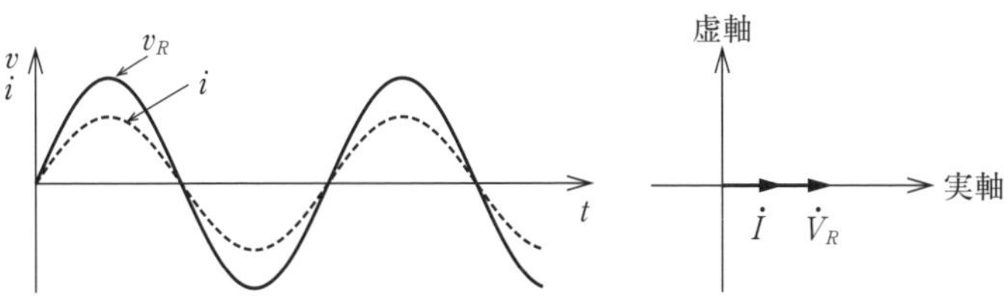

図 2.28　抵抗回路の電圧と電流

第2章　電気回路

2·3·6　インダクタンス回路

図2.29のように，インダクタンスL〔H〕のコイルに交流電流i〔A〕が流れているとき，コイルの端子電圧v_L〔V〕は，電流よりも位相が$\frac{\pi}{2}$〔rad〕進んだ電圧が発生します．ベクトル$\dot{I}$〔A〕，$\dot{V}_L$〔V〕を用いて表すと次式で表されます．

$$\dot{V}_L = j\omega L\dot{I} = jX_L\dot{I}\text{〔V〕} \qquad (2.63)$$

ただし，ωは，電源の角周波数で，$\omega = 2\pi f$〔rad/s〕で表されます．

ωLは，抵抗と同じように電流を妨げる値をもちます．これを誘導性リアクタンスといい，$X_L = \omega L$〔Ω〕で表します．

jは位相が$\frac{\pi}{2}$〔rad〕進んでいることを表すよ．$\dot{I}$にjを付けた値が$\dot{V}_L$だから，$\dot{V}_L$は$\dot{I}$より$\frac{\pi}{2}$〔rad〕進むんだね．

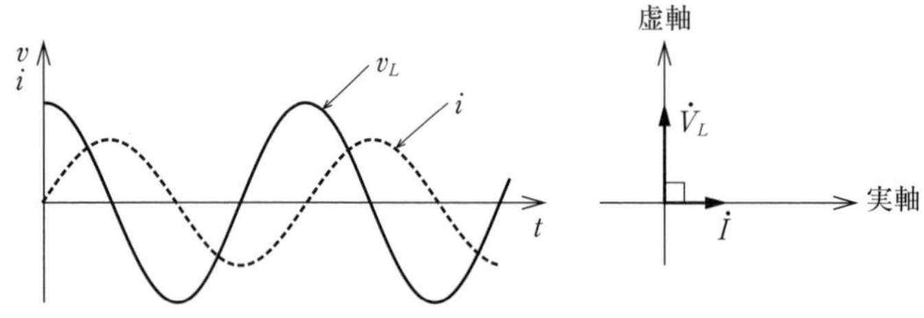

図2.29　インダクタンス回路の電圧と電流

コイルの電圧を増やして電流が流れようとすると，逆向きの誘導起電力が発生するので，電流が遅れて増えるから電圧の位相より遅れるよ．電流を基準に考えれば電圧の位相が進むんだね．

2·3·7　コンデンサ回路

図2.30のように，静電容量C〔F〕のコンデンサに交流電流i〔A〕が流れているとき，コンデンサの端子電圧v_C〔V〕は，電流よりも位相が$\frac{\pi}{2}$〔rad〕遅れた電圧が発生します．ベクトル$\dot{I}$〔A〕，$\dot{V}_C$〔V〕を用いて表すと次式で表されます．

$$\dot{V}_C = \frac{1}{j\omega C}\dot{I} = -j\frac{1}{\omega C}\dot{I} = -jX_C\dot{I}\text{〔V〕} \qquad (2.64)$$

ただし，$\frac{1}{\omega C}$は，抵抗と同じように電流を妨げる値をもちます．これを容量性リアクタンスといい，$X_C = \frac{1}{\omega C}$〔Ω〕で表します．

jとωはいつも一緒だね．$-j$は位相が$\frac{\pi}{2}$〔rad〕遅れていることを表すよ．

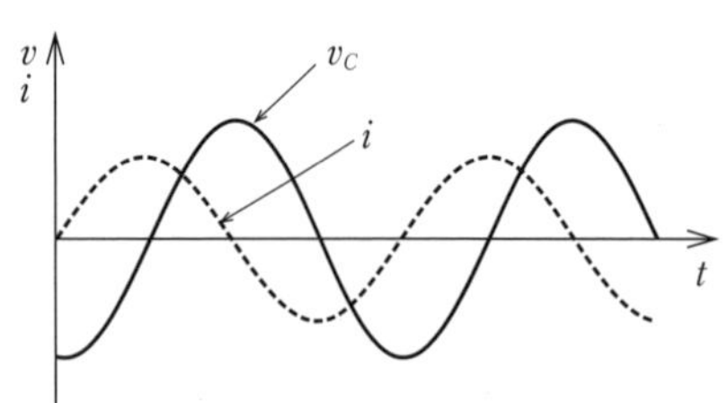

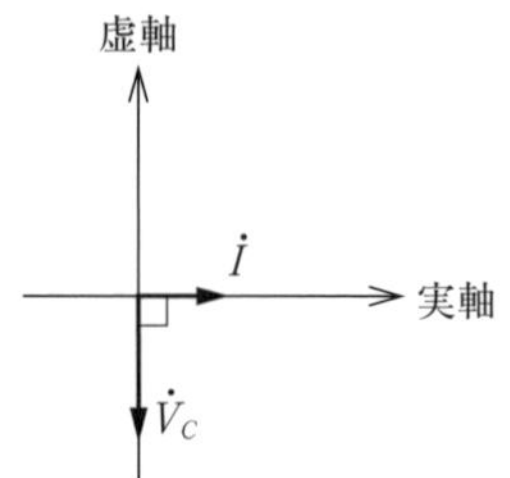

図2.30　コンデンサ回路の電圧と電流

インダクタンスは電流を微分した値に比例する電圧が発生して，静電容量は電流を積分した値に比例する電圧が発生するよ．sinやcosで表される電流や電圧を計算するとき，$j\omega$は微分と同じで，$\frac{1}{j\omega} = -j\frac{1}{\omega}$は積分と同じ計算ができるんだよ．

2·3·8　インピーダンス

図2.31 のRLC直列回路では，直流回路において抵抗が直列に接続された回路と同じように，次式が成り立ちます．

$$\dot{V}=R\dot{I}+jX_L\dot{I}-jX_C\dot{I}=R+j(X_L-X_C)\dot{I}$$

$$=\left\{R+j\left(\omega L-\frac{1}{\omega C}\right)\right\}\dot{I}=\dot{Z}\dot{I}\ \text{〔V〕} \tag{2.65}$$

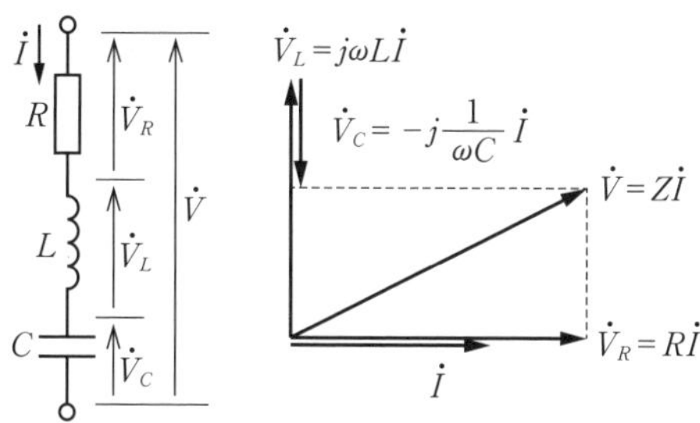

図 2.31　インピーダンス

このとき，$\dot{Z}$は電流を妨げる量を表し，この複素量をインピーダンスといいます．インピーダンスはRLCの合成された値，あるいは，RLC単独でもインピーダンスと呼びます．$\dot{Z}$〔Ω〕は，次式で表されます．

$$\dot{Z}=R+j\left(\omega L-\frac{1}{\omega C}\right)\ \text{〔Ω〕} \tag{2.66}$$

$\dot{Z}$の大きさZ〔Ω〕は，次式で表されます．

$$Z=\sqrt{R^2+\left(\omega L-\frac{1}{\omega C}\right)^2}\ \text{〔Ω〕} \tag{2.67}$$

2·3·9　アドミタンス

インピーダンス$\dot{Z}$の逆数をアドミタンスといいます．RとjX_Lの直列回路のアドミタンス$\dot{Y}$〔S：ジーメンス〕は次式で表されます．

$$\dot{Y}=\frac{1}{\dot{Z}}=\frac{1}{R+jX_L}=\frac{R-jX_L}{(R+jX_L)(R-jX_L)}$$

$$=\frac{R-jX_L}{R^2+X_L{}^2}=\frac{R}{R^2+X_L{}^2}-j\frac{X_L}{R^2+X_L{}^2}\ \text{〔S〕} \tag{2.68}$$

v_Lとv_Cは逆位相だから，ベクトルで計算するときはリアクタンスの差(X_L-X_C)で計算するんだよ．

アドミタンスの計算は面倒に見えるけど，アドミタンスをいくつか並列に接続するときは，それらの和で求めることができるよ．並列回路の計算には便利だね．

$(a+b)(a-b)=a^2-b^2$の公式を使うよ．$j^2=-1$だから，分母の計算は$R^2+X_L{}^2$になるよ．

試験の直前 CHECK!

- □**コイルとコンデンサ**≫≫コイルの電流は電圧の位相より遅れる．コンデンサの電流は電圧の位相より進む．電流を基準とした電圧の遅れと進みは逆になる．
- □**リアクタンス**≫≫コイル：$X_L = 2\pi fL$，コンデンサ：$X_C = \dfrac{1}{2\pi fC}$
- □**直列回路のインピーダンス**≫≫$= R + j(X_L - X_C)$
- □**直列回路のインピーダンスの大きさ**≫≫$Z = \sqrt{R^2 + (X_L - X_C)^2}$
- □**アドミタンス**≫≫$\dot{Y} = \dfrac{1}{\dot{Z}}$

国家試験問題

問題 1

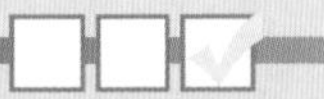

ある回路に，$i=4\sqrt{2}\sin 120\pi t$〔A〕の電流が流れている．この電流の瞬時値が，時刻$t=0$ s以降に初めて4 Aとなるのは，時刻$t=t_1$〔s〕である．t_1〔s〕の値として，正しいのは次のうちどれか．

(1) $\dfrac{1}{480}$　(2) $\dfrac{1}{360}$　(3) $\dfrac{1}{240}$　(4) $\dfrac{1}{160}$　(5) $\dfrac{1}{120}$

解説

問題で与えられた式において，$i=4$ Aとなるのは，

$$i=4\sqrt{2}\sin 120\pi t=4 \tag{2.69}$$

より，次式が成り立ちます．

$$\sin 120\pi t=\frac{1}{\sqrt{2}} \tag{2.70}$$

$t=0$から最初に式(2.70)の値となるのは，sin関数を角度θ〔rad〕で表すと，次式で表されます．

$$\sin\theta=\frac{1}{\sqrt{2}} \quad より，\quad \theta=\frac{\pi}{4}となります． \tag{2.71}$$

式(2.70)＝式(2.71)より，次式となります．

$$120\pi t=\frac{\pi}{4}$$

よって，$t=\dfrac{1}{480}$ sとなります．

周波数が$f=60$で，周期は$T=\dfrac{1}{60}$になるね．図2.24のsin関数の図を描いて求めると，分かりやすいね．

図2.24は81ページだよ．

数学の公式

三角関数の数値

θ〔rad〕	0	$\frac{\pi}{6}$	$\frac{\pi}{4}$	$\frac{\pi}{3}$	$\frac{\pi}{2}$
θ°	0°	30°	45°	60°	90°
$\sin\theta$	0	$\frac{1}{2}$	$\frac{1}{\sqrt{2}}$	$\frac{\sqrt{3}}{2}$	1
$\cos\theta$	1	$\frac{\sqrt{3}}{2}$	$\frac{1}{\sqrt{2}}$	$\frac{1}{2}$	0
$\tan\theta$	0	$\frac{1}{\sqrt{3}}$	1	$\sqrt{3}$	∞

表の数値を覚えてね．直角三角形を描いて覚えると，分かりやすいね．

第2章 電気回路

問題 2

図のように，$R=\sqrt{3}\omega L$〔Ω〕の抵抗，インダクタンスL〔H〕のコイル，スイッチSが角周波数ω〔rad/s〕の交流電圧$\dot{E}$〔V〕の電源に接続されている．スイッチSを開いているとき，コイルを流れる電流の大きさをI_1〔A〕，電源電圧に対する電流の位相差をθ_1〔°〕とする．また，スイッチSを閉じているとき，コイルを流れる電流の大きさをI_2〔A〕，電源電圧に対する電流の位相差をθ_2〔°〕とする．このとき，$\frac{I_1}{I_2}$及び$|\theta_1-\theta_2|$〔°〕の値として，正しいものを組み合わせたのは次のうちどれか．

	$\frac{I_1}{I_2}$	$\lvert\theta_1-\theta_2\rvert$
(1)	$\frac{1}{2}$	30
(2)	$\frac{1}{2}$	60
(3)	2	30
(4)	2	60
(5)	2	90

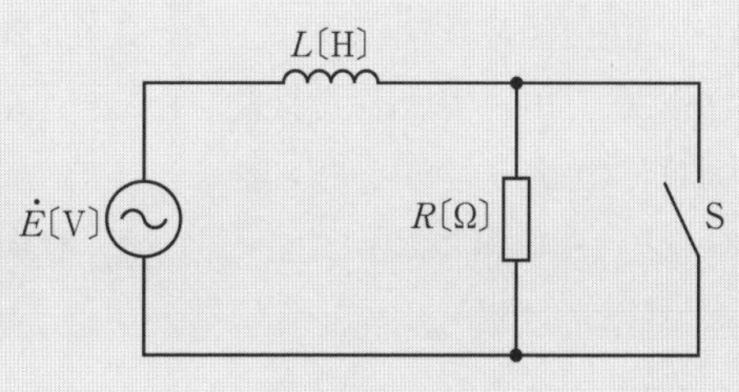

解説

スイッチSを開いたときに回路を流れる電流$\dot{I}_1$の大きさI_1〔A〕を求めると，次式で表されます．

$$I_1=\frac{|\dot{E}|}{\sqrt{R^2+\omega L^2}}=\frac{|\dot{E}|}{\sqrt{(\sqrt{3}\,\omega L)^2+(\omega L)^2}}$$

$$=\frac{|\dot{E}|}{\sqrt{4(\omega L)^2}}=\frac{|\dot{E}|}{2\,\omega L}\text{〔A〕} \qquad (2.72)$$

スイッチSを閉じているときに回路を流れる電流の大きさI_2〔A〕を求めると，次式で表されます．

$$I_2=\frac{|\dot{E}|}{\omega L}\text{〔A〕} \qquad (2.73)$$

式(2.72)÷式(2.73)より，次式となります．

スイッチSを閉じれば抵抗がなくなるので，電流は増えるよ．$\frac{I_1}{I_2}$はI_2がI_1より大きいので選択肢の$\frac{1}{2}$が答えだね．

$$\frac{I_1}{I_2}=\frac{1}{2} \tag{2.74}$$

スイッチSを開いているときの抵抗とコイルの電圧$\dot{V}_R$, $\dot{V}_L$，電流$\dot{I}_1$のベクトル図を**図2.32**(a)に，閉じているときのベクトル図を図2.32(b)に示します．

図2.32(a)より，次式が成り立ちます．

$$\tan\theta_1=\frac{|\dot{V}_L|}{|\dot{V}_R|}=\frac{\omega L I_1}{\sqrt{3}\ \omega L I_1}=\frac{1}{\sqrt{3}}$$

よって，$\theta_1=30°$，図2.32(b)より$\theta_2=90°$となり，$|\theta_1-\theta_2|=60°$となります．

1と$\sqrt{3}$で直角三角形を作るのだから，残りの辺は$\sqrt{1^2+(\sqrt{3})^2}=2$だね．正三角形を半分にした直角三角形だよ．

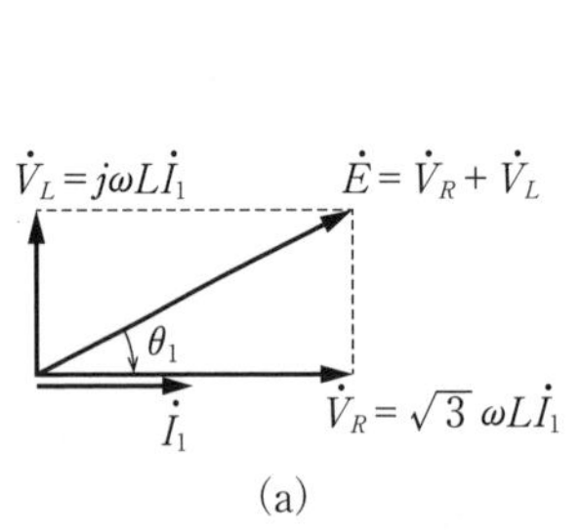

(a)

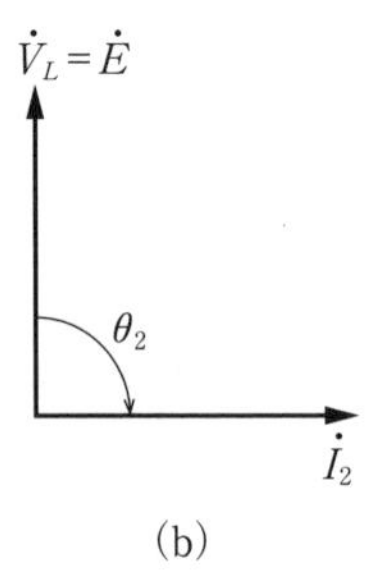

(b)

図2.32

問題3

4 Ωの抵抗と静電容量がC〔F〕のコンデンサを直列に接続したRC回路がある．このRC回路に，周波数50 Hzの交流電圧100 Vの電源を接続したところ，20 Aの電流が流れた．では，このRC回路に，周波数60 Hzの交流電圧100 Vの電源を接続したとき，RC回路に流れる電流〔A〕の値として，最も近いものを次の(1)～(5)のうちから一つ選べ．

(1) 16.7　(2) 18.6　(3) 21.2　(4) 24.0　(5) 25.6

解説

周波数$f_1=50$ Hzのときの電流が$I_1=20$ Aなので，電圧$V=100$ Vよりインピーダンスの大きさZ_1〔Ω〕は，次式で表されます．

$$Z_1=\frac{V}{I_1}=\frac{100}{20}=5\ \Omega$$

抵抗が$R=4$ Ωなので，コンデンサのリアクタンスをX_{C1}〔Ω〕とすると，次式が成り立ちます．

$$Z_1^2=R^2+X_{C1}^2$$
$$5^2=4^2+X_{C1}^2$$
$$X_{C1}^2=25-16=9$$　よって，$X_{C1}=3$ Ωとなります．

直角三角形の三辺の比，3:4:5を覚えてね．

周波数が$f_2=60$ Hzになると，コンデンサのリアクタンスX_{C2}〔Ω〕は周波数に反比例するので，X_{C1}より求めると，次式で表されます．

$$X_{C1}\times\frac{f_1}{f_2}=3\times\frac{50}{60}=2.5\ \Omega$$

周波数がf_2のときの電流I_2〔A〕は次式で表されます．

$$I_2=\frac{V}{\sqrt{R^2+X_{C1}{}^2}}=\frac{100}{\sqrt{4^2+2.5^2}}=\frac{100}{4.72}\fallingdotseq 21.2\,\mathrm{A}$$

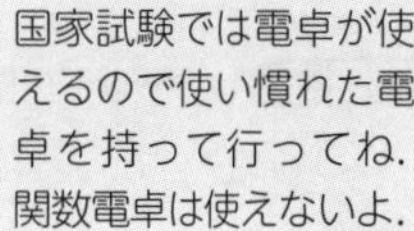

周波数が高くなってリアクタンスが小さくなると，電流は20Aよりも大きくなるので選択肢の(1)と(2)は違うよ．リアクタンスが0Ωのときの電流は，電圧を抵抗で割って$\frac{100}{4}$=25Aだから(5)も違うよ．そう考えると(4)の24Aもちょっと多いかな．計算しなくてもほぼ答を見つけられるね．

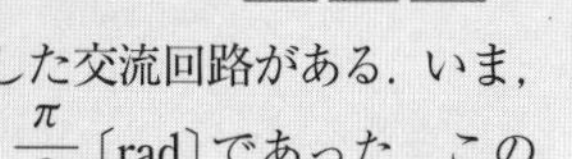

問題 4

図のように，1 000 Ω の抵抗と静電容量C〔μF〕のコンデンサを直列に接続した交流回路がある．いま，電源の周波数が1 000 Hzのとき，電源電圧$\dot{E}$〔V〕と電流$\dot{I}$〔A〕の位相差は$\frac{\pi}{3}$〔rad〕であった．このとき，コンデンサの静電容量C〔μF〕の値として，最も近いものを次の(1)～(5)のうちから一つ選べ．

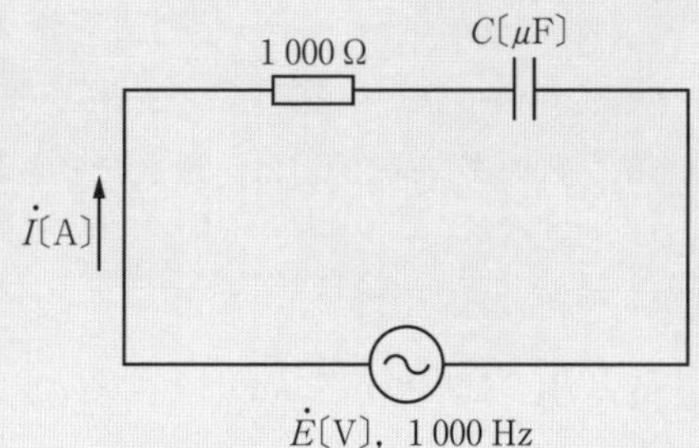

(1) 0.053　(2) 0.092　(3) 0.107　(4) 0.159　(5) 0.258

解 説

抵抗をR=1 000 Ω，電源の周波数をf=1 000 Hz，コンデンサC〔F〕のリアクタンスを$-j\frac{1}{\omega C}$〔Ω〕とすると，ベクトル図は**図 2.33**のようになります．

図2.33よりコンデンサのリアクタンスの大きさは，次式の関係があります．

$$\frac{1}{\omega C}=\sqrt{3}\,R$$

$$C=\frac{1}{\sqrt{3}\,\omega R}=\frac{1}{\sqrt{3}\times 2\pi f R}$$

$$\fallingdotseq\frac{1}{1.73\times 2\times 3.14\times 1\times 10^3\times 1\times 10^3}$$

$$\fallingdotseq 0.092\times 10^{-6}\,\mathrm{F}=0.092\,\mu\mathrm{F}$$

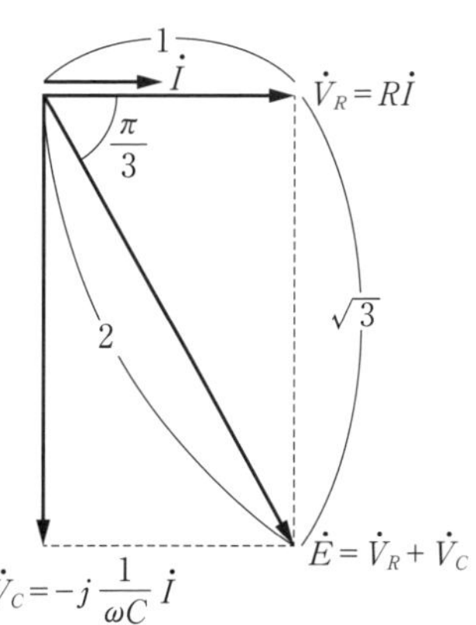

図 2.33

$\frac{\pi}{3}$は60°だよ．図の三角形は正三角形の半分になるね．

(p.86 ～ p.87 の解答)　問題 1 →(1)　問題 2 →(2)

問題 5

図のように，交流電圧E=100 Vの電源，誘導性リアクタンスX=4 Ωのコイル，R_1〔Ω〕，R_2〔Ω〕の抵抗からなる回路がある．いま，回路を流れる電流の値がI=20 Aであり，また，抵抗R_1に流れる電流I_1〔A〕と抵抗R_2に流れる電流I_2〔A〕との比が，$I_1:I_2=1:3$であった．このとき，抵抗R_1の値〔Ω〕として，最も近いものを次の(1)～(5)のうちから一つ選べ．

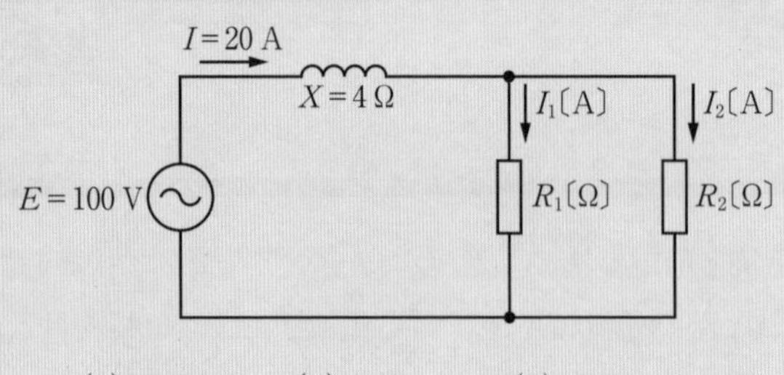

(1) 1.0　　(2) 3.0　　(3) 4.0　　(4) 9.0　　(5) 12

解説

電源電圧V〔V〕，電流I〔A〕より，インピーダンスZ〔Ω〕は，次式で表されます．

$$Z=\frac{V}{I}=\frac{100}{20}=5\ \Omega$$

リアクタンスがX=4 Ωなので，R_1とR_2の合成抵抗をR〔Ω〕とすると，次式が成り立ちます．

$$Z_1^2=R^2+X^2$$

$$5^2=R^2+4^2$$

$$R^2=25-16=9$$　　よって，$R=3\ \Omega$となります．

並列に接続された抵抗の比と電流の比は，反比例するので$I_1:I_2=1:3$より，$R_2=\frac{R_1}{3}$となります．また，並列合成抵抗は次式で表されます．

$$\frac{1}{R}=\frac{1}{R_1}+\frac{1}{R_2}=\frac{1}{R_1}+\frac{3}{R_1}=\frac{4}{R_1}$$

よって，$R_1=4R=4\times3=12\ \Omega$となります．

電流の比が1:3だから，抵抗の比は3:1になるよ．n＝3倍の抵抗の並列接続だから，合成抵抗は小さい方の抵抗R_2の$\frac{n}{1+n}=\frac{3}{4}$倍となるよ．選択肢の答えが切りのよい値だから，$R_2$＝4Ωだと合成抵抗が3Ωになって都合がよいね．電流が少ないR_1は大きい方の抵抗なので3倍して12Ωが答えだよ．

抵抗，リアクタンス，インピーダンスの比は，3:4:5になっていることが多いよ．この問題は，リアクタンスが4Ωでインピーダンスが計算で5Ωと出るので，R_1とR_2の並列合成抵抗は3Ωだと分かるね．

(p.88～p.90の解答)　問題3→(3)　問題4→(2)　問題5→(5)

2·4 電気回路（交流回路 2）

重要知識

出題項目 CHECK!

- □ 共振周波数の求め方
- □ 共振回路のインピーダンスの求め方
- □ 共振回路が共振したときの電圧と電流の求め方

2·4·1 直列共振回路

図2.34 (a) のような*RLC*直列回路の合成インピーダンス $\dot{Z}$〔Ω〕は，次式で表されます．

$$\dot{Z}=R+j\left(\omega L-\frac{1}{\omega C}\right)〔\Omega〕 \tag{2.75}$$

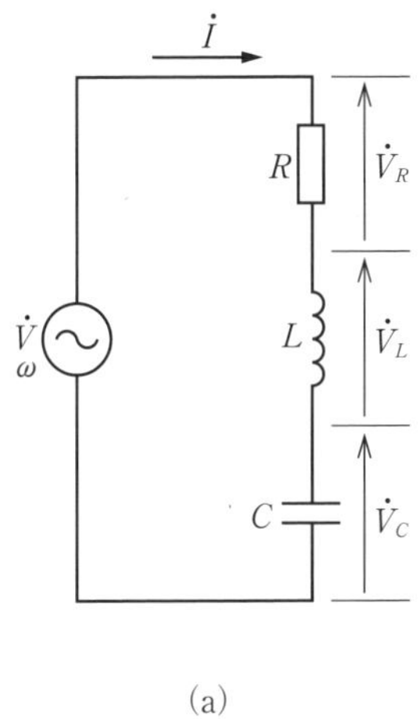

(a)

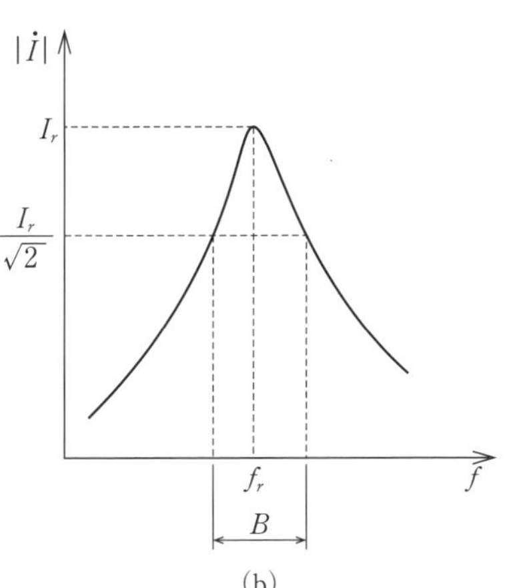

(b)

図 2.34 直列共振回路

ω＝2πfだから，周波数fに比例してコイルのリアクタンスωLは大きくなるよ．コンデンサのリアクタンス $\frac{1}{\omega C}$ はfに反比例するから，それらはある周波数 f_r で同じ大きさになるよ．それらの合成リアクタンスは引き算だから0Ωになるよね．

ここで，$\dot{Z}$ の虚数部が0となるときを共振したといいます．このとき，共振角周波数を ω_r〔rad/s〕，共振周波数を f_r〔Hz〕として，式 (2.75) の虚数部を0とおくと次式が成り立ちます．

$$\omega_r L-\frac{1}{\omega_r C}=0$$

$$\omega_r^2=\frac{1}{LC}$$

$$\omega_r=\frac{1}{\sqrt{LC}}=2\pi f_r$$

したがって，次式となります．

$$f_r = \frac{1}{2\pi\sqrt{LC}} \text{〔Hz〕} \tag{2.76}$$

直列共振したとき，回路のインピーダンスは最小となり，このときのインピーダンスを$\dot{Z}_r$〔Ω〕とすると，次式で表されます．

$$\dot{Z}_r = R \text{〔Ω〕} \tag{2.77}$$

また，回路を流れる電流$|\dot{I}|$〔A〕は，図2.34 (b) のように変化し，共振時に最大となります．このとき，共振時の電流$\dot{I}_r$〔A〕は次式で表されます．

$$\dot{I}_r = \frac{\dot{V}}{R} \text{〔A〕}$$

共振時のR，L，C両端の電圧$\dot{V}_R$，$\dot{V}_L$，$\dot{V}_C$〔V〕は次式で表されます．

$$\dot{V}_R = R\dot{I}_r = \dot{V}$$

$$\begin{aligned}\dot{V}_L &= j\omega_r L\dot{I}_r \\ &= j\frac{\omega_r L}{R}\dot{V} = jQ\dot{V} \text{〔V〕}\end{aligned} \tag{2.78}$$

$$\begin{aligned}\dot{V}_C &= -j\frac{1}{\omega_r C}\dot{I}_r \\ &= -j\frac{1}{\omega_r CR}\dot{V} = -jQ\dot{V} \text{〔V〕}\end{aligned} \tag{2.79}$$

ここで，Qはリアクタンス両端の電圧が回路に加わる電圧のQ倍になることを表し，これを**先鋭度**あるいは**共振回路のQ**といいます．Qは次式で表されます．

$$Q = \frac{\omega_r L}{R} = \frac{1}{\omega_r CR} \tag{2.80}$$

図2.34 (b) において，電流Iが$\frac{1}{\sqrt{2}}$になったときの周波数の幅B〔Hz〕を**周波数帯幅**といいます．また，次式の関係があります．

$$B = \frac{f_r}{Q} \text{〔Hz〕} \tag{2.81}$$

共振時に電流と電圧は同位相になるよ．

$+j$は位相が$\frac{\pi}{2}$〔rad〕(90°) 進むことを表し，$-j$は$\frac{\pi}{2}$〔rad〕遅れることを表すよ．$\dot{V}_L$と$\dot{V}_C$は逆位相 (π〔rad〕) だよ．

2·4·2　並列共振回路

図2.35のように，RLC並列回路に電圧$\dot{V}$〔V〕を加えたとき，L，Cに流れる電流を$\dot{I}_R$，$\dot{I}_L$，$\dot{I}_C$〔A〕とすると，次式で表されます．

$$\dot{I}_R = \frac{\dot{V}}{R} \text{〔A〕}$$

$$\dot{I}_L = \frac{\dot{V}}{j\omega L} \text{〔A〕}$$

$$\dot{I}_C = j\omega C\dot{V} \text{〔A〕}$$

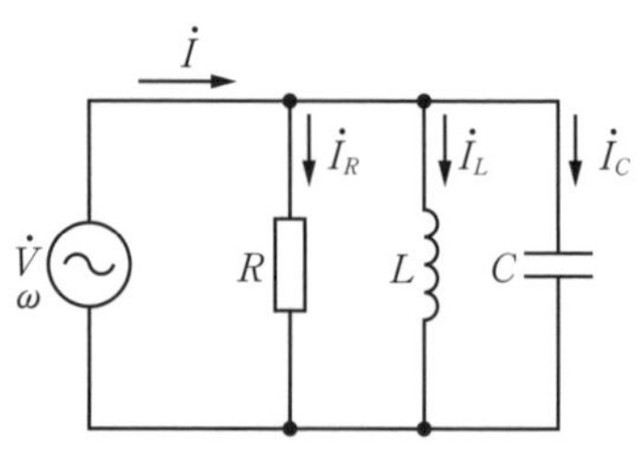

図2.35　RLC並列共振回路

回路を流れる全電流$\dot{I}$〔A〕は，次式で表されます．

$$\dot{I} = \dot{I}_R + \dot{I}_L + \dot{I}_C$$

$$=\left\{\frac{1}{R}+j\left(\omega C-\frac{1}{\omega L}\right)\right\}\dot{V}\text{〔A〕}$$

ここで，

$$\omega_r C=\frac{1}{\omega_r L}$$

の関係が成り立つときを並列共振といいます．また，共振周波数f_r〔Hz〕は次式で表されます．

$$f_r=\frac{1}{2\pi\sqrt{LC}}\text{〔Hz〕} \tag{2.82}$$

直列共振と同じ式だよ．

LC並列回路の共振時の電流は最小となり，インピーダンスは最大になります．

図2.36のような並列共振回路では，回路のアドミタンス$\dot{Y}$〔S〕は次式で表されます．

$$\dot{Y}=\frac{1}{R+j\omega L}+j\omega C$$

$$=\frac{R}{R^2+(\omega L)^2}+j\left(\omega C-\frac{\omega L}{R^2+(\omega L)^2}\right)\text{〔S〕} \tag{2.83}$$

アドミタンス$\dot{Y}$はインピーダンス$\dot{Z}$の逆数だから，$\dot{Y}=\frac{1}{\dot{Z}}$で表されるよ．アドミタンスは，並列接続したときに足し算で計算することができるので，式(2.83)はRとLの直列回路のアドミタンスとCのアドミタンスの足し算で，合成アドミタンスを求めているよ．

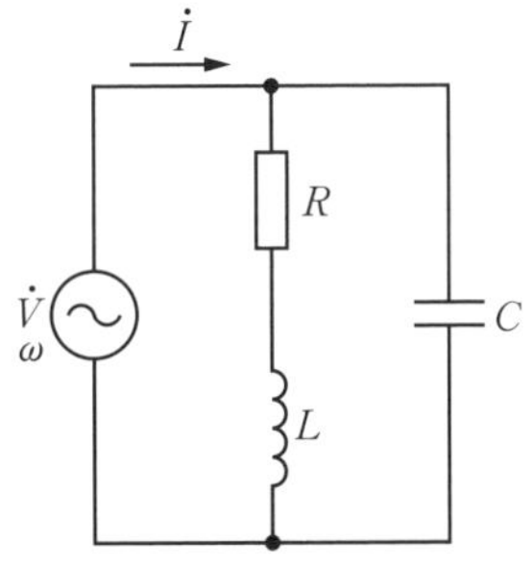

図 2.36　RLとCの並列共振回路

$\dot{Y}$の虚数部が零となったとき回路を流れる電流は最小となるので，共振角周波数をω_r〔rad/s〕とすると，次式の関係があります．

$$\omega_r C-\frac{\omega_r L}{R^2+(\omega_r L)^2}=0 \tag{2.84}$$

式(2.84)からω_rを求めると，次式で表されます．

$$\omega_r=\sqrt{\frac{1}{LC}-\frac{R^2}{L^2}}\text{〔rad/s〕}$$

したがって，次式となります．

$$f_r=\frac{1}{2\pi}\sqrt{\frac{1}{LC}-\frac{R^2}{L^2}}\text{〔Hz〕} \tag{2.85}$$

また，共振時のインピーダンス$\dot{Z}_r$〔Ω〕は，次式で表されます．

$$\dot{Z}_r=\frac{R^2+(\omega_r L)^2}{R}\text{〔Ω〕} \tag{2.86}$$

並列共振周波数では，アドミタンス$\dot{Y}$の虚数部が0になるので，$\dot{Y}$は最小になるよ．$\dot{Y}$が最小になると，電流は$\dot{I}=\dot{Y}\dot{V}$と表されるので，$\dot{I}$も最小になるよ．$\dot{Y}$をインピーダンス$\dot{Z}$で表せば逆数だから最大だね．

$R \ll \omega_r L$の条件では，$\omega_r L = \dfrac{1}{\omega_r C}$だから$\dot{Z}_r$は，次式で表されます．

$$\dot{Z}_r = \frac{(\omega_r L)^2}{R} = \frac{\omega_r L}{R} \times \frac{1}{\omega_r C} = \frac{L}{CR}\ \text{〔}\Omega\text{〕} \quad (2.87)$$

試験の直前 CHECK!

- □ **共振角周波数**≫≫ $\omega_r^2 = \dfrac{1}{LC}$
- □ **共振周波数**≫≫ $f_r = \dfrac{1}{2\pi\sqrt{LC}}$
- □ **直列共振回路の共振時の電流**≫≫ $\dot{I}_r = \dfrac{\dot{V}}{R}$
- □ **直列共振回路のQ**≫≫ $Q = \dfrac{\omega_r L}{R} = \dfrac{1}{\omega_r CR}$
- □ **共振回路の周波数帯幅**≫≫ $B = \dfrac{f_r}{Q}$

国家試験問題

問題1

図のように，二つのLC直列共振回路A，Bがあり，それぞれの共振周波数がf_A〔Hz〕，f_B〔Hz〕である．これらA，Bをさらに直列に接続した場合，全体としての共振周波数がf_{AB}〔Hz〕になった．f_A，f_B，f_{AB}の大小関係として，正しいものを次の(1)～(5)のうちから一つ選べ．

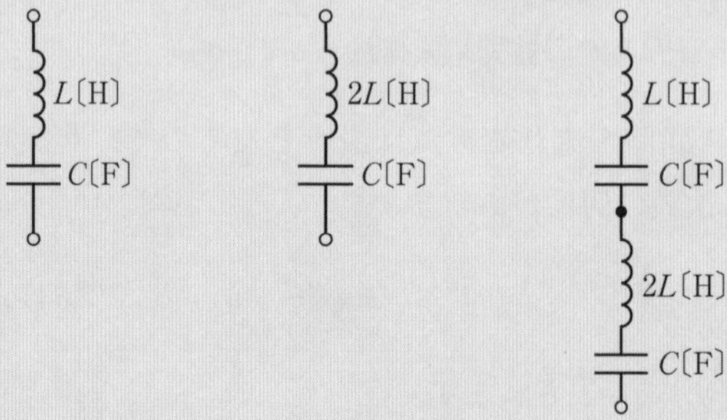

(1) $f_A < f_B < f_{AB}$　(2) $f_A < f_{AB} < f_B$　(3) $f_{AB} < f_A < f_B$

(4) $f_{AB} < f_B < f_A$　(5) $f_B < f_{AB} < f_A$

(H26-9)

解説

問題の図の回路Aの共振周波数f_A〔Hz〕は，次式で表されます．

$$f_A = \frac{1}{2\pi\sqrt{LC}}\ \text{〔Hz〕} \quad (2.88)$$

回路Bの共振周波数 f_B〔Hz〕は，式(2.88)の L を $2L$ とすれば，次式となります．

$$f_B=\frac{1}{\sqrt{2}}f_A\fallingdotseq\frac{1}{1.41}\fallingdotseq 0.71f_A\ \text{〔Hz〕} \tag{2.89}$$

回路Aと回路Bを直列接続した回路の共振周波数 f_{AB}〔Hz〕は，式(2.88)の L を $L+2L=3L$，C を $\frac{1}{2}C$ とすれば，次式となります．

$$f_{AB}=\frac{1}{\frac{\sqrt{3}}{\sqrt{2}}}f_A\fallingdotseq\frac{1.41}{1.73}f_A\fallingdotseq 0.82f_A\ \text{〔Hz〕} \tag{2.90}$$

よって，$f_B<f_{AB}<f_A$ となります．

同じ値のコンデンサの直列接続は，合成静電容量が $\frac{1}{2}$ になるよ．

問題 2

図1は，静電容量 C〔F〕のコンデンサとコイルからなる共振回路の等価回路である．このようにコイルに内部抵抗 r〔Ω〕が存在する場合は，インダクタンス L〔H〕と抵抗 r〔Ω〕の直列回路として表すことができる．この直列回路は，コイルの抵抗 r〔Ω〕が，誘導性リアクタンス ωL〔Ω〕に比べて十分小さいものとすると，図2のように，等価抵抗 R_p〔Ω〕とインダクタンス L〔H〕の並列回路に変換することができる．このときの等価抵抗 R_p〔Ω〕の値を表す式として，正しいのは次のうちどれか．

ただし，I_c〔A〕は電流源の電流を表す．

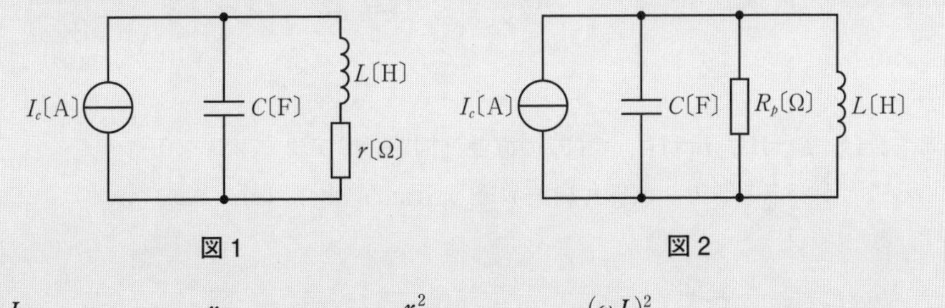

図 1　　図 2

(1) $\dfrac{\omega L}{r}$　(2) $\dfrac{r}{(\omega L)^2}$　(3) $\dfrac{r^2}{\omega L}$　(4) $\dfrac{(\omega L)^2}{r}$　(5) $r(\omega L)^2$

(H22-13)

解 説

問題の図1の L と r の直列回路と，図2の L と R_p の並列回路のアドミタンスが等しいとすると，次式で表されます．

$$\frac{1}{R_p}+\frac{1}{j\omega L}=\frac{1}{r+j\omega L}$$

$$\frac{1}{R_p}-j\frac{1}{\omega L}=\frac{(r-j\omega L)}{(r+j\omega L)(r-j\omega L)}$$

$$=\frac{r}{r^2+(\omega L)^2}-j\frac{\omega L}{r^2+(\omega L)^2} \tag{2.91}$$

$r\ll\omega L$ の条件を式(2.91)に代入すると，次式となります．

$$\frac{1}{R_p}-j\frac{1}{\omega L}\fallingdotseq\frac{r}{(\omega L)^2}-j\frac{1}{\omega L} \tag{2.92}$$

アドミタンスはインピーダンスの逆数だよ．

式(2.92)の実数部より，R_pを求めると次式で表されます．

$$R_p \doteqdot \frac{(\omega L)^2}{r} \text{〔Ω〕}$$

rとωLの単位は〔Ω〕なので選択肢のうち〔Ω〕の単位となる式は，選択肢の(3)か(4)だよ．rはωLに比較して小さくて，並列回路としたときに一般にR_pは大きい値なので，(3)の値は小さすぎるから，答えは(4)だね．

問題3

図のように，$R=1\Omega$の抵抗，インダクタンス$L_1=0.4$ mH，$L_2=0.2$ mHのコイル，及び静電容量$C=8\ \mu$Fのコンデンサからなる直並列回路がある．この回路に交流電圧$V=100$ Vを加えたとき，回路のインピーダンスが極めて小さくなる直列共振角周波数ω_1の値〔rad/s〕及び回路のインピーダンスが極めて大きくなる並列共振角周波数ω_2の値〔rad/s〕の組合せとして，最も近いものを次の(1)～(5)のうちから一つ選べ．

	ω_1	ω_2
(1)	2.5×10^4	3.5×10^3
(2)	2.5×10^4	3.1×10^4
(3)	3.5×10^3	2.5×10^4
(4)	3.1×10^4	3.5×10^3
(5)	3.1×10^4	2.5×10^4

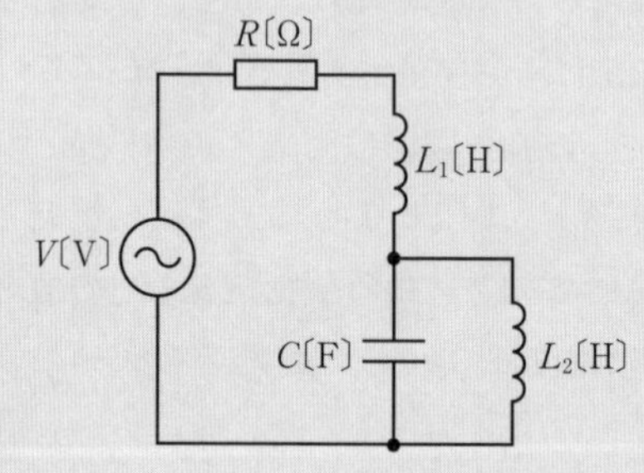

(H28-9)

解説

直列共振周波数は，L_1〔H〕，L_2〔H〕，C〔F〕の直並列回路のリアクタンスを0とおけば求めることができるので，共振角周波数をω_1〔rad/s〕とすれば，次式で表されます．

$$j\omega_1 L_1 + \frac{j\omega_1 L_2 \times \dfrac{1}{j\omega_1 C}}{j\omega_1 L_2 + \dfrac{1}{j\omega_1 C}} = j\omega_1 L_1 + \frac{j\omega_1 L_2}{-\omega_1{}^2 L_2 C + 1} = 0$$

よって，次式となります．

$$\omega_1 L_1 = \frac{\omega_1 L_2}{\omega_1{}^2 L_2 C - 1}$$

$$\omega_1{}^2 L_2 C - 1 = \frac{L_2}{L_1}$$

$$\omega_1{}^2 = \frac{1}{L_2 C}\left(\frac{L_2}{L_1} + 1\right) = \frac{1}{0.2\times10^{-3}\times8\times10^{-6}}\left(\frac{0.2\times10^{-3}}{0.4\times10^{-3}} + 1\right)$$

両辺の$\sqrt{\ }$をとると，次式となります．

$$\omega_1 = \frac{1}{\sqrt{L_2 C}}\sqrt{\frac{L_2}{L_1} + 1}$$

$$= \frac{1}{\sqrt{0.2\times10^{-3}\times8\times10^{-6}}} \times \sqrt{\frac{0.2\times10^{-3}}{0.4\times10^{-3}} + 1} \text{〔rad/s〕} \quad (2.93)$$

国家試験では$\sqrt{\ }$キーのある電卓が使えるので，電卓で計算してね．関数電卓は使えないので，指数の計算は筆算だよ．$0.2\times8=1.6$の$\sqrt{\ }$をとるときは，10を掛けて$\sqrt{16}$として計算するんだよ．$\sqrt{\ }$は$\dfrac{1}{2}$乗と計算するから，指数が2で割れる10^{-10}になればちょうどいいね．

ここで，並列共振角周波数 ω_2〔rad/s〕は，C〔F〕と L_2〔H〕より，次式となります．

$$\omega_2 = \frac{1}{\sqrt{L_2 C}} = \frac{1}{\sqrt{0.2\times10^{-3}\times8\times10^{-6}}} = \frac{1}{\sqrt{16\times10^{-10}}}$$

$$= \frac{1}{4}\times10^5 = 2.5\times10^4\ \text{rad/s}$$

この式の値を式(2.93)に代入すると，ω_1 は次式で表されます．

$$\omega_1 = 2.5\times10^4\times\sqrt{\frac{0.2\times10^{-3}}{0.4\times10^{-3}}+1} = 2.5\times10^4\times\sqrt{\frac{1}{2}+1}$$

$$= 2.5\times10^4\times\frac{\sqrt{3}}{\sqrt{2}} \fallingdotseq 2.5\times10^4\times\frac{1.73}{1.41} \fallingdotseq 3.1\times10^4\ \text{rad/s}$$

電卓がなくても計算できるけど，時間がかかるから電卓があった方がいいね．

問題 4

図は，インダクタンス L〔H〕のコイルと静電容量 C〔F〕のコンデンサ，並びに R〔Ω〕の抵抗の直列回路に，周波数が f〔Hz〕で実効値が $V(\neq 0)$〔V〕である電源電圧を与えた回路を示している．この回路において，抵抗の端子間電圧の実効値 V_R〔V〕が零となる周波数 f〔Hz〕の条件を全て列挙したものとして，正しいものを次の(1)～(5)のうちから一つ選べ．

(1) 題意を満たす周波数はない．

(2) $f=0$

(3) $f=\dfrac{1}{2\pi\sqrt{LC}}$

(4) $f=0$，$f\to\infty$

(5) $f=\dfrac{1}{2\pi\sqrt{LC}}$，$f\to\infty$

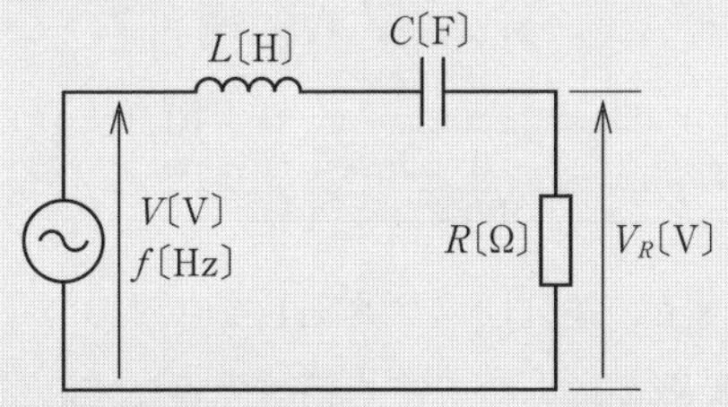

(H25-10)

解説

問題の図の回路のインピーダンスの大きさは Z〔Ω〕は，次式で表されます．

$$Z = \sqrt{R^2+\left(\omega L-\frac{1}{\omega C}\right)^2} = \sqrt{R^2+\left(2\pi fL-\frac{1}{2\pi fC}\right)^2}\ \text{〔Ω〕} \tag{2.94}$$

回路に加わる電圧が一定なので，抵抗の端子電圧が零となるのは，回路を流れる電流が零となるときです．このとき，インピーダンスは無限大となるので，式(2.94)が無限大となる周波数 f はコイルのリアクタンスが無限大となる $f\to\infty$〔Hz〕と，コンデンサのリアクタンスが無限大となる $f=0$ Hz のときです．

共振周波数を表す式を選ぶと間違いだよ．引っかからないようにね．共振時に V_R は最大の V となるよ．

（p.94 ～ p.95 の解答）　問題 1 →(5)　問題 2 →(4)

問題５

図のように，$R_1=20\,\Omega$と$R_2=30\,\Omega$の抵抗，静電容量$C=\dfrac{1}{100\pi}$〔F〕のコンデンサ，インダクタンス$L=\dfrac{1}{4\pi}$〔H〕のコイルからなる回路に周波数f〔Hz〕で実効値V〔V〕が一定の交流電圧を加えた．$f=10\,\text{Hz}$のときにR_1を流れる電流の大きさを$I_{10\,\text{Hz}}$〔A〕，$f=10\,\text{MHz}$のときにR_1を流れる電流の大きさを$I_{10\,\text{MHz}}$〔A〕とする．このとき，電流比$\dfrac{I_{10\,\text{Hz}}}{I_{10\,\text{MHz}}}$の値として，最も近いものを次の(1)～(5)のうちから一つ選べ．

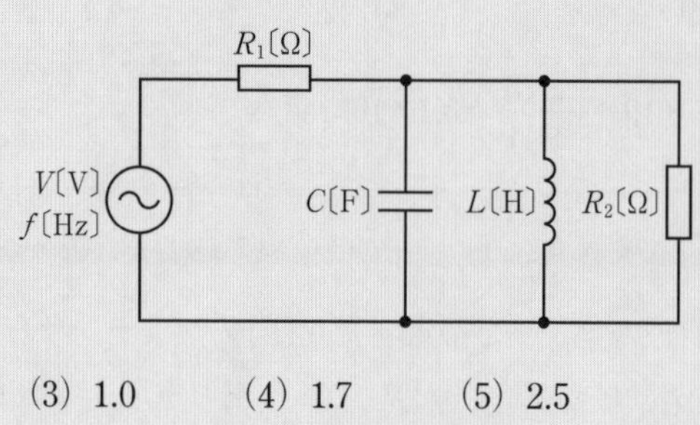

(1) 0.4　(2) 0.6　(3) 1.0　(4) 1.7　(5) 2.5

(H24-10)

解説

静電容量C〔F〕とインダクタンスL〔H〕から共振周波数f_r〔Hz〕は，次式で表されます．

$$f_r=\frac{1}{2\pi\sqrt{LC}}=\frac{1}{2\pi\sqrt{\dfrac{1}{4\pi}\times\dfrac{1}{100\pi}}}=\frac{1}{\dfrac{1}{10}}=10\,\text{Hz} \tag{2.95}$$

共振周波数f_rは，次の式で表されるよ．
$f_r=\dfrac{1}{2\pi\sqrt{LC}}$
並列共振も直列共振も同じ式だよ．

$f=10\,\text{Hz}$のときは，CとLの並列回路は共振しているのでインピーダンスが無限大となるから，抵抗R_1とR_2〔Ω〕の直列接続のみとすればよいので，回路を流れる電流$I_{10\,\text{Hz}}$は，次式で表されます．

$$I_{10\,\text{Hz}}=\frac{V}{R_1+R_3}=\frac{V}{20+30}=\frac{V}{50}\text{〔A〕} \tag{2.96}$$

$f=10\,\text{MHz}$のときは，Cのリアクタンスはほぼ$0\,\Omega$でLのリアクタンスはほぼ∞〔Ω〕となるので，並列に接続されたR_2が短絡しているとすればよいので，回路を流れる電流$I_{10\,\text{MHz}}$は，次式で表されます．

$$I_{10\,\text{MHz}}\fallingdotseq\frac{V}{R_1}=\frac{V}{20}\text{〔A〕} \tag{2.97}$$

共振するときの大まかなCとLの値を覚えておくといいね．f〔MHz〕で共振するときは，C〔pF〕やL〔μH〕だよ．

式(2.96)と式(2.97)より，$\dfrac{I_{10\,\text{Hz}}}{I_{10\,\text{MHz}}}$を求めると，次式で表されます．

$$\frac{I_{10\,\text{Hz}}}{I_{10\,\text{MHz}}}=\frac{\dfrac{V}{50}}{\dfrac{V}{20}}=\frac{20}{50}\fallingdotseq 0.4$$

(p.96～p.98の解答)　問題３→(5)　問題４→(4)　問題５→(1)

2·5　電気回路（交流回路 3）

重要知識

出題項目 CHECK!

- □ 交流の電力の表し方と求め方
- □ 交流回路の力率と回路定数の求め方
- □ ひずみ波交流の実効値の求め方

2·5·1　瞬時電力

図2.37のような，RL直列回路の電圧と電流の瞬時値v〔V〕，i〔A〕は，角周波数を$\omega(=2\pi f)$，電圧と電流の位相差をθとすると，次式で表されます．

$$i=I_m\sin\omega t\,〔\mathrm{V}〕 \tag{2.98}$$

$$v=V_m\sin(\omega t+\theta)\,〔\mathrm{A}〕 \tag{2.99}$$

ここで，$p=vi$を回路に供給される**瞬時電力**といい，交流電圧，電流の実効値をV〔V〕，I〔A〕とすると，次式で表されます．

$$\begin{aligned}p&=vi\\&=V_m\sin(\omega t+\theta)\times I_m\sin\omega t\\&=2VI\{\sin(\omega t+\theta)\times\sin\omega t\}\\&=2VI\times\frac{1}{2}\{\cos(\omega t+\theta-\omega t)-\cos(\omega t+\theta+\omega t)\}\\&=VI\{\cos\theta-\cos(2\omega t+\theta)\}\end{aligned} \tag{2.100}$$

ただし，$V_m=\sqrt{2}\,V$〔V〕，$I_m=\sqrt{2}\,I$〔A〕で表されます．

電圧の電流に対する位相角θ〔rad〕は，回路の定数から次式によって求めることができます．

$$\theta=\tan^{-1}\frac{\omega L}{R}\,〔\mathrm{rad}〕 \tag{2.101}$$

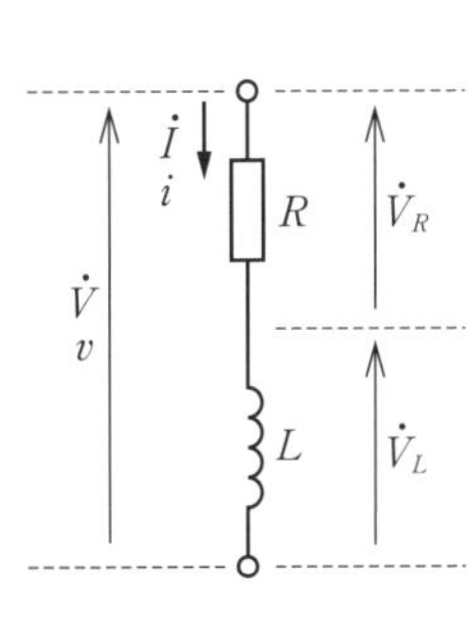

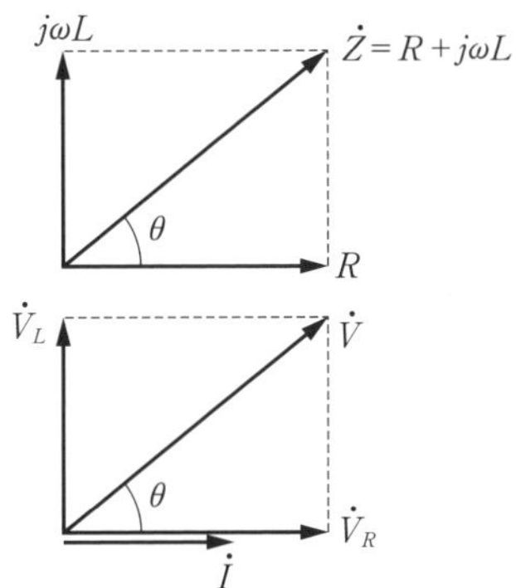

図 2.37　RL直列回路の電圧と電流

sinとcos関数は，1周期の間に正負に変化するので平均値は0になるんだよ．式(2.100)は1周期で平均すると，時間tのcos関数の$\cos(2\omega t+\theta)$が0になるから，平均値は$VI\cos\theta$になるよ．

$\tan^{-1}$は「アークタンジェント」と読むよ．tanの逆関数で，

$$\tan\theta=\frac{\omega L}{R}$$

の式で表されるθの値を求めることができるよ．

図 2.38　交流の電力

数学の公式

$$\sin\alpha\sin\beta = \frac{1}{2}\{\cos(\alpha-\beta) - \cos(\alpha+\beta)\}$$

2·5·2　インピーダンスの電力

インピーダンスで消費される電力は，瞬時電力pを$0\sim T$（周期）の区間で積分して，その平均値より求めることができます．式(2.100)を積分した結果を示すと，**平均電力**P〔W〕は，次式で表されます．

$$P = VI\cos\theta \text{〔W〕} \tag{2.102}$$

図2.37のインピーダンスのベクトル図より，次式の関係があります．

$$\cos\theta = \frac{R}{Z} \tag{2.103}$$

$V=IZ$だから，式(2.102)より次式が成り立ちます．

$$P = I^2 R \text{〔W〕} \tag{2.104}$$

Pは抵抗で消費される電力を表します．

電力を消費するのは抵抗だから，抵抗端の電圧V_Rと電流Iの積が有効電力だよ．$V_R = V\cos\theta = IR$で表されるよ．

関連知識

リアクタンスの電力

コイルまたはコンデンサ回路に流れる電流と電圧の位相差θは，$\theta = \frac{\pi}{2}$または$\theta = -\frac{\pi}{2}$となるので，$\cos\theta = 0$だから電力は消費しません．

平均電力Pは，インピーダンスで消費される電力を表し**有効電力**ともいいます．インピーダンス回路の電圧V，電流Iより見かけの電力S〔V·A：ボルトアンペア〕を求めると，次式で表されます．

$$S = VI \text{〔V·A〕} \tag{2.105}$$

Sは**皮相電力**といいます．また，皮相電力S，有効電力Pより，**図2.38**のようにインピーダンスのベクトル図と同様な図を描くことができます．図において，Q〔var：バール〕はリアクタンスに蓄えられる電力を表し，**無効電力**と呼んで次式で表されます．

$$Q = VI\sin\theta \text{〔var〕} \tag{2.106}$$
$$= I^2\omega L$$

SはPとQより次式で表されます．

$$S = \sqrt{P^2 + Q^2} \tag{2.107}$$

$\cos\theta$は，**力率**と呼び次式で表されます．

$$\cos\theta = \frac{P}{S} = \frac{R}{Z} \tag{2.108}$$

$$\cos\theta = \sqrt{1 - \sin^2\theta} \tag{2.109}$$

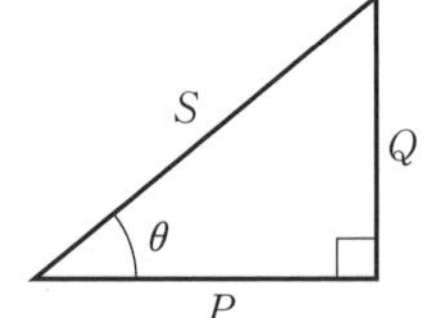

図 2.38　交流の電力

力率は$\cos\theta$と書いて，0〜1の値だよ．角度じゃないよ．皮相電力のうちどれだけが有効電力として使われるかを表すので，力率$\cos\theta = 1$がよいんだよ．このとき$\theta = 0$だね．電圧と電流の位相角θが大きくなると力率は下がって悪くなるよ．

2·5·3　ひずみ波交流の電力

基本波の周波数 f〔Hz〕（周期 T〔s〕）と，その2倍から n 倍の周波数の高調波成分で表されるひずみ波交流電流 i〔A〕は，次式のように表されます．

$$i=I_{m1}\sin\omega t+I_{m2}\sin 2\omega t+I_{m3}\sin 3\omega t+\cdots+I_{mn}\sin n\omega t\text{〔A〕}\qquad(2.110)$$

ただし，角周波数 $n\omega=2\pi nf=\dfrac{2\pi}{T}n$〔rad/s〕で表されます．

基本波電流の最大値 I_{m1} の実効値を $I_1=\dfrac{I_{m1}}{\sqrt{2}}$〔A〕，各高調波電流の実効値を I_2，I_3，…I_n〔A〕とすると，ひずみ波交流電流の実効値 I〔A〕は，次式で表されます．

$$I=\sqrt{I_1^2+I_2^2+I_3^2\cdots+I_n^2}\text{〔A〕}\qquad(2.111)$$

抵抗 R〔Ω〕で消費される電力 P〔W〕は，各周波数成分の電力の和として次式で表されます．

$$P=RI^2=R(I_1^2+I_2^2+I_3^2\cdots+I_n^2)\text{〔W〕}\qquad(2.112)$$

ひずみ波交流のひずみ率 K〔%〕は次式で表されます．

$$K=\frac{\sqrt{I_2^2+I_3^2\cdots+I_n^2}}{I_1}\times100\text{〔\%〕}$$

ひずみ波電圧も同じように表されるよ．電力を求めるときは，$P=\dfrac{V^2}{R}$ だね．

試験の直前 CHECK!

- □ **有効電力**≫ $P=S\cos\theta=I^2R$
- □ **無効電力**≫ $Q=S\sin\theta=I^2X$
- □ **皮相電力**≫ $S=VI=I^2Z$
- □ **力　率**≫ $\cos\theta=\dfrac{P}{S}=\dfrac{R}{Z}=\sqrt{1-\sin^2\theta}$
- □ **ひずみ波交流電流の実効値**≫ $I=\sqrt{I_1^2+I_2^2+I_3^2\cdots+I_n^2}$
- □ **ひずみ率**≫ $K=\dfrac{\sqrt{I_2^2+I_3^2\cdots+I_n^2}}{I_1}\times100$〔%〕

国家試験問題

問題 1

図のように，正弦波交流電圧 $E=200$ V の電源がインダクタンス L〔H〕のコイルと R〔Ω〕の抵抗との直列回路に電力を供給している．回路を流れる電流が $I=10$ A，回路の無効電力が $Q=1\,200$ var のとき，抵抗 R〔Ω〕の値として，正しいものを次の(1)～(5)のうちから一つ選べ．

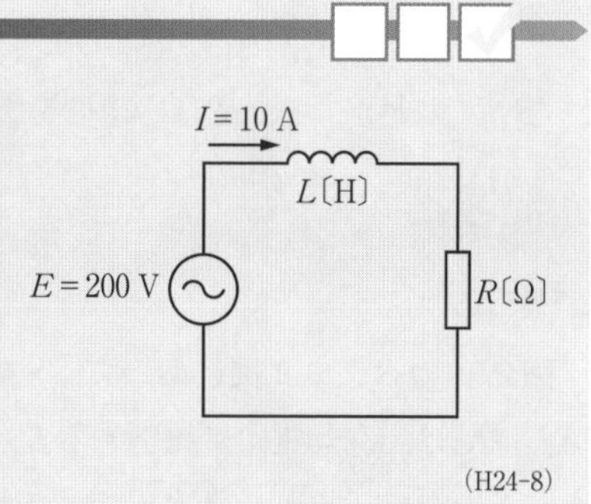

(1) 4　　(2) 8　　(3) 12　　(4) 16　　(5) 20

（H24-8）

解説

皮相電力S〔V·A〕は，インピーダンス回路の電圧E〔V〕，電流I〔A〕より，次式で表されます．

$$S=EI=200\times10=2\,000\ \text{V·A}$$

有効電力をP〔W〕とすると，

$$S=\sqrt{P^2+Q^2}$$

より，次式となります．

$$P=\sqrt{S^2-Q^2}=\sqrt{2\,000^2-1\,200^2}$$
$$=\sqrt{20^2-12^2}\times100=\sqrt{256}\times100=1\,600\ \text{W}$$

$P=I^2R$より，R〔Ω〕を求めると，次式となります．

$$R=\frac{P}{I^2}=\frac{1\,600}{10^2}=16\ \Omega$$

直角三角形の三辺の比，3:4:5から，1 200:1 600:2 000だね．

問題2

$R=10\ \Omega$の抵抗と誘導性リアクタンスX〔Ω〕のコイルとを直列に接続し，100 Vの交流電源に接続した交流回路がある．いま，回路に流れる電流の値は$I=5$ Aであった．このとき，回路の有効電力Pの値〔W〕として，最も近いものを次の(1)～(5)のうちから一つ選べ．

(1) 250　(2) 289　(3) 425　(4) 500　(5) 577

(H27-8)

解説

有効電力P〔W〕は次式で表されます．

$$P=I^2R=5^2\times10=25\times10=250\ \text{W}$$

交流の電力を求める式は，いろいろあるのでぜんぶ覚えてね．

問題3

図の交流回路において，電源電圧を$\dot{E}=140\angle0°$〔V〕とする．いま，この電源に力率0.6の誘導性負荷を接続したところ，電源から流れ出る電流の大きさは37.5 Aであった．次に，スイッチSを閉じ，この誘導性負荷と並列に抵抗R〔Ω〕を接続したところ，電源から流れ出る電流の大きさが50 Aとなった．このとき，抵抗R〔Ω〕の大きさとして，正しいものを次の(1)～(5)のうちから一つ選べ．

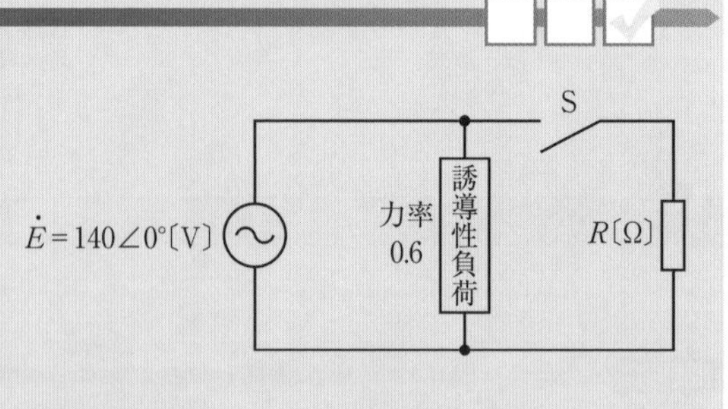

(1) 3.9　(2) 5.6　(3) 8.0　(4) 9.6　(5) 11.2

(H23-8)

解説

図2.39のベクトル図において，Sを開いているときの誘導性負荷を流れる電流I_{S1}〔A〕は，有効電力に比例するI_{P1}〔A〕と無効電力に比例するI_{Q1}〔A〕のベクトル和となって，それらは次式で表されます．

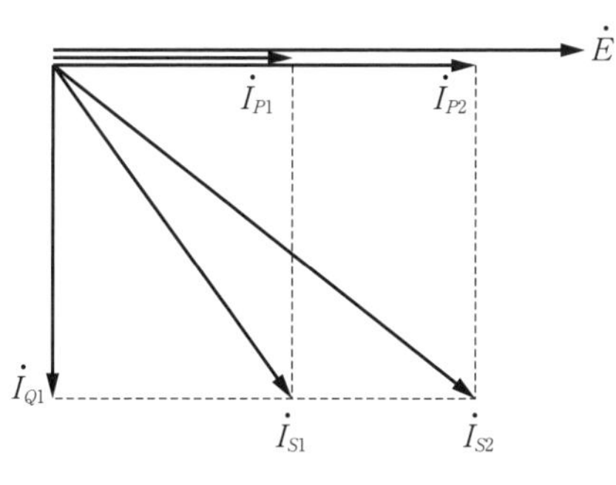

図 2.39

Sを閉じる前と後でリアクタンスの値は変わらないのでI_{Q1}も変わらないんだよ．

$$I_{P1}=I_{S1}\cos\theta=37.5\times0.6=22.5\text{ A}$$
$$I_{Q1}=I_{S1}\sin\theta=I_{S1}\sqrt{1-\cos^2\theta}$$
$$=37.5\times\sqrt{1-0.6^2}=37.5\times0.8=30\text{ A}$$

Sを閉じてR〔Ω〕を接続したときの電流をI_{S2}〔A〕とすると，図2.39のようにI_{Q1}は変わらないので，有効電力に比例する電流をI_{P2}〔A〕とすると，次式で表されます．

$$I_{P2}=\sqrt{I_{S2}{}^2-I_{Q1}{}^2}=\sqrt{50^2-30^2}=40\text{ A}$$

Rを接続したことによって，変化した電流の値が抵抗を流れる電流となるので，Rは次式によって求めることができます．

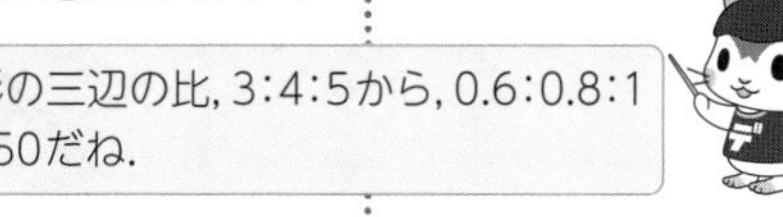

$$R=\frac{|\dot{E}|}{I_{P2}-I_{P1}}=\frac{140}{40-22.5}=8\ \Omega$$

問題 4

図の交流回路において，電源を流れる電流I〔A〕の大きさが最小となるように静電容量C〔F〕の値を調整した．このときの回路の力率の値として，最も近いものを次の(1)～(5)のうちから一つ選べ．

(1) 0.11　(2) 0.50　(3) 0.71　(4) 0.87　(5) 1

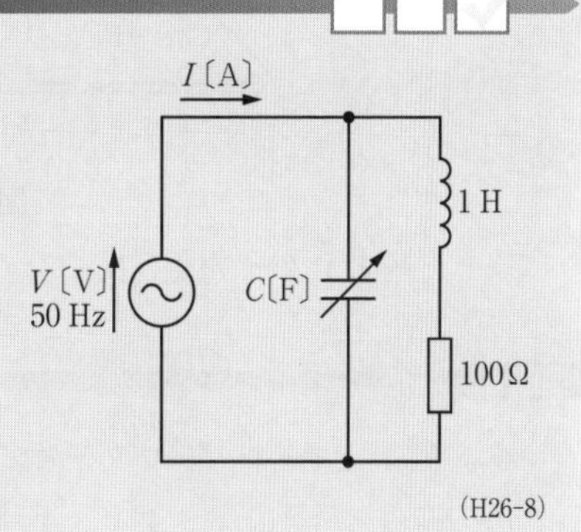

(H26-8)

解 説

電流が最小になるのは，回路が共振してリアクタンスが0 Ωになったときです．このとき，無効電力$Q=0$ varとなるので，$\sin\theta=0$なので$\theta=0$ radだから，力率$\cos\theta=1$となります．

問題の並列共振回路は，インピーダンスが最大になって電流が最小になるときと，リアクタンスが0 Ωになるときの周波数は少しずれるけど，問題に「最も近い」とあるので，無視していいよ．

(p.101 の解答)　**問題 1** →(4)

問題5

図のように，角周波数 ω〔rad/s〕の交流電源と力率 $\frac{1}{\sqrt{2}}$ の誘導性負荷 $\dot{Z}$〔Ω〕との間に，抵抗値 R〔Ω〕の抵抗器とインダクタンス L〔H〕のコイルが接続されている．$R=\omega L$ とするとき，電源電圧 $\dot{V}_1$〔V〕と負荷の端子電圧 $\dot{V}_2$〔V〕との位相差の値〔°〕として，最も近いものを次の(1)～(5)のうちから一つ選べ．

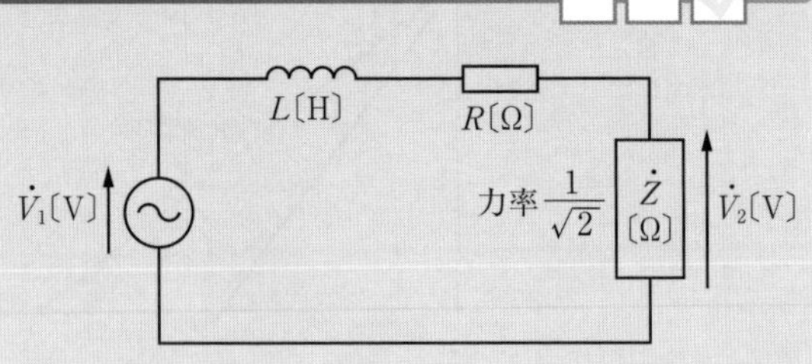

(1) 0　(2) 30　(3) 45　(4) 60　(5) 90

(H30-8)

解説

直列回路を流れる電流を $\dot{I}$〔A〕，抵抗 R〔Ω〕とリアクタンス ωL〔Ω〕の電圧を $\dot{V}_R$，$\dot{V}_L$〔V〕とすると，$R=\omega L$〔Ω〕の条件と，誘導性負荷 $\dot{Z}$〔Ω〕の力率が $\cos\theta=\frac{1}{\sqrt{2}}$ なので，$\theta=\frac{\pi}{4}$〔rad〕(45°)となるから，ベクトル図は**図2.40**のようになります．

$\dot{V}_R$は$\dot{I}$と同位相，$\dot{V}_L$は$\dot{I}$より90°位相が進んでいてそれらの大きさは同じだよ．$\dot{Z}$は誘導性負荷なので$\dot{I}$より位相が進むよ．

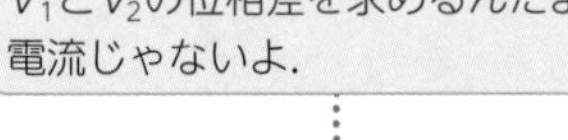

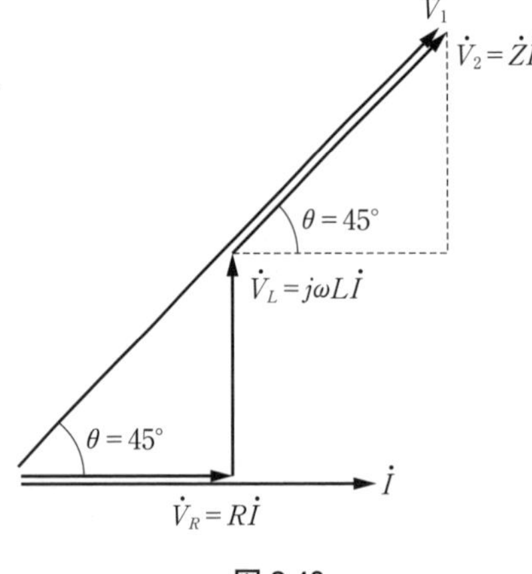

図 2.40

図より，$\dot{V}_1$ と $\dot{V}_2$ の位相差は同相なので，0° となります．

問題6

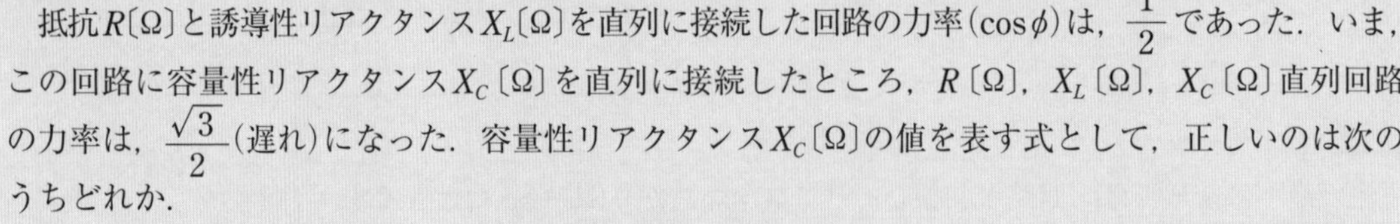

抵抗 R〔Ω〕と誘導性リアクタンス X_L〔Ω〕を直列に接続した回路の力率($\cos\phi$)は，$\frac{1}{2}$ であった．いま，この回路に容量性リアクタンス X_C〔Ω〕を直列に接続したところ，R〔Ω〕，X_L〔Ω〕，X_C〔Ω〕直列回路の力率は，$\frac{\sqrt{3}}{2}$(遅れ)になった．容量性リアクタンス X_C〔Ω〕の値を表す式として，正しいのは次のうちどれか．

(1) $\frac{R}{\sqrt{3}}$　(2) $\frac{2R}{3}$　(3) $\frac{\sqrt{3}R}{2}$　(4) $\frac{2R}{\sqrt{3}}$　(5) $\sqrt{3}R$

(H22-8)

解説

R〔Ω〕と X_L〔Ω〕を直列接続した回路の力率が $\cos\phi=\frac{1}{2}$ なので，$\phi=\frac{\pi}{3}$〔rad〕(60°)となるから，ベクトル図は**図2.41**のようになります．

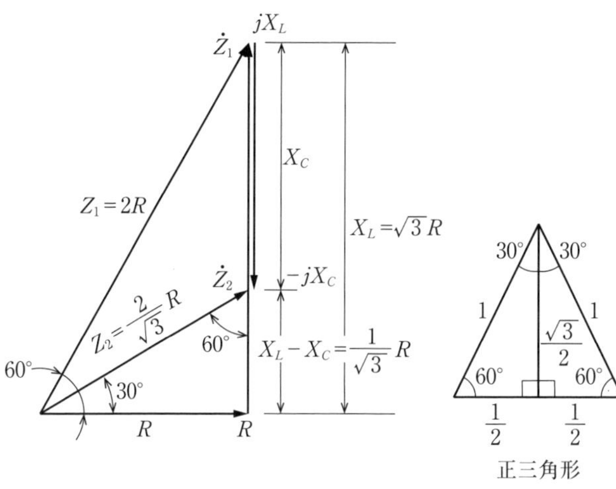

図 2.41

電圧の位相より電流の位相が遅れているとき，遅れ力率というよ．そのとき，回路は誘導性なので $X_L>X_C$ の関係となるよ．

X_C〔Ω〕を接続するとインピーダンスは，図2.41の $\dot{Z}_1$〔Ω〕から $\dot{Z}_2$〔Ω〕に変化します．図より X_C を求めると，次式で表されます．

$$X_C=\sqrt{3}\,R-\frac{1}{\sqrt{3}}R=\frac{3-1}{\sqrt{3}}R=\frac{2R}{\sqrt{3}}〔\Omega〕$$

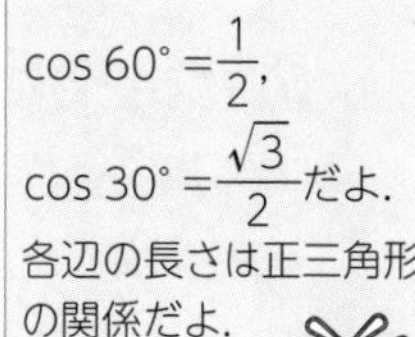

$\cos 60°=\dfrac{1}{2}$，$\cos 30°=\dfrac{\sqrt{3}}{2}$ だよ．各辺の長さは正三角形の関係だよ．

問題 7

$R=5\,\Omega$ の抵抗に，ひずみ波交流電流

$i=6\sin\omega t+2\sin 3\omega t$〔A〕

が流れた．

このとき，抵抗 $R=5\Omega$ で消費される平均電力 P の値〔W〕として，最も近いものを次の(1)～(5)のうちから一つ選べ．ただし，ω は角周波数〔rad/s〕，t は時刻〔s〕とする．

(1) 40　(2) 90　(3) 100　(4) 180　(5) 200

(H29-9)

解説

ひずみ波交流電流の実効値 I〔A〕は，各周波数成分の電流の最大値を I_{m1}，I_{m2}〔A〕とすると，次式で表されます．

$$I=\sqrt{\left(\frac{I_{m1}}{\sqrt{2}}\right)^2+\left(\frac{I_{m2}}{\sqrt{2}}\right)^2}=\sqrt{\left(\frac{6}{\sqrt{2}}\right)^2+\left(\frac{2}{\sqrt{2}}\right)^2}=\sqrt{\frac{36}{2}+\frac{4}{2}}$$

$$=\sqrt{18+2}=\sqrt{20}\text{ A}$$

抵抗 R〔Ω〕で消費される電力 P〔W〕は，次式で表されます．

$$P=RI^2=5\times(\sqrt{20})^2=5\times 20=100\text{ W}$$

最大値を $\dfrac{1}{\sqrt{2}}$ にするのを忘れないでね．最大値のままで計算すると200だね．

第2章　電気回路

(p.102 ～ p.103 の解答)　問題 2 →(1)　問題 3 →(3)　問題 4 →(5)

問題 8

交流回路に関する記述として，誤っているものを次の(1)～(5)のうちから一つ選べ．
ただし，抵抗R〔Ω〕，インダクタンスL〔H〕，静電容量C〔F〕とする．

(1) 正弦波交流起電力の最大値をE_m〔V〕，平均値をE_a〔V〕とすると，平均値と最大値の関係は，理論的に次のように表される．

$$E_a = \frac{2E_m}{\pi} \fallingdotseq 0.637\,E_m \text{〔V〕}$$

(2) ある交流起電力の時刻t〔s〕における瞬時値が，$e=100\sin 100\pi t$〔V〕であるとすると，この起電力の周期は20 msである．

(3) RLC直列回路に角周波数ω〔rad/s〕の交流電圧を加えたとき，$\omega L > \frac{1}{\omega C}$の場合，回路を流れる電流の位相は回路に加えた電圧より遅れ，$\omega L < \frac{1}{\omega C}$の場合，回路を流れる電流の位相は回路に加えた電圧より進む．

(4) RLC直列回路に角周波数ω〔rad/s〕の交流電圧を加えたとき，$\omega L = \frac{1}{\omega C}$の場合，回路のインピーダンス$Z$〔Ω〕は，$Z=R$〔Ω〕となり，回路に加えた電圧と電流は同相になる．この状態を回路が共振状態であるという．

(5) RLC直列回路のインピーダンスZ〔Ω〕，電力P〔W〕及び皮相電力S〔V·A〕を使って回路の力率$\cos\theta$を表すと，$\cos\theta = \frac{R}{Z}$，$\cos\theta = \frac{S}{P}$の関係がある．

(H26-10)

解 説

選択肢(5)の誤っている箇所を正しくすると，次のようになります．
回路の力率$\cos\theta$を表すと，$\cos\theta = \frac{R}{Z}$，$\cos\theta = \frac{P}{S}$の関係がある．

文章が長くて読むのに時間がかかりそうだね．記号式に注目してね．

(p.104 ～ p.106の解答)　問題5 →(1)　問題6 →(4)　問題7 →(3)　問題8 →(5)

2·6 電気回路（交流回路 4）

重要知識

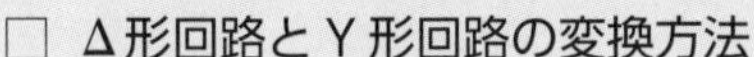

出題項目 CHECK!

- □ Δ形回路とＹ形回路の変換方法
- □ 三相交流回路の表し方
- □ 三相交流回路の電圧・電流の求め方
- □ 三相電力の求め方

2·6·1 Δ-Y（デルタ，スター）変換，Y-Δ（スター，デルタ）変換

図2.42 (a) のようなY結線の三つの抵抗が与えられているとき，図2.42 (b) のようなΔ結線の三つの抵抗に置き換えても，各端子間の抵抗値は同じ値をもつことができます．逆にY結線の抵抗はΔ結線の抵抗に置き換えることができます．

端子cを切り離した状態で，端子aとbの抵抗値は (a) の回路ではr_a+r_bとなるでしょう．(b) の回路では，R_aと(R_c+R_b)の並列接続された抵抗値になるので，そのとき，式 (2.113) の関係ならば同じ値になるんだよ．これが三つの端子で同じならば，回路は置き換えることができるね．

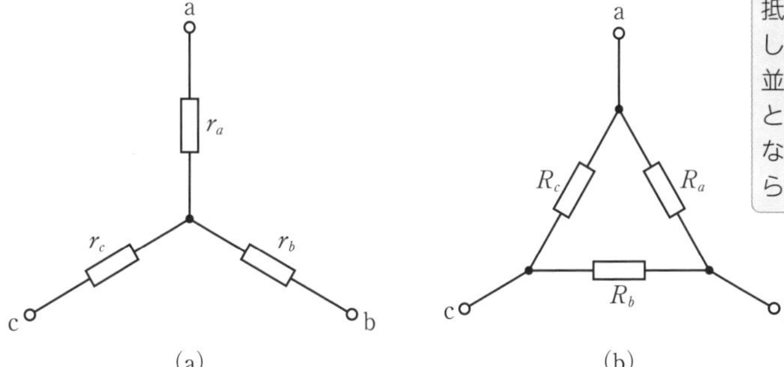

図 2.42　Y結線とΔ結線

(1) Δ-Y変換

Δ結線から置き換えられるY結線の三つの抵抗は，次式で表すことができます．

$$r_a=\frac{R_c R_a}{R_a+R_b+R_c}\ [\Omega]$$

$$r_b=\frac{R_a R_b}{R_a+R_b+R_c}\ [\Omega] \tag{2.113}$$

$$r_c=\frac{R_b R_c}{R_a+R_b+R_c}\ [\Omega]$$

覚え方だよ．

$$\frac{\text{求める抵抗の両わきに位置する抵抗の積}}{\Delta\text{接続の三つの抵抗の和}}$$

R_a，R_b，R_cが同じ値のRのとき，r_a，r_b，r_cも同じ値のrとなって，次式で表されます．

$$r=\frac{R}{3}\ [\Omega] \tag{2.114}$$

(2) Y-Δ変換

Y結線からΔ結線の置き換えられるΔ結線の抵抗は，次式で表すことができます．

$$R_a = \frac{r_a r_b + r_b r_c + r_c r_a}{r_c} \ [\Omega]$$

$$R_b = \frac{r_a r_b + r_b r_c + r_c r_a}{r_a} \ [\Omega] \qquad (2.115)$$

$$R_c = \frac{r_a r_b + r_b r_c + r_c r_a}{r_b} \ [\Omega]$$

覚え方だよ．

$$\frac{\text{隣り合う二つの抵抗積の和}}{\text{求める抵抗の対辺にあるY形回路の抵抗}}$$

国家試験の問題を解くときに必要な式は，同じ値のときの $r=\frac{R}{3}$ と $R=3r$ だよ．

r_a，r_b，r_c が同じ値の r のとき，R_a，R_b，R_c も同じ値となって，次式で表されます．

$R=3\,r\ [\Omega]$

2･6･2　三相交流Y結線とΔ結線

三相交流は三つの正弦波交流電源と三つの負荷を接続する方法です．3本の電線を用いるので，その結線方法をY結線とΔ結線に等価的に置き換えることができます．

(1) Y結線とΔ結線の交流電源

図2.43に交流電源のY結線とΔ結線を示します．

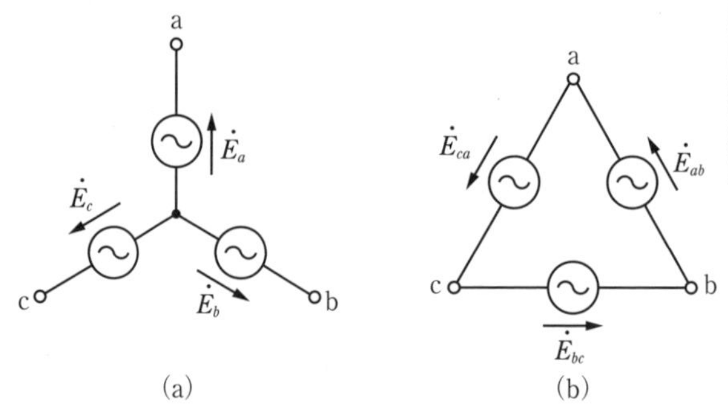

図 2.43　Y結線とΔ結線の交流電源

高圧鉄塔や電柱の送電線を見ると，3本ずつになってるね．それらの正弦波交流電圧は，$\frac{360°}{3}=120°\ (\frac{2\pi}{3}\ [\mathrm{rad}])$ の位相差があるよ．

(2) Y結線とΔ結線のインピーダンス負荷

図2.44に負荷のY結線とΔ結線を示します．

(3) Y-Y回路

図2.45 (a) に電源がY結線で負荷がY結線として接続した回路と図2.45 (b) に電圧のベクトル図を示します．図2.45 (a) において，回路の中央の点 N_E および N_Z を中性点と呼びます．負荷が平衡している場合は，中性点の電流の和は0Aとなります．図(a)のab間において電圧 $\dot{E}_a$ あるいは $\dot{E}_b$ を相電圧といい，$\dot{E}_{ab}=\dot{E}_a-\dot{E}_b$ を線間電圧といいます．Y-Y回路では各線を流れる線電流 $\dot{I}_a$，$\dot{I}_b$，$\dot{I}_c$ と各相（各電源と各負荷）を流れる相電流は一致します．図2.45 (b) より，$|\dot{E}_{ab}|=\sqrt{3}\ |\dot{E}_a|$ となり，線間電圧の大きさは相電圧の $\sqrt{3}$ 倍となります．

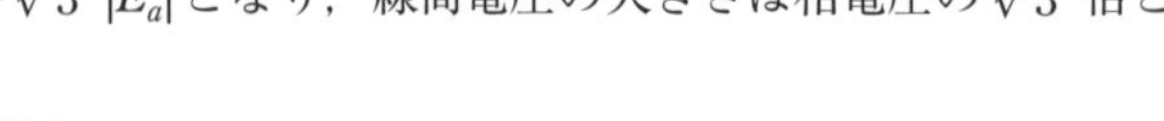

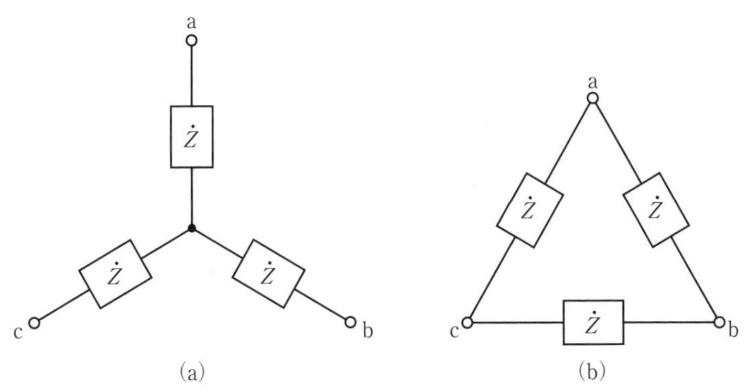

図 2.44　Y 結線とΔ結線の負荷

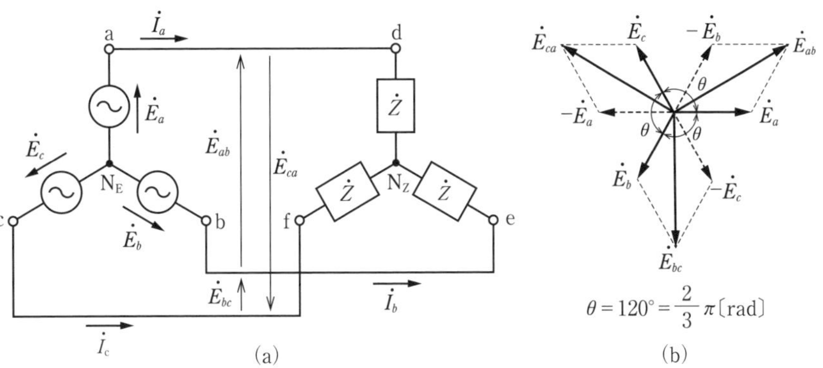

図 2.45　Y－Y 回路

$\dot{E}_a$と$\dot{E}_b$の矢印にそれらを結ぶ線を引くと正三角形になるよ．$\dot{E}_{ab}$の大きさは正三角形の高さ$\frac{\sqrt{3}}{2}$の2倍だから$\sqrt{3}$倍だね．

(4)　Δ－Δ 回路

図 2.46（a）に電源がΔ結線で負荷がΔ結線として接続した回路と図 2.46（b）に電流のベクトル図を示します．図 2.46（a）の ab 間において電流$\dot{I}_{ab}$を相電流といい，$\dot{I}_a = \dot{I}_{ab} - \dot{I}_{ca}$を線電流といいます．Δ－Δ 回路では各相の電圧$\dot{E}_a$, $\dot{E}_b$, $\dot{E}_c$と各線間電圧は一致します．図 2.46（b）より，$|\dot{I}_{ab}| = \sqrt{3}\ |\dot{I}_a|$となり，線電流の大きさは相電流の$\sqrt{3}$倍となります．

ベクトル図は正三角形の関係だから，描きやすいね．国家試験問題を解くときに図を描かないと分かりにくい問題もあるので，自分で描いてみてね．

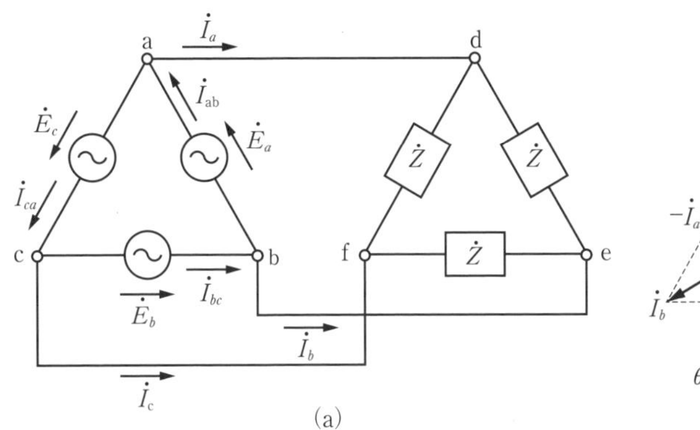

$\theta = 120° = \frac{2}{3}\pi$〔rad〕

(b)

図 2.46　Δ－Δ 回路

(5)　Y結線負荷とΔ結線負荷の変換

図2.47のようなΔ結線負荷とY結線負荷は，電源の結線と同じ結線とすると，計算が容易になります．負荷の結線は次式によって変換することができます．

$$\dot{Z}_Y = \frac{\dot{Z}_\Delta}{3}\,〔\Omega〕\qquad \dot{Z}_\Delta = 3\,\dot{Z}_Y\,〔\Omega〕\tag{2.116}$$

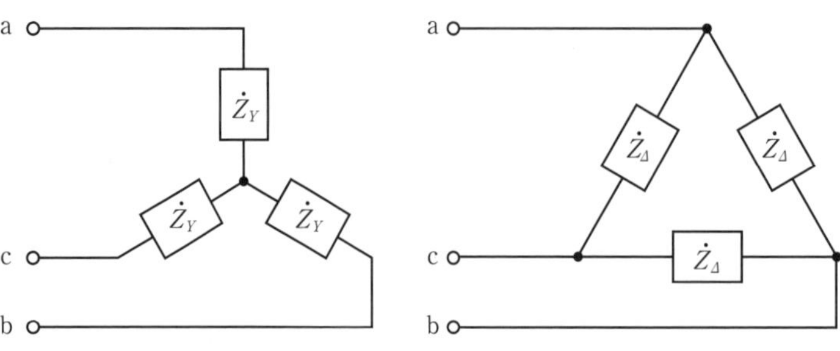

図2.47　Y結線負荷とΔ結線負荷

Y結線の端子間の接続は直列接続なので合成インピーダンスは大きくなるよ．Δ結線の接続は並列接続なので合成インピーダンスは小さくなるよ．これらの値が等しくなるのでΔ結線の方が大きい値だよ．

2･6･3　三相交流の電力

(1)　三相電力

三相負荷に加わる各相電圧をV_p〔V〕，各相電流をI_p〔A〕，相電圧と相電流の位相差をθ〔rad〕とすると，三相電力P〔W〕は次式で表されます．

$$P = 3\,V_p I_p \cos\theta\,〔W〕\tag{2.117}$$

三相電力は各相の電力の3倍だね．

(2)　Y結線負荷の三相電力

Y結線負荷の線間電圧をV_l〔V〕，線電流をI_l〔A〕，相電圧をV_p〔V〕，相電流をI_p〔A〕とすると，次式の関係があります．

$$V_l = \sqrt{3}\;V_p\,〔V〕\tag{2.118}$$

$$I_l = I_p\,〔A〕\tag{2.119}$$

式(2.117)に代入して三相電力P〔W〕を求めると，次式となります．

$$P = 3\,V_p I_p \cos\theta = 3\times\frac{1}{\sqrt{3}}V_l I_l \cos\theta = \sqrt{3}\,V_l I_l \cos\theta\,〔W〕\tag{2.120}$$

$\cos\theta$は力率だね．

(3)　Δ結線負荷の三相電力

Δ結線負荷は次式の関係があります．

$$V_l = V_p\,〔V〕\tag{2.121}$$

$$I_l = \sqrt{3}\,I_p\,〔A〕\tag{2.122}$$

式(2.117)に代入して三相電力P〔W〕を求めると，次式となります．

$$P = 3V_p I_p \cos\theta = 3\times V_l \frac{1}{\sqrt{3}} I_l \cos\theta = \sqrt{3}\;V_l I_l \cos\theta\,〔W〕\tag{2.123}$$

試験の直前 CHECK!

□ **Δ-Y変換**≫≫ $r = \dfrac{R}{3}$, $\dot{Z}_Y = \dfrac{\dot{Z}_\Delta}{3}$
□ **Y-Δ変換**≫≫ $R = 3r$, $\dot{Z}_\Delta = 3\dot{Z}_Y$
□ **相電圧，相電流**≫≫ V_p, I_p
□ **線間電圧，線電流**≫≫ V_l, I_l
□ **Δ-Δ回路**≫≫ $V_l = V_p$, $I_l = \sqrt{3}\,I_p$
□ **Y-Y回路**≫≫ $V_l = \sqrt{3}\,V_p$, $I_l = I_p$
□ **三相電力**≫≫ $P = 3V_p I_p \cos\theta = \sqrt{3}\,V_l I_l \cos\theta$

第2章 電気回路

国家試験問題

問題 1

図1の端子a-d間の合成静電容量について，次の(a)及び(b)の問に答えよ．

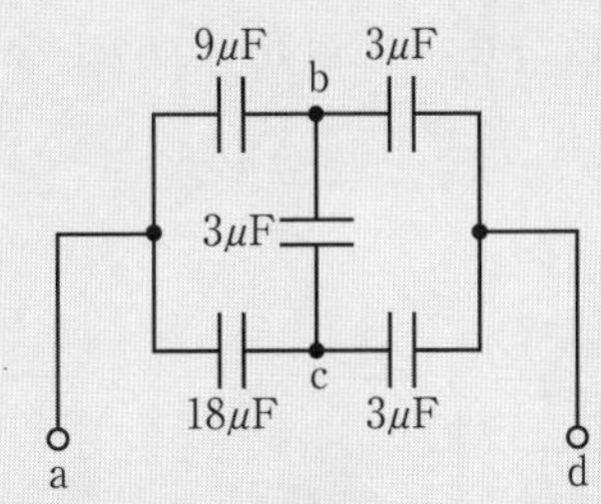

図 1

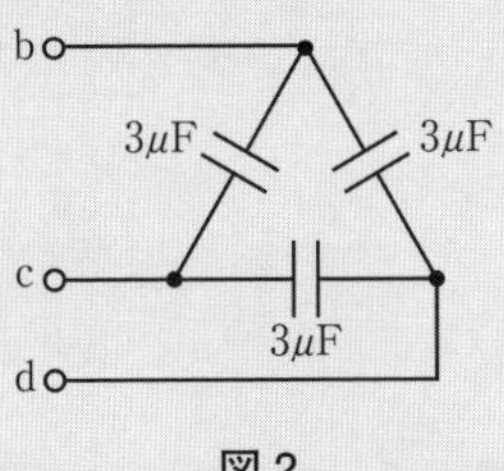

図 2

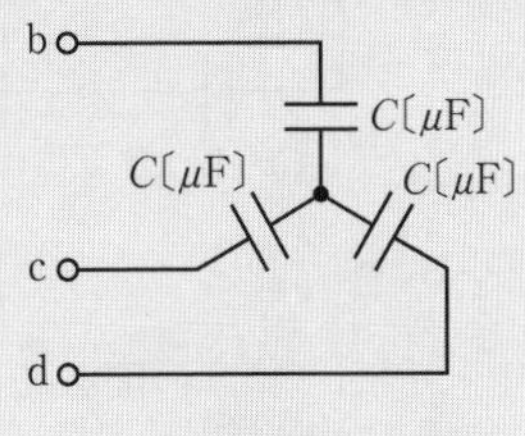

図 3

(a) 端子b-c-d間は図2のようにΔ結線で接続されている．これを図3のようにY結線に変換したとき，電気的に等価となるコンデンサCの値〔μF〕として，最も近いものを次の(1)～(5)のうちから一つ選べ．

(1) 1.0　(2) 2.0　(3) 4.5　(4) 6.0　(5) 9.0

(b) 図3を用いて，図1の端子b-c-d間をY結線回路に変換したとき，図1の端子a-d間の合成静電容量C_0の値〔μF〕として，最も近いものを次の(1)～(5)のうちから一つ選べ．

(1) 3.0　(2) 4.5　(3) 4.8　(4) 6.0　(5) 9.0

(H27-16)

解 説

Δ結線の抵抗R〔Ω〕をY結線の抵抗r〔Ω〕に変換すると，次式で表されます．

$$r=\frac{R}{3}〔\Omega〕 \quad (2.124)$$

問題の図2のコンデンサの静電容量をC_2〔F〕とすると，リアクタンスX_{C2}〔Ω〕は電源の角周波数をω〔rad/s〕とすると，$X_{C2}=\frac{1}{\omega C_2}$〔Ω〕で表されるので，式(2.124)は次式で表されます．

$$\frac{1}{C}=\frac{1}{3C_2}=\frac{1}{3\times 3}=\frac{1}{9}$$

よって，$C=9\,\mu$Fとなります．

Y結線に変換したコンデンサの接続は，**図2.48**のようになります．コンデンサの直列合成静電容量は，抵抗の並列接続と同じように計算するので，C_1とC_2〔μF〕の合成静電容量C_{12}〔μF〕は，$C_{12}=\frac{C_1}{2}=\frac{9}{2}=4.5\,\mu$Fとなります．$C_3$と$C_4$〔$\mu$F〕の合成静電容量$C_{34}$〔$\mu$F〕は，$C_3=2\,C_4=n\,C_4$なので，次式で表されます．

$$C_{34}=\frac{n}{1+n}C_4=\frac{2}{1+2}C_4=\frac{2}{3}\times 9=6\,\mu\mathrm{F}$$

これらの並列合成静電容量は$C_{1\sim4}=C_{12}+C_{34}=4.5+6=10.5\,\mu$Fなので，合成静電容量$C_0$〔$\mu$F〕は，次式で表されます．

$$C_0=\frac{C_{1\sim4}C_5}{C_{1\sim4}+C_5}=\frac{10.5\times 9}{10.5+9}\fallingdotseq 4.8\,\mu\mathrm{F}$$

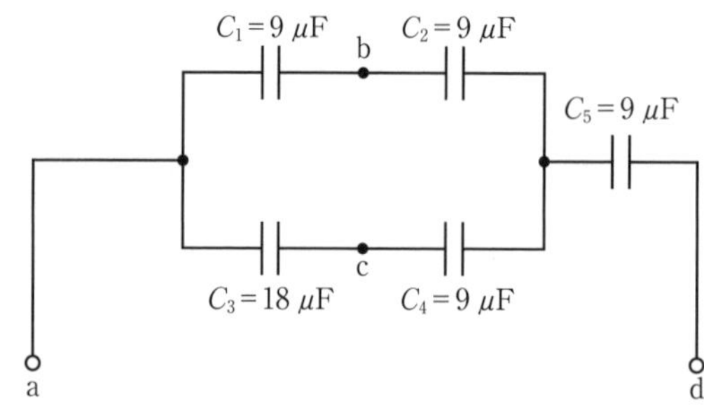

図2.48

問題の図2と図3のbc間の静電容量を計算すると，図2の直列接続の二つの3 μFの合成静電容量は，$\frac{3}{2}=1.5$ μF，並列の3 μFを足すと，4.5 μFだよ．図3はdが接続していないので，二つのコンデンサの直列接続となるから$\frac{C}{2}$〔μF〕だね．これらが等しいのだから，$C=9$ μFだよ．

並列接続のRとnRの合成抵抗R_Pは，

$$R_P=\frac{n}{1+n}R〔\Omega〕$$

直列接続のCとnCの合成静電容量C_Sは，

$$C_S=\frac{n}{1+n}C〔F〕$$

によって表されるよ．

問題 2

Y結線の対称三相交流電源にY結線の平衡三相抵抗負荷を接続した場合を考える．負荷側における線間電圧をV_l〔V〕，線電流をI_l〔A〕，相電圧をV_p〔V〕，相電流をI_p〔A〕，各相の抵抗をR〔Ω〕，三相負荷の消費電力をP〔W〕とする．このとき，誤っているのは次のうちどれか．

(1) $V_l=\sqrt{3}\,V_p$が成り立つ．　(2) $I_l=I_p$が成り立つ．　(3) $I_l=\frac{V_p}{R}$が成り立つ．

(4) $P=\sqrt{3}\,V_p I_p$が成り立つ．

(5) 電源と負荷の中性点を中性線で接続しても，中性線に電流は流れない．

(H22-9)

解説

選択肢(4)の誤っている箇所を正しくすると，次のようになります．

$P=3V_pI_p$ が成り立つ．

または，$P=\sqrt{3}V_lI_l$ が成り立つ．

問題3

平衡三相回路について，次の(a)及び(b)に答えよ．

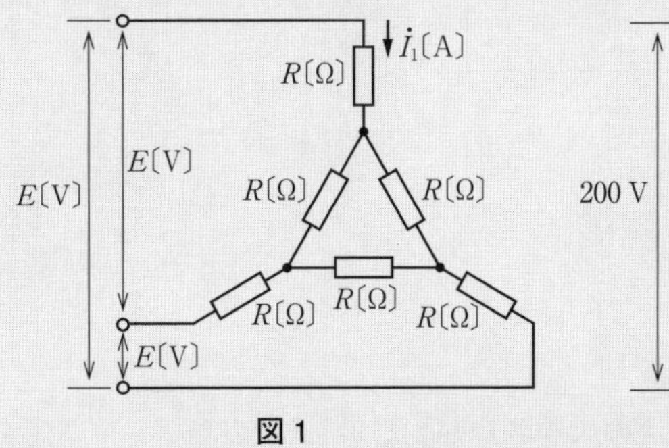

図1

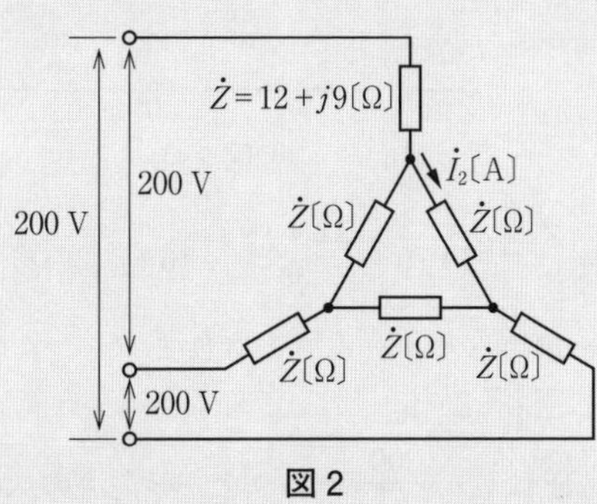

図2

(a) 図1のように，抵抗 R〔Ω〕が接続された平衡三相負荷に線間電圧 E〔V〕の対称三相交流電源を接続した．このとき，図1に示す電流 $\dot{I}_1$〔A〕の大きさの値を表す式として，正しいのは次のうちどれか．

(1) $\dfrac{E}{4\sqrt{3}R}$　(2) $\dfrac{E}{4R}$　(3) $\dfrac{\sqrt{3}E}{4R}$

(4) $\dfrac{\sqrt{3}E}{R}$　(5) $\dfrac{4E}{\sqrt{3}R}$

(b) 次に，図1を図2のように，抵抗 R〔Ω〕をインピーダンス $\dot{Z}=12+j9$〔Ω〕の負荷に置き換え，線間電圧 $E=200$ V とした．このとき，図2に示す電流 $\dot{I}_2$〔A〕の大きさの値として，最も近いのは次のうちどれか．

(1) 2.5　(2) 3.3　(3) 4.4　(4) 5.8　(5) 7.7

(H21-16)

解説

(a) 問題の図1のΔ結線を**図2.49**のようにY結線に変換すると，Y結線の抵抗 $r=\dfrac{R}{3}$〔Ω〕となり，線間電圧が E〔V〕なので相電圧は $V_p=\dfrac{E}{\sqrt{3}}$〔V〕となるから，線電流の大きさ I_1〔A〕は，次式で表されます．

$$I_1=\frac{V_p}{R+r}=\frac{E}{\sqrt{3}\times\left(R+\dfrac{R}{3}\right)}=\frac{E}{\sqrt{3}\times\dfrac{4R}{3}}=\frac{\sqrt{3}E}{4R}\text{〔A〕}$$

(b) 問題の図2のΔ結線を図2.49の抵抗と同じようにY結線に変換すると，Y結線のインピーダンス $\dot{Z}_Y$〔Ω〕は，次式で表されます．

同じ値の抵抗 R やインピーダンス $\dot{Z}$ のΔ→Y変換は $\dfrac{R}{3}$ または $\dfrac{\dot{Z}}{3}$ だよ．
Y→Δ変換は $3R$ または $3\dot{Z}$ だね．

(p.111 の解答)　問題1 →(a)−(5)，(b)−(3)

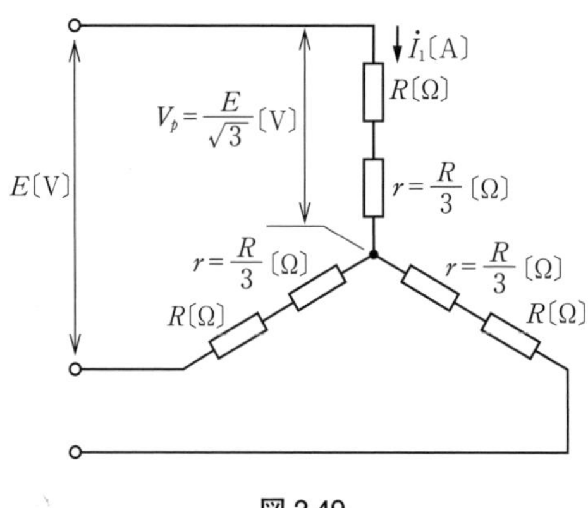

図 2.49

$$\dot{Z}_Y=\dot{Z}+\frac{\dot{Z}}{3}=12+j9+\frac{12+j9}{3}=16+j12〔\Omega〕$$

その大きさを求めると，次式で表されます．

$$Z_Y=\sqrt{16^2+12^2}=20\Omega$$

Y結線の相電圧は$V_p=\frac{200}{\sqrt{3}}$ Vなので，線電流の大きさI_1〔A〕は，次式で表されます．

$$I_1=\frac{V_p}{Z_Y}=\frac{200}{\sqrt{3}\times 20}=\frac{10}{\sqrt{3}}\text{ A}$$

問題の図2のΔ結線の相電流I_2の大きさI_2〔A〕は，線電流I_1の$\frac{1}{\sqrt{3}}$となるので，次式で表されます．

$$I_2=\frac{I_1}{\sqrt{3}}=\frac{10}{\sqrt{3}\times\sqrt{3}}=\frac{10}{3}\fallingdotseq 3.3\text{ A}$$

直角三角形の三辺の比，3:4:5から，12:16:20だね．

各相電流の位相差は120°あるので，電流が二つに分かれるけど$\frac{1}{2}$にはならないよ．

問題 4

図のように，相電圧200 Vの対称三相交流電源に，複素インピーダンス$\dot{Z}=5\sqrt{3}+j5$〔Ω〕の負荷がY結線された平衡三相負荷を接続した回路がある．次の(a)及び(b)の問に答えよ．

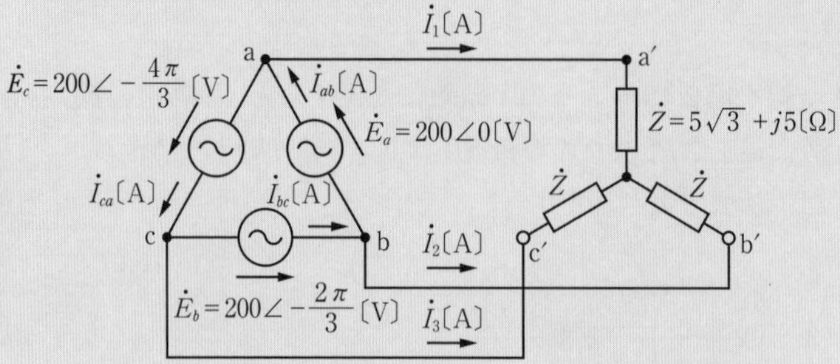

(a) 電流$\dot{I}_1$〔A〕の値として，最も近いものを次の(1)～(5)のうちから一つ選べ．

(1) $20.00\angle-\frac{\pi}{3}$　(2) $20.00\angle-\frac{\pi}{6}$　(3) $16.51\angle-\frac{\pi}{6}$

(4) $11.55\angle-\frac{\pi}{3}$　(5) $11.55\angle-\frac{\pi}{6}$

(b) 電流$\dot{I}_{ab}$〔A〕の値として，最も近いものを次の(1)～(5)のうちから一つ選べ．

(1) $20.00\angle-\frac{\pi}{6}$　(2) $11.55\angle-\frac{\pi}{3}$　(3) $11.55\angle-\frac{\pi}{6}$

(4) $6.67\angle-\frac{\pi}{3}$　(5) $6.67\angle-\frac{\pi}{6}$

(H24-16)

解説

(a) 負荷インピーダンス$\dot{Z}$〔Ω〕の大きさZは，次式で表されます．

$$Z=\sqrt{R^2+X^2}=\sqrt{(5\sqrt{3})^2+5^2}=5\sqrt{3+1}=5\times2=10\ \Omega \tag{2.125}$$

負荷インピーダンスの位相角θは，**図2.50**より次式で表されます．

$$\tan\theta=\frac{X}{R}=\frac{5}{5\sqrt{3}}=\frac{1}{\sqrt{3}}$$

よって，$\theta=\frac{\pi}{6}$〔rad〕となります．

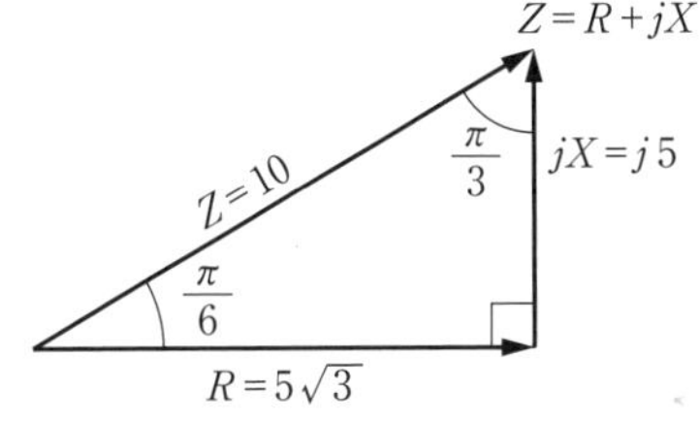

図 2.50

三角関数の値を覚えていなくても図から正三角形の半分だから値が分かるよね．

Δ結線の電源をY結線に変換したときの相電圧のベクトル図を**図2.51**に示します．起電力の大きさは，$E_{Ya}=\frac{E_a}{\sqrt{3}}$で表されるので式(2.125)より電流の大きさは$I_1$〔A〕は，次式で表されます．

$$I_1=\frac{E_{Ya}}{Z}=\frac{200}{10\times\sqrt{3}}=\frac{20}{\sqrt{3}}\fallingdotseq\frac{20}{1.73}\fallingdotseq11.55\ \mathrm{A} \tag{2.126}$$

国家試験では関数電卓は使えないけど，√キーのある電卓は使えるよ．

$\dot{I}_1$の位相角θは図2.51より，$\theta=-\frac{\pi}{6}-\frac{\pi}{6}=-\frac{\pi}{3}$〔rad〕となるので，$\dot{I}_1$は次式で表されます．

$$\dot{I}_1=11.55\angle-\frac{\pi}{3}\ 〔\mathrm{A}〕$$

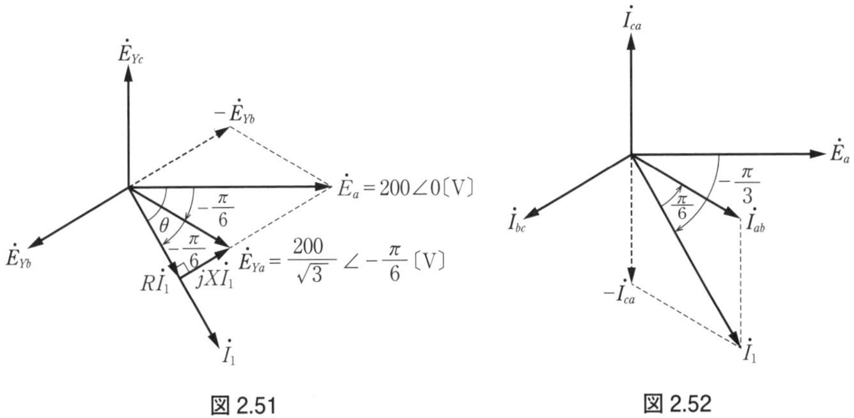

図 2.51　**図 2.52**

(b) 線電流$\dot{I}_1$より，電源のΔ結線の相電流$\dot{I}_{ab}$，$\dot{I}_{bc}$，$\dot{I}_{ca}$は，**図2.52**によって

(p.112 ～ p.113 の解答)　**問題 2** →(4)　**問題 3** →(a)−(3)，(b)−(2)

表されます．図および式(2.126)より，電流の大きさはI_{ab}〔A〕は次式で表されます．

$$I_{ab}=\frac{I_1}{\sqrt{3}}=\frac{20}{\sqrt{3}\times\sqrt{3}}=\frac{20}{3}\fallingdotseq 6.67\ \mathrm{A}$$

$\dot{I}_{ab}$の位相角θは図2.52より，$\theta=-\frac{\pi}{3}+\frac{\pi}{6}=-\frac{\pi}{6}$〔rad〕となるので，$\dot{I}_{ab}$は次式で表されます．

$$\dot{I}_{ab}=6.67\angle-\frac{\pi}{6}\ \text{〔A〕}$$

Y結線とΔ結線の相電流と線電流の関係がベクトル図で描ければ，答えが見つかるよ．$\frac{\pi}{3}$位相差がある電圧や電流のベクトル和は$\sqrt{3}$倍だから，二つのベクトルに分けるときは$\frac{1}{\sqrt{3}}$になるんだよ．

問題5

図1のように，周波数50 Hz，電圧200 Vの対称三相交流電源に，インダクタンス7.96 mHのコイルと6 Ωの抵抗からなる平衡三相負荷を接続した交流回路がある．次の(a)及び(b)の問に答えよ．

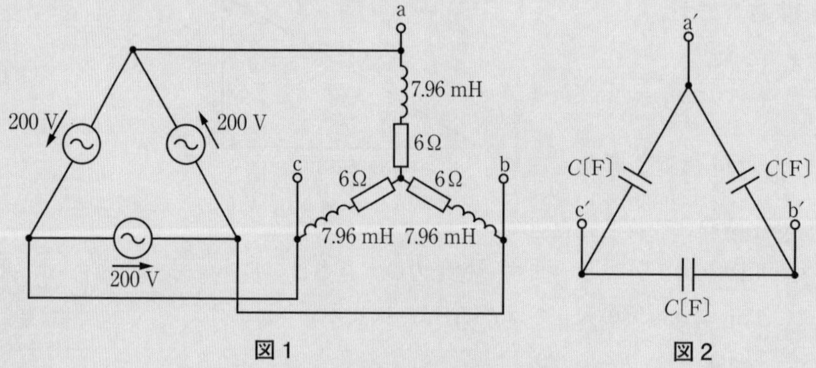

図1　　　図2

(a) 図1において，三相負荷が消費する有効電力P〔W〕の値として，最も近いものを次の(1)～(5)のうちから一つ選べ．

(1) 1 890　　(2) 3 280　　(3) 4 020　　(4) 5 680　　(5) 9 840

(b) 図2のように，静電容量C〔F〕のコンデンサをΔ結線し，その端子a′，b′及びc′をそれぞれ図1の端子a，b及びcに接続した．その結果，三相交流電源からみた負荷の力率が1になった．静電容量C〔F〕の値として，最も近いものを次の(1)～(5)のうちから一つ選べ．

(1) 6.28×10^{-5}　　(2) 8.88×10^{-5}　　(3) 1.08×10^{-4}

(4) 1.26×10^{-4}　　(5) 1.88×10^{-4}

(H25-15)

解説

(a) 周波数をf〔Hz〕とすると，インダクタンスL〔H〕のリアクタンスX_L〔Ω〕は，次式で表されます．

$$X_L=2\pi fL=2\times3.14\times50\times7.96\times10^{-3}\fallingdotseq 2.5\ \Omega$$

負荷インピーダンス$\dot{Z}$〔Ω〕の大きさZは，次式で表されます．

$$Z=\sqrt{R^2+X^2}=\sqrt{6^2+2.5^2}\fallingdotseq 6.5\ \Omega$$

問題の図1のΔ結線の電源を**図2.53**のようにY結線に変換すると，相電圧は$E_{Ya}=\frac{200}{\sqrt{3}}$ Vなので，相電流I_a〔A〕は次式で表されます．

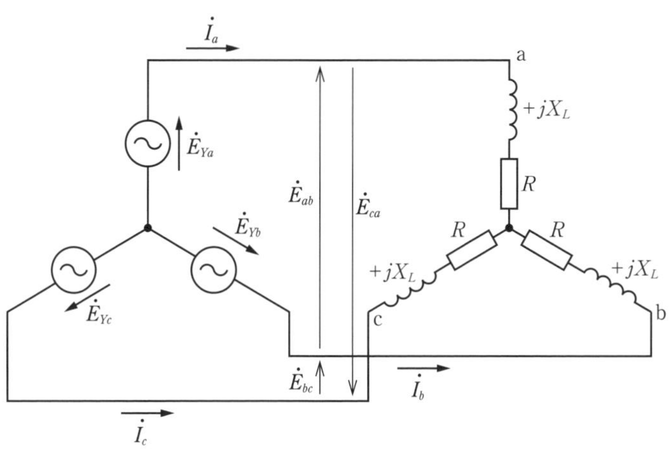

図 2.53

$$I_a=\frac{E_{Ya}}{Z}=\frac{200}{6.5\times\sqrt{3}}\ \text{A} \tag{2.127}$$

抵抗R〔Ω〕で消費される有効電力は，$I_a^2 R$〔W〕で求められるので，三相負荷が消費する有効電力P〔W〕は次式によって求めることができます．

$$P=3I_a^2R=3\times\left(\frac{200}{6.5\times\sqrt{3}}\right)^2\times 6=\left(\frac{200}{6.5}\right)^2\times 6 \fallingdotseq 5\,680\ \text{W}$$

(b) 問題の図2のコンデンサのリアクタンスX_C〔Ω〕は電源の角周波数をω〔rad/s〕とすると，$X_C=\dfrac{1}{\omega C}$〔Ω〕で表されるので，Δ結線のコンデンサをY結線に変換したときの静電容量C_Y〔F〕は，次式で表されます．

$$\frac{1}{C_Y}=\frac{1}{3C}$$　　よって，$C_Y=3C$〔F〕となります．

C_Yのリアクタンスは$X_{CY}=\dfrac{1}{\omega C_Y}=\dfrac{1}{3\omega C}$〔Ω〕なので，コンデンサの無効電力$Q_C$〔var〕は，次式で表されます．

$$Q_C=\frac{E_{Ya}^2}{X_{CY}}=E_{Ya}^2\times 3\omega C=E_{Ya}^2\times 6\pi fC \tag{2.128}$$

X_Lの無効電力Q_L〔var〕は，次式で表されます．

$$Q_L=I_a^2X_L=\left(\frac{E_{Ya}}{Z}\right)^2\times X_L=\frac{E_{Ya}^2}{Z^2}\times X_L \tag{2.129}$$

Q_CとQ_Lが等しいときに，無効電力が0 varとなって力率は1となるので，式(2.128)と式(2.129)より，次式が成り立ちます．

$$E_{Ya}^2\times 6\pi fC=\frac{E_{Ya}^2}{Z^2}\times X_L$$

Cを求めると，次式で表されます．

$$C=\frac{X_L}{6\pi fZ^2}=\frac{2.5}{6\times 3.14\times 50\times 6.5^2}\fallingdotseq 6.28\times 10^{-5}\ \text{F}$$

$\cos\theta$を求めて，
$P=3V_pI_p\cos\theta$
$=\sqrt{3}V_lI_l\cos\theta$
の式から求めてもいいよ．

静電容量CをΔからYに変換すると$3C$になるよ．抵抗と逆の関係だよ．

Cの無効電力は，相電圧がそのまま加わるので$\dfrac{E_{Ya}^2}{X_{CY}}$で求めるよ．
X_Lの無効電力は，相電流が分かっているので$I_a^2X_L$で求めるよ．

(p.114 ～ p.115 の解答)　**問題 4** →(a)－(4)，(b)－(5)

問題 6

図のようなV結線電源と三相平衡負荷とからなる平衡三相回路において，$R=5\,\Omega$，$L=16\,\text{mH}$である．また，電源の線間電圧e_a〔V〕は，時刻t〔s〕において$e_a=100\sqrt{6}\sin(100\pi t)$〔V〕と表され，線間電圧$e_b$〔V〕は$e_a$〔V〕に対して振幅が等しく，位相が120°遅れている．ただし，電源の内部インピーダンスは零である．このとき，次の(a)及び(b)の問に答えよ．

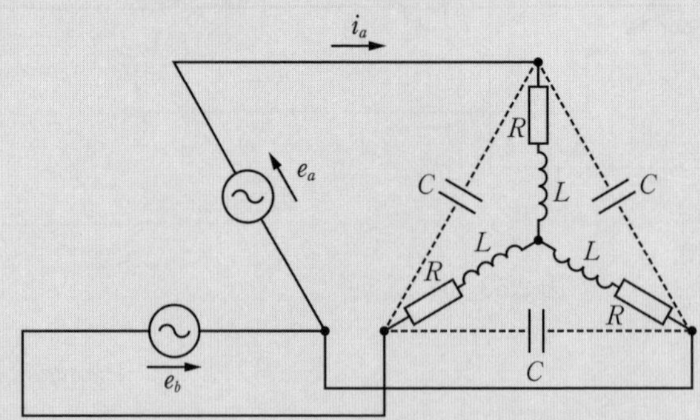

(a) 図の点線で示された配線を切断し，3個のコンデンサを三相回路から切り離したとき，三相電力Pの値〔kW〕として，最も近いものを次の(1)～(5)のうちから一つ選べ．

(1) 1　(2) 3　(3) 6　(4) 9　(5) 18

(b) 点線部を接続することによって同じ特性の3個のコンデンサを接続したところ，i_aの波形はe_aの波形に対して位相が30°遅れていた．このときのコンデンサCの静電容量の値〔F〕として，最も近いものを次の(1)～(5)のうちから一つ選べ．

(1) 3.6×10^{-5}　(2) 1.1×10^{-4}　(3) 3.2×10^{-4}

(4) 9.6×10^{-4}　(5) 2.3×10^{-3}

(H27-17)

解説

(a) 線間電圧の式$e_a=100\sqrt{6}\sin(100\pi t)=V_m\sin(\omega t)$より，角周波数を$\omega$〔rad〕とすると，インダクタンス$L$〔H〕のリアクタンス$X_L$〔Ω〕は，次式で表されます．

$$X_L=\omega L=100\times3.14\times16\times10^{-3}\fallingdotseq5\,\Omega$$

1相の負荷インピーダンス$\dot{Z}$〔Ω〕の大きさZは，次式で表されます．

$$Z=\sqrt{R^2+X^2}=\sqrt{5^2+5^2}\fallingdotseq5\sqrt{2}\,\Omega \tag{2.130}$$

Δ結線の電源をY結線に変換したときの相電圧のベクトル図を**図2.54**に示します．線間電圧の最大値が，$V_m=100\sqrt{6}$ Vなので，実効値E_aは最大値の$\dfrac{1}{\sqrt{2}}$となるので$E_a=100\sqrt{3}$ Vとなります．Y結線の起電力の大きさは，$E_{Ya}=\dfrac{E_a}{\sqrt{3}}$で表されるので式(2.130)より電流の大きさ$I_a$〔A〕は，次式で表されます．

$$I_a=\frac{E_{Ya}}{Z}=\frac{100\sqrt{3}}{5\sqrt{2}\times\sqrt{3}}=\frac{20}{\sqrt{2}}\text{ A} \tag{2.131}$$

抵抗R〔Ω〕で消費される有効電力は，I_a^2R〔W〕で求められるので，三相電力P〔W〕は次式によって求めることができます．

電源が一つなくてもあわてないでね．三つあるときと同じように計算すればいいよ．

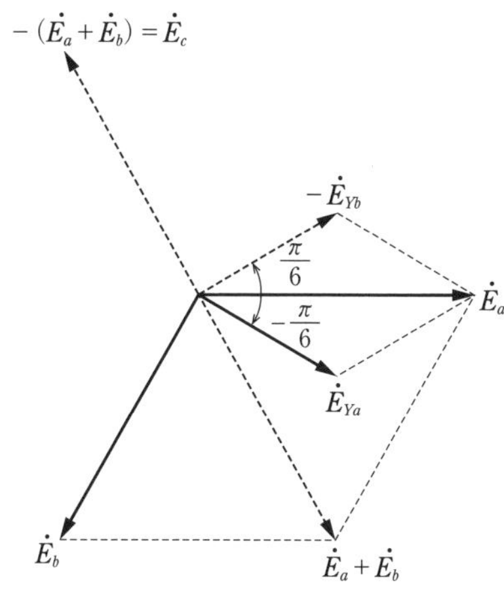

図 2.54

$$P=3\,I_a^{\ 2}\,R=3\times\left(\frac{20}{\sqrt{2}}\right)^2\times 5=3\times\frac{400}{2}\times 5=3\,000\ \mathrm{W}=3\ \mathrm{kW}$$

(b) コンデンサを接続すると$\dot{I}_a$は，$\dot{E}_a$より30°$\left(\frac{\pi}{6}〔\mathrm{rad}〕\right)$遅れている条件を図2.54のベクトル図に当てはめると，$\dot{I}_a$と$\dot{E}_{Ya}$は同位相となって，力率は1になります．コンデンサのΔ結線をY結線に変換したときの静電容量C_Y〔F〕は，$C_Y=3\,C$〔F〕で表されるので，C_Yのリアクタンスは$X_{CY}=\frac{1}{\omega C_Y}$だから，コンデンサの無効電力$Q_C$〔var〕は，次式で表されます．

$$Q_C=\frac{E_{Ya}^{\ 2}}{X_{CY}}=E_{Ya}^{\ 2}\times\omega C_Y=E_{Ya}^{\ 2}\times 3\,\omega C \tag{2.132}$$

X_Lの無効電力Q_L〔var〕は，次式で表されます．

$$Q_L=I_a^{\ 2}\,X_L=\left(\frac{E_{Ya}}{Z}\right)^2\times X_L=\frac{E_{Ya}^{\ 2}}{Z^2}\times X_L \tag{2.133}$$

Q_CとQ_Lが等しいときに，無効電力が0 varとなって力率は1となるので，式(2.132)と式(2.133)より，次式が成り立つます．

$$E_{Ya}^{\ 2}\times 3\,\omega C=\frac{E_{Ya}^{\ 2}}{Z^2}\times X_L$$

Cを求めると，次式で表されます．

$$C=\frac{X_L}{3\,\omega Z^2}=\frac{5}{3\times 100\times 3.14\times(5\sqrt{2})^2}\fallingdotseq 1.1\times 10^{-4}\ \mathrm{F}$$

三相交流の問題は，(a)，(b)の２問で構成された問題として出題されることが多いよ．そのうち，(a)の問題は割とやさしいことが多いから，(a)だけ解答してみて(b)は時間があれば解答する手もあるよ．合格点は60点だから半分できれば，もう少しで合格できるよ．

(p.116 ～ p.118 の解答)　**問題 5** →(a)−(4)，(b)−(1)　**問題 6** →(a)−(2)，(b)−(2)

2·7 電気回路（過渡現象）

重要知識

出題項目 CHECK!

- □ コイルやコンデンサの過渡現象の電圧と電流の求め方
- □ 過渡現象の電圧と電流が変化するグラフの求め方
- □ *RL*，*RC* 回路の時定数の求め方

2·7·1 *RL* 直列回路の過渡現象

図2.55(a)に示す回路において，時刻$t=0$ sでスイッチSを閉じると，電流i〔A〕が流れ始めます．時間の経過によって変化する，抵抗とコイルの端子電圧の瞬時値をv_R，v_L〔V〕とすると，次式が成り立ちます．

$$E=v_R+v_L$$

$$=Ri+L\frac{di}{dt}\text{〔V〕} \tag{2.134}$$

微分方程式の解を求めると，次式で表されます．

$$i=\frac{E}{R}\left(1-e^{-\frac{Rt}{L}}\right)$$

$$=\frac{E}{R}\left(1-e^{-\frac{t}{T}}\right)\text{〔A〕} \tag{2.135}$$

ただし，eは，自然対数の底で$e=2.718\cdots$と表されます．

Tは時定数で，$T=\dfrac{L}{R}$〔s〕と表されます．

時間の経過によって変化する電流は，図2.55(b)のように表されます．

抵抗の電圧v_Rは，

$$v_R=Ri=E\left(1-e^{-\frac{Rt}{L}}\right)\text{〔V〕} \tag{2.136}$$

で表されるので，図2.55(b)と同じ曲線で変化します．コイルの電圧v_Lは，

$$v_L=E-v_R=Ee^{-\frac{Rt}{L}}\text{〔V〕} \tag{2.137}$$

で表され，図2.55(c)のように変化します．

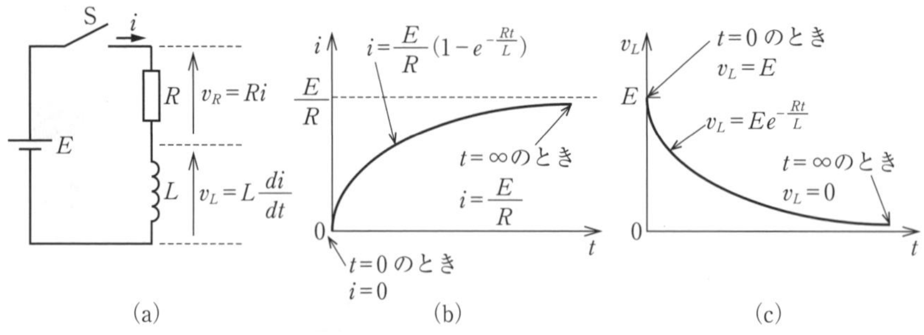

図 2.55　*RL* 直列回路の過渡現象

正弦波交流のときは，$\dfrac{d}{dt}$の微分を$j\omega$で計算したね．

微分方程式は難しいね．結果式を覚えておけばいいよ．e^{-xt}が付くよ．

定常状態は，長時間経過したときだよ．普通の直流回路だね．$e^{-\infty}=0$になるよ．

2·7·2　*RC* 直列回路の過渡現象

図2.56(a)に示す回路において，時刻 $t=0$ s でスイッチSを閉じると，電流 i〔A〕が流れ始めます．時間の経過によって変化する抵抗とコンデンサの端子電圧の瞬時値を v_R，v_C〔V〕とすると，次式が成り立ちます．

正弦波交流のときは，$\int dt$ の積分を $\frac{1}{j\omega}=-j\frac{1}{\omega}$ で計算したね．

$$E=v_R+v_C$$

$$=Ri+\frac{1}{C}\int i\,dt \qquad (2.138)$$

微分方程式の解を求めると，次式で表されます．

$$i=\frac{E}{R}e^{-\frac{t}{RC}}$$

$$=\frac{E}{R}e^{-\frac{t}{T}}\text{〔A〕} \qquad (2.139)$$

RC 回路でも式の形は e^{-xt} となるよ．

ただし，T は時定数で，$T=RC$〔s〕と表されます．

時間の経過によって変化する電流は，図2.56(b)のように表されます．

抵抗の電圧 v_R は，

$$v_R=Ri=Ee^{-\frac{t}{RC}}\text{〔V〕} \qquad (2.140)$$

で表されるので，図2.56(b)と同じ曲線で変化します．コンデンサの電圧 v_C は，

$$v_C=E-v_R=E(1-e^{-\frac{t}{RC}})\text{〔V〕} \qquad (2.141)$$

で表され，図2.56(c)のように変化します．

RL 回路と *RC* 回路の電圧や電流の変化を表す式の形と，グラフの変化は同じだね．コイルの電流は，徐々に増えていって一定になるんだよ．コンデンサの電流は徐々に減っていって0になるんだよ．それだけ分かっていれば大丈夫だよ．

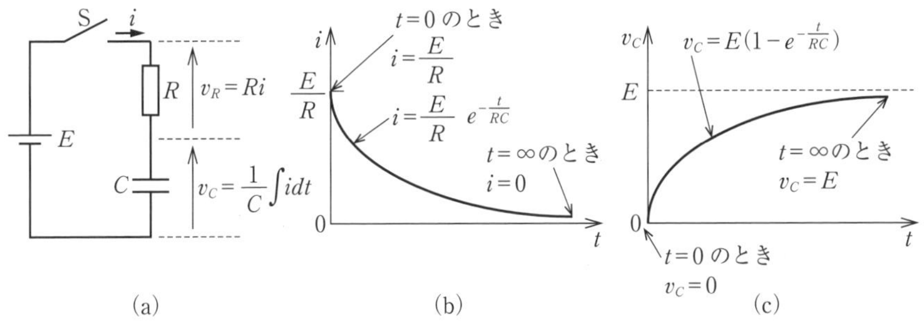

図 2.56　*RC* 直列回路の過渡現象

● 試験の直前 ● CHECK!

- □ ***RL* 直列回路の電流**≫≫ $i=\frac{E}{R}(1-e^{-\frac{Rt}{L}})=\frac{E}{R}(1-e^{-\frac{t}{T}})$
- □ ***RL* 直列回路の時定数**≫≫ $T=\frac{L}{R}$
- □ ***RC* 直列回路の電流**≫≫ $i=\frac{E}{R}e^{-\frac{t}{RC}}=\frac{E}{R}e^{-\frac{t}{T}}$
- □ ***RC* 直列回路の時定数**≫≫ $T=RC$
- □ **自然対数の底**≫≫ $e=2.718\cdots$，$e^0=1$，$e^{-1}=\frac{1}{e}\fallingdotseq 0.368$，$1-e^{-1}\fallingdotseq 0.632$

国家試験問題

問題1 

静電容量が1Fで初期電荷が0Cのコンデンサがある．起電力が10Vで内部抵抗が0.5Ωの直流電源を接続してこのコンデンサを充電するとき，充電電流の時定数の値〔s〕として，最も近いものを次の(1)～(5)のうちから一つ選べ．

(1) 0.5　　(2) 1　　(3) 2　　(4) 5　　(5) 10

(H30-10)

解説

RC直列回路の時定数T〔s〕は，次式によって求めることができます．

$T=RC=0.5\times1=0.5$ s

$T=RC$と$T=\dfrac{L}{R}$を覚えてね．

問題2

図のように，電圧E〔V〕の直流電源，スイッチS，R〔Ω〕の抵抗及び静電容量C〔F〕のコンデンサからなる回路がある．この回路において，スイッチSを1側に接続してコンデンサを十分に充電した後，時刻$t=0$ sで，スイッチSを1側から2側に切り換えた．2側に切り換えた以降の記述として，誤っているものを次の(1)～(5)のうちから一つ選べ．

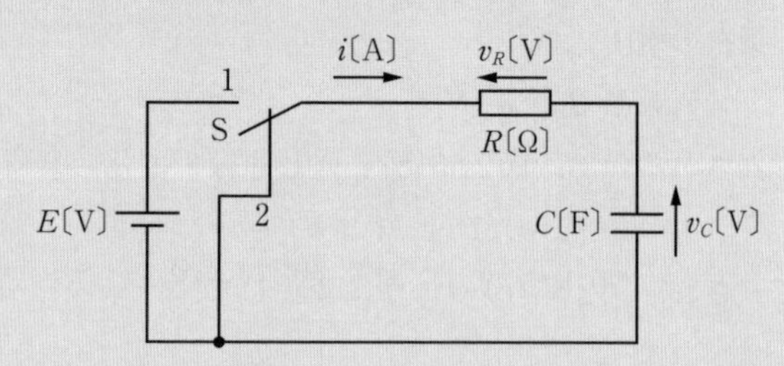

ただし，自然対数の底は，2.718とする．

(1) 回路の時定数は，Cの値〔F〕に比例する．

(2) コンデンサの端子電圧v_C〔V〕は，Rの値〔Ω〕が大きいほど緩やかに減少する．

(3) 時刻$t=0$ sから回路の時定数だけ時間が経過すると，コンデンサの端子電圧v_C〔V〕は直流電源の電圧E〔V〕の0.368倍に減少する．

(4) 抵抗の端子電圧v_R〔V〕の極性は，切り換え前(コンデンサ充電中)と逆になる．

(5) 時刻$t=0$ sにおける回路の電流i〔A〕は，Cの値〔F〕に関係する．

(H28-10)

解説

選択肢(5)の誤っている箇所を正しくすると，次のようになります．

時刻$t=0$ sにおける回路の電流i〔A〕は，Cの値〔F〕に関係しない．

$t=0$sのとき，$i=\dfrac{E}{R}$〔A〕の式で表されるよ．

問題 3

図のように，電圧E〔V〕の直流電源に，開いた状態のスイッチS，R_1〔Ω〕の抵抗，R_2〔Ω〕の抵抗及び電流が0 Aのコイル（インダクタンスL〔H〕）を接続した回路がある．次の文章は，この回路に関する記述である．

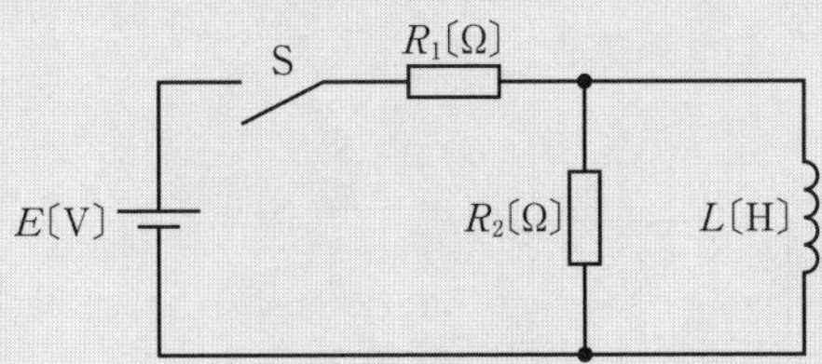

1　スイッチSを閉じた瞬間（時刻t=0 s）にR_1〔Ω〕の抵抗に流れる電流は，（ア）〔A〕となる．

2　スイッチSを閉じて回路が定常状態とみなせるとき，R_1〔Ω〕の抵抗に流れる電流は，（イ）〔A〕となる．

上記の記述中の空白箇所（ア）及び（イ）に当てはまる式の組合せとして，正しいものを次の(1)～(5)のうちから一つ選べ．

	（ア）	（イ）
(1)	$\dfrac{E}{R_1+R_2}$	$\dfrac{E}{R_1}$
(2)	$\dfrac{R_2E}{(R_1+R_2)R_1}$	$\dfrac{E}{R_1}$
(3)	$\dfrac{E}{R_1}$	$\dfrac{E}{R_1+R_2}$
(4)	$\dfrac{E}{R_1}$	$\dfrac{E}{R_1}$
(5)	$\dfrac{E}{R_1+R_2}$	$\dfrac{E}{R_1+R_2}$

（H29-10）

解説

1　Sを閉じた瞬間は，コイルの誘導起電力によって，コイルに電流が流れません．R_2とLの並列回路を流れる電流は，全てR_2を流れるので，回路を流れる電流i_0は，次式で表されます．

$$i_0=\frac{E}{R_1+R_2}\text{〔A〕}$$

2　定常状態（t=∞〔s〕）のときはコイルの抵抗値は0 Ωと見なせるので，R_2とLの並列回路を流れる電流は，全てコイルを流れるから，回路を流れる電流i_∞は，次式で表されます．

$$i_\infty=\frac{E}{R_1}\text{〔A〕}$$

コイルは導線をクルクル巻いただけだから，直流の抵抗は0 Ωだよ．

問題4

図の回路において，十分に長い時間開いていたスイッチSを時刻$t=0$ msから時刻$t=15$ msの間だけ閉じた．

このとき，インダクタンス20 mHのコイルの端子間電圧v〔V〕の時間変化を示す図として，最も近いものを次の(1)〜(5)のうちから一つ選べ．

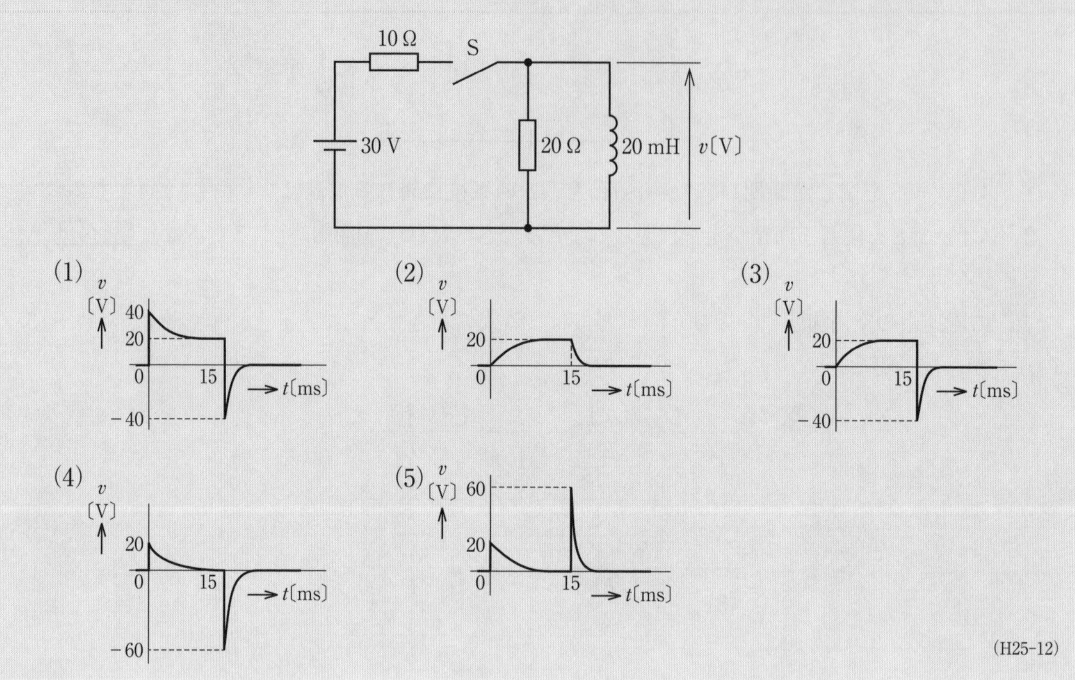

(H25-12)

解説

図2.57のように端子ab間にテブナンの定理を適用すると，開放電圧V_{ab}〔V〕は，次式で表されます．

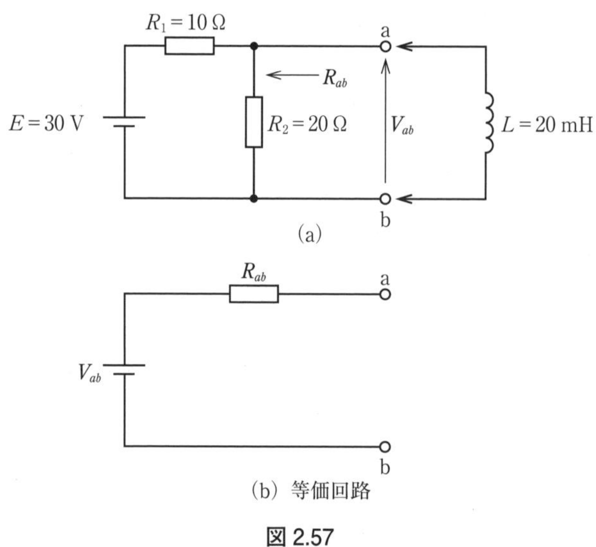

図2.57

テブナンの定理は複雑な回路の開放電圧と内部抵抗を求めることができるよ．等価回路で表すと図2.57 (b)になるんだよ．

$$V_{ab}=\frac{R_2}{R_1+R_2}E=\frac{20}{10+20}\times 30=20\ \mathrm{V} \tag{2.142}$$

回路網を見た内部抵抗を R_{ab}〔Ω〕とすると，並列接続の抵抗比が $n=2$ なので，次式で表されます．

$$R_{ab}=\frac{n}{1+n}R_1=\frac{2}{1+2}\times 10=\frac{20}{3}\ \Omega \tag{2.143}$$

内部抵抗を計算するときは，電圧源自体の内部抵抗は0Ωとしてね．

図2.57 (a) の回路は図 (b) の等価回路で表すことができるので，時定数 T〔s〕は次式によって求めることができます．

$$T=\frac{L}{R_{ab}}=\frac{3\times 20\times 10^{-3}}{20}=3\times 10^{-3}\ \mathrm{s}=3\ \mathrm{ms}$$

時定数は，最初の値から 1 − 0.368 = 0.632 倍になる時間だよ．

$T=3$ ms のときの電圧 v〔V〕が，

$$v=V_{ab}(1-e^{-1})\fallingdotseq 20\times(1-0.368)=12.64\ \mathrm{V}$$

となり，時間の経過とともに減少します．また，$t=0$ ms のときの電圧は $v=V_{ab}=20$ V です．

Sを閉じた状態で $t=15$ ms のときは，コイルの電圧はほぼ0Vとなりますが，このとき，コイルには電流 I〔A〕が流れています．I〔A〕は次式で表されます．

$$I=\frac{E}{R_1}=\frac{30}{10}=3\ \mathrm{A} \tag{2.144}$$

次に，Sを開くと R_2 の抵抗を閉回路として電流が急激に減少します．このとき発生する最大電圧 v〔V〕は，

$$v=IR_2=3\times 20=60\ \mathrm{V}$$

となります．コイルを流れていた電流が R_2 と閉回路を作る向きに流れるので，v は問題の図の向きとは逆向きに発生します．よって，v は選択肢 (4) に示す図のように変化します．

Sを閉じて時間が経って，ほぼ定常状態の電圧が0Vになる曲線は，選択肢の(4)か(5)だね．コイルに流れる電流が増えるときと減るときは電圧の向きが逆になるので，答えは(4)だよ．

問題5

図のように，直流電圧 E〔V〕の電源，R〔Ω〕の抵抗，インダクタンス L〔H〕のコイル，スイッチ S_1 と S_2 からなる回路がある．電源の内部インピーダンスは零とする．時刻 $t=t_1$〔s〕でスイッチ S_1 を閉じ，その後，時定数 $\frac{L}{R}$〔s〕に比べて十分に時間が経過した時刻 $t=t_2$〔s〕でスイッチ S_2 を閉じる．このとき，電源から流れ出る電流 i〔A〕の波形を示す図として，最も近いものを次の(1)～(5)のうちから一つ選べ．

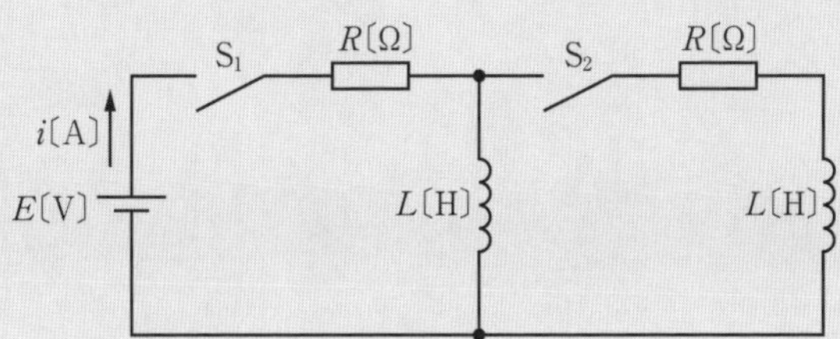

（p.122 ～ p.123 の解答）　問題1 →(1)　問題2 →(5)　問題3 →(1)

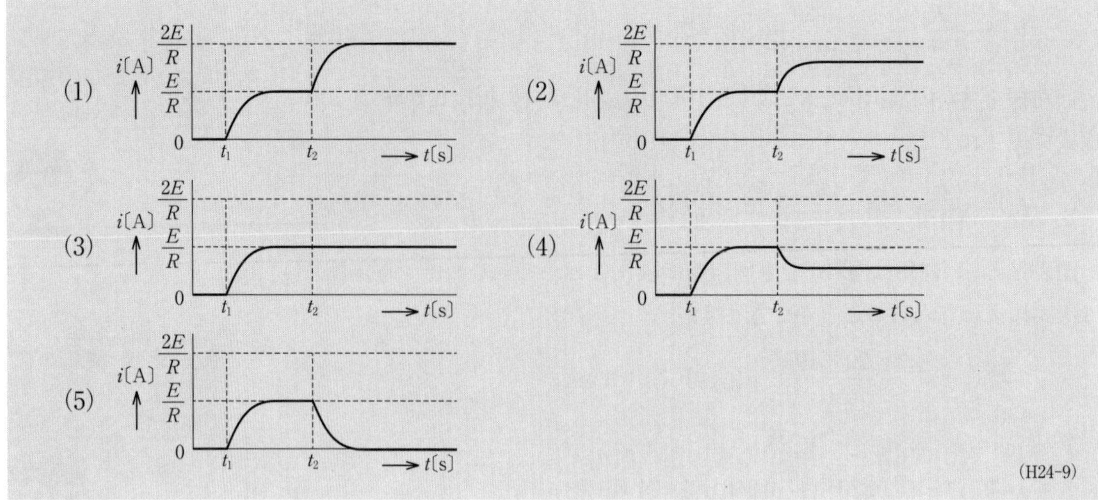

解説

時刻t_1〔s〕でS_1を閉じたときの電流i〔A〕を$t_1=0$ sとして，tで表すと次式で表されます．

$$i=\frac{E}{R}\left(1-e^{-\frac{Rt}{L}}\right)\text{〔A〕} \tag{2.145}$$

tが十分大きい定常状態では，$i=\dfrac{E}{R}$となります．このとき抵抗の電圧$v_R=E$〔V〕，コイルの電圧$v_L=0$ Vとなるので，その後S_2を閉じても電流の値は変わりません．よって，iは選択肢(3)に示す図のように変化します．

> S_1とS_2の両方を閉じた定常状態のとき電流の値は，全部の選択肢が違う値だね．このとき，コイルは短絡した線と考えればよいので，S_2の後に付いている抵抗は無視すると，$i=\dfrac{E}{R}$だね．答えは(3)だよ．

問題 6

図1のようなインダクタンスL〔H〕のコイルとR〔Ω〕の抵抗からなる直列回路に，図2のような振幅E〔V〕，パルス幅T_0〔s〕の方形波電圧v_i〔V〕を加えた．このときの抵抗R〔Ω〕の端子間電圧v_R〔V〕の波形を示す図として，正しいのは次のうちどれか．

ただし，図1の回路の時定数$\dfrac{L}{R}$〔s〕はT_0〔s〕より十分小さく$\left(\dfrac{L}{R} \ll T_0\right)$，方形波電圧$v_i$〔V〕を発生する電源の内部インピーダンスは0Ωとし，コイルに流れる初期電流は0Aとする．

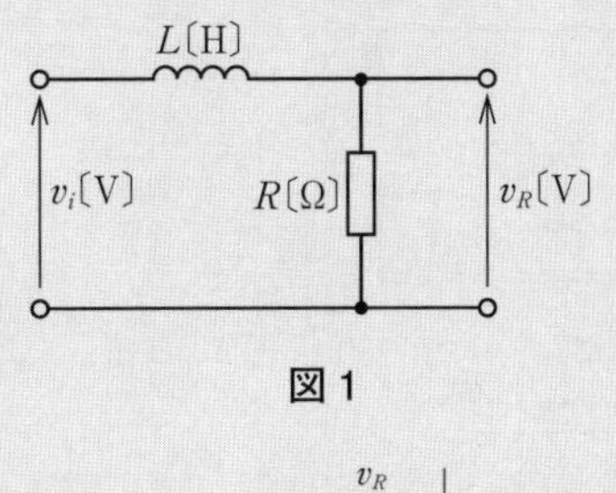

図1

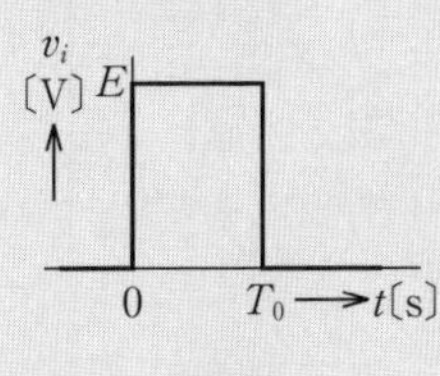

図2

(1)
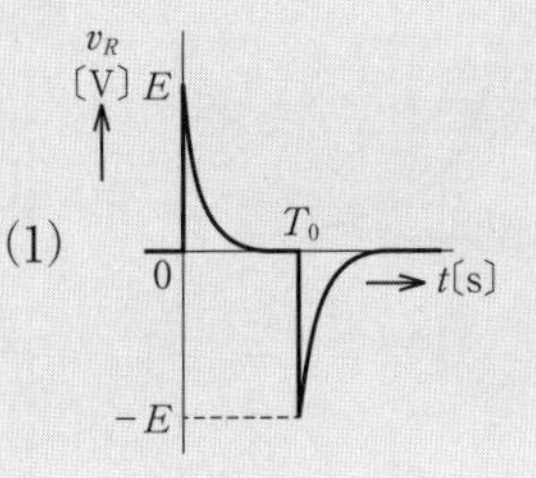

(2)
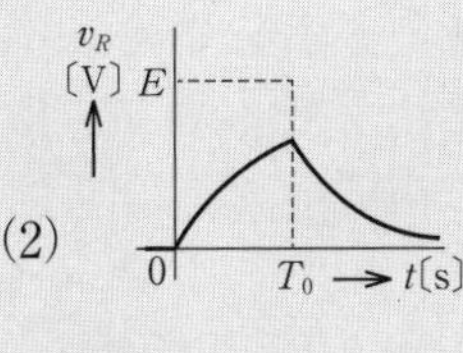

(3)
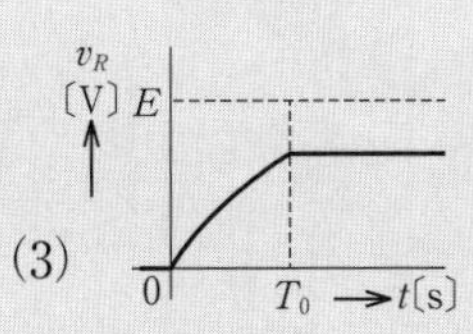

(4)
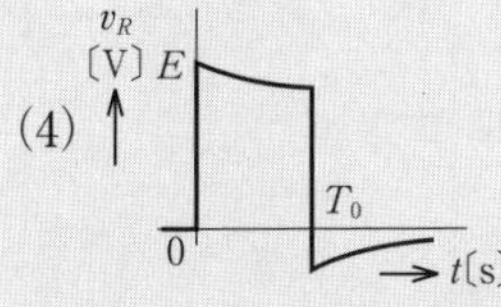

(5)
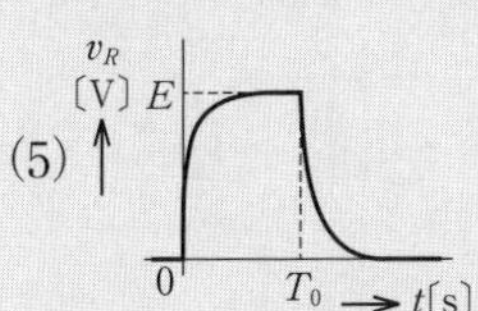

（H21-10）

解説

パルスが加わると，時刻$t=0$ sで電源電圧E〔V〕を加えた回路と同じように動作します．このとき抵抗の電圧v_R〔V〕は，次式で表されます．

$$v_R=E\left(1-e^{-\frac{Rt}{L}}\right)\text{〔V〕} \quad (2.146)$$

時定数$T=\dfrac{L}{R}$〔s〕のとき，$v_R=E(1-e^{-1})\fallingdotseq 0.632E$となるので，$t$が十分大きい$T_0$の定常状態では，$v_R=E$となります．

次に，T_0でパルス電圧が0Vになると，

$$v_R=Ee^{-\frac{Rt}{L}}\text{〔V〕} \quad (2.147)$$

の式で表されるようにv_Rは減少して，定常状態では0Vとなります．よって，v_Rは選択肢(5)に示す図のように変化します．

時定数がT_0より十分小さい条件からT_0のときは，定常状態だね．そのとき$v_R=E$〔V〕になるから，答えは(5)だよ．

（p.124の解答） 問題4→(4)

問題７

図のように，２種類の直流電源，R〔Ω〕の抵抗，静電容量C〔F〕のコンデンサ及びスイッチSからなる回路がある．この回路において，スイッチSを①側に閉じて回路が定常状態に達した後に，時刻$t=0$ sでスイッチSを①側から②側に切り換えた．②側への切り換え以降の，コンデンサから流れ出る電流i〔A〕の時間変化を示す図として，正しいものを次の(1)～(5)のうちから一つ選べ．

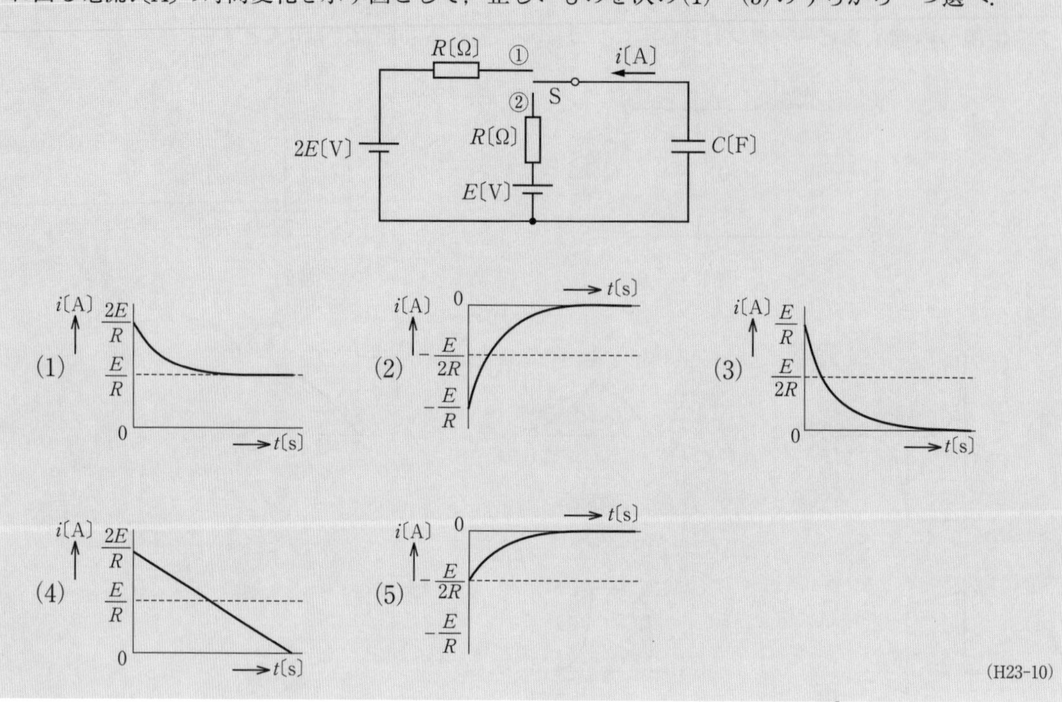

(H23-10)

解説

Sを①に切り換えて定常状態になるとコンデンサの充電が終了するので，コンデンサの電圧は電源電圧と同じ$2E$〔V〕となります．次にSを②に切り換えるとコンデンサの電圧と電源電圧の電位差$2E-E=E$〔V〕を初期電圧として，電流i〔A〕が流れます．この変化をtで表すと次式で表されます．

$$i=\frac{E}{R}e^{-\frac{t}{RC}}\text{〔A〕} \tag{2.148}$$

コンデンサの電圧がEになるまで電流が流れ，定常状態では$i=0$ Aとなります．

Sを②に切り換えるときのコンデンサの電圧は2Eだから，電流の流れる向きは正だよ．定常状態になると$i=0$になるよ．電流の変化は直線じゃないから，答えは(3)だよ．

問題 8

図のように，三つの抵抗R_1〔Ω〕，R_2〔Ω〕，R_3〔Ω〕とインダクタンスL〔H〕のコイルと静電容量C〔F〕のコンデンサが接続されている回路にV〔V〕の直流電源が接続されている．定常状態において直流電源を流れる電流の大きさを表す式として，正しいものを次の(1)～(5)のうちから一つ選べ．

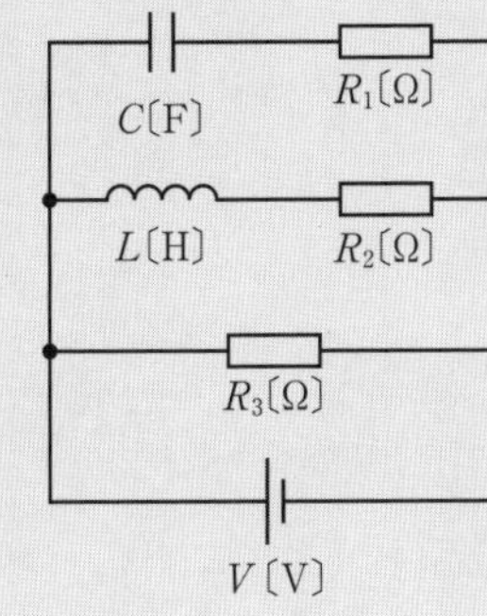

(1) $\dfrac{V}{R_3}$　(2) $\dfrac{V}{\dfrac{1}{\dfrac{1}{R_1}+\dfrac{1}{R_2}}}$　(3) $\dfrac{V}{\dfrac{1}{\dfrac{1}{R_1}+\dfrac{1}{R_3}}}$

(4) $\dfrac{V}{\dfrac{1}{\dfrac{1}{R_2}+\dfrac{1}{R_3}}}$　(5) $\dfrac{V}{\dfrac{1}{\dfrac{1}{R_1}+\dfrac{1}{R_2}+\dfrac{1}{R_3}}}$

(R1-7)

解 説

定常状態において，静電容量C〔F〕の端子電圧はV〔V〕になるのでR_1〔Ω〕に電流は流れません．また，コイルL〔H〕の端子電圧は0 VになるのでR_2〔Ω〕の端子電圧はV〔V〕となって，R_2とR_3〔Ω〕が直流電源V〔V〕に並列接続された回路となります．

R_2とR_3の並列合成抵抗をR_p〔Ω〕とすると，次式が成り立ちます．

$$\frac{1}{R_p}=\frac{1}{R_2}+\frac{1}{R_3}$$

よって，R_pは次式で表されます．

$$R_p=\frac{1}{\dfrac{1}{R_2}+\dfrac{1}{R_3}}$$

直流電源Vを流れる電流I〔A〕は，次式で表されます．

$$I=\frac{V}{R_p}=\frac{V}{\dfrac{1}{\dfrac{1}{R_2}+\dfrac{1}{R_3}}}$$

選択肢のうちから定常状態の電流に関係するR_2とR_3のみがある式を探すと(4)しかないね．計算しなくても答えは見つかるよ．

抵抗の並列接続の式が難しく書いてあるよ．

テスタのオームレンジで部品を計ると，少し時間が経つとコンデンサは∞〔Ω〕，コイルは0 Ωを指すよ．それが定常状態だよ．

(p.126～p.129の解答)　問題5→(3)　問題6→(5)　問題7→(3)　問題8→(4)

第3章　半導体・電子回路

3·1 半導体 1

重要知識

出題項目 CHECK!

- □ 真性半導体，不純物半導体の種類と特性
- □ 各種半導体素子の種類，特徴，用途，図記号

3·1·1　真性半導体

導体と絶縁体の中間の抵抗率をもつ物質を半導体といいます．電気材料に使われる半導体にはゲルマニウム(Ge［記号］：32［原子番号］)やシリコン(Si：14)などがあります．導体の温度を上げると抵抗率が増加する特性がありますが，半導体は温度を上げると抵抗率が低下し，電気伝導度が大きくなります．

シリコンは，元素の名前では，ケイ素と呼ばれているよ．

3·1·2　n形半導体，p形半導体

物質の電気の伝導は，原子に存在する電子のうちの価電子帯の電子によります．不純物を含まない真性半導体のゲルマニウムやシリコンは4価の価電子をもち，リン(P：15)，ヒ素(As：33)，アンチモン(Sb：51)など5価の価電子をもつ不純物を微量に混ぜたものを**n形半導体**といいます．このとき，加えた不純物をドナーと呼びます．n形半導体の電気伝導は，自由電子によって行われます．

ホウ素(B：5)，アルミニウム(Al：13)，インジウム(In：49)など3価の価電子をもつ不純物を微量に混ぜたものは**p形半導体**といいます．このとき，加えた不純物をアクセプタと呼びます．これらの不純物を加えた半導体を不純物半導体といいます．電気の伝導は価電子が不足してプラスの電荷と考えることができる正孔(ホール)によって行われます．真性半導体では自由電子と正孔の数が同じですが，不純物半導体では，これらの数が大きく異なるので，n形半導体では自由電子を，p形半導体では正孔(ホール)を多数キャリアと呼びます．また，正孔(ホール)はプラスの電荷，電子はマイナスの電荷をもっています．**図3.1**のように正孔の移動する向きは電流の向きと同じですが，電子の移動する向きは電流の向きと逆です．

pはポジティブだからプラス，nはネガティブだからマイナスを表すよ．多ければプラスだけど電子の電荷がマイナスなので，電子が多いのはネガティブのn形半導体だよ．

電子が多いのがドナーだよ．ドナーは提供する．アクセプタは受け取るだよ．

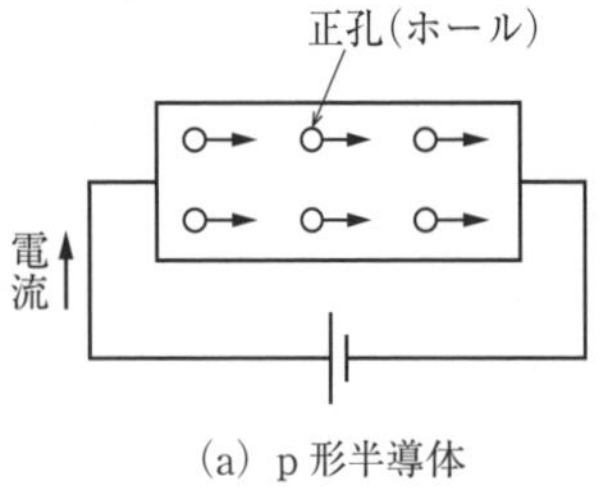

(a) p 形半導体

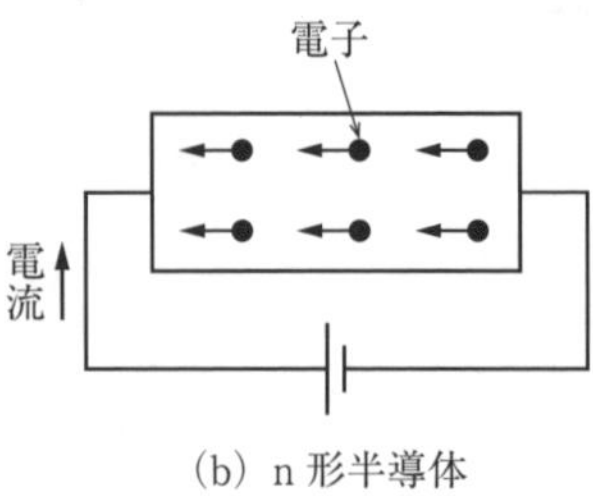

(b) n 形半導体

図 3.1　半導体

3·1·3　ダイオード

p形半導体とn形半導体を接合した素子をダイオードといいます．ダイオードは**図3.2**のように，一方向に電流を流しやすい性質をもっています．

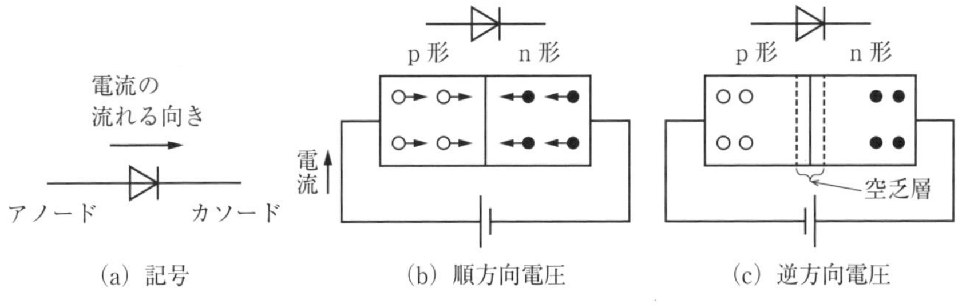

図3.2　ダイオード

各種ダイオードの名称と特徴を次に示します．

① **接合ダイオード**　電源の整流用にはシリコンダイオードが用いられます．

② **点接触ダイオード**　低い順方向電圧でも整流作用があるので，受信機の直線検波回路に用いられます．

③ **ツェナーダイオード**　逆方向電圧を増加させていくと急激に電流が流れます．このときダイオードの電圧がほぼ一定となるので定電圧回路に用いられます．定電圧ダイオードとも呼びます．

④ **バラクタダイオード**　逆方向電圧を加えるとpn接合領域の空乏層が静電容量をもち，電圧を変化させると静電容量が変化する特性を利用したダイオードです．逆方向電圧が大きくなると静電容量は小さくなります．可変容量ダイオードとも呼びます．

⑤ **発光ダイオード**　順方向電流を流すと発光する特性を利用したダイオードです．pn接合領域でキャリアの再結合が起こり，そのエネルギーに相当する波長の光が放出されます．

⑥ **レーザダイオード**　p形半導体とn形半導体の間に活性層をもち，その両側が反射鏡の構造をもっているので，発光した光がその空間に閉じ込められます．そのとき，反射鏡間の距離で決まる波長の誘導放出が起こり位相のそろった光を放出します．

⑦ **ホトダイオード(ホトトランジスタ)**　pn接合部に逆方向電圧を加え，光を当てると光の強さに比例して電流が流れる特性を利用した素子です．順方向電流を流すと発光する特性を利用したダイオードです．

⑧ **太陽電池**　pn接合部に光を当てると光のエネルギーによって，電子と正孔が発生し電子はn形領域に移動し，正孔はp形領域に移動することで，p形の電極が(＋)，n形の電極が(－)の極性の起電力が発生します．また，負荷を接続すると太陽電池の温度は低くなります．

ダイオードの図記号を**図3.3**に示します．

ダイオードの名前と特徴を覚えてね．特性によって電圧を順方向か逆方向に加えるよ．

バラクタは，バリアブル(可変)リアクタンスの意味だよ．リアクタンスは静電容量などが交流回路でもつ値のことだね．

図3.3　ダイオードの図記号

試験の直前 CHECK!

- □ **真性半導体**≫4価のシリコン，ゲルマニウム．電子と正孔は同じ数．
- □ **n形半導体**≫不純物は5価のリン，ヒ素，アンチモン．多数キャリアは自由電子．
- □ **p形半導体**≫不純物は3価のホウ素，アルミニウム，インジウム．多数キャリアは正孔．
- □ **自由電子と正孔**≫自由電子はマイナスの電荷，正孔はプラスの電荷．電子の移動と電流は逆方向．正孔の移動と電流は同じ方向．
- □ **半導体と温度**≫温度を上げると抵抗率が増加し電気伝導度が大きくなる．
- □ **ツェナーダイオード**≫逆方向電圧が一定．定電圧ダイオード．
- □ **バラクタダイオード**≫逆方向電圧によって静電容量が変化．逆方向電圧が大きいと静電容量は小さい．可変容量ダイオード．
- □ **発光ダイオード**≫順方向電流で発光．pn接合領域のキャリアの再結合で発光．
- □ **レーザダイオード**≫順方向電流で発光．活性層をもつ．位相のそろった光を誘導放出．
- □ **太陽電池**≫光でpn接合部に電子と正孔が発生．電子がn形に，正孔がp形に，p形が(+)，n形が(−)の起電力が発生．負荷を接続すると温度が低くなる．

国家試験問題

問題1

次の文章は，不純物半導体に関する記述である．

極めて高い純度に精製されたケイ素(Si)の真性半導体に，微量のリン(P)，ヒ素(As)などの［(ア)］価の元素を不純物として加えたものを［(イ)］形半導体といい，このとき加えた不純物を［(ウ)］という．

ただし，Si，P，Asの原子番号は，それぞれ14，15，33である．

上記の記述中の空白箇所(ア)，(イ)及び(ウ)に当てはまる組合せとして，正しいものを次の(1)～(5)のうちから一つ選べ．

	(ア)	(イ)	(ウ)
(1)	5	p	アクセプタ
(2)	3	n	ドナー
(3)	3	p	アクセプタ
(4)	5	n	アクセプタ
(5)	5	n	ドナー

(H25-11)

Si と P は同じ周期番号（電子殻の数）だね．原子番号が大きい方が，電子が多いよ．
電子の多いのが n 形だよ．ケイ素はシリコンのことだよ．

解説

ケイ素は4価の元素，リンとヒ素は5価の元素なので，ケイ素の真性半導体にリンやヒ素を不純物として加えると電子の多いn形半導体となります．

問題 2

半導体に関する記述として，誤っているものを次の(1)～(5)のうちから一つ選べ．

(1) 極めて高い純度に精製されたシリコン(Si)の真性半導体に，価電子の数が3個の原子，例えばホウ素(B)を加えるとp形半導体になる．

(2) 真性半導体に外部から熱を与えると，その抵抗率は温度の上昇とともに増加する．

(3) n形半導体のキャリアは正孔より自由電子の方が多い．

(4) 不純物半導体の導電率は金属よりも小さいが，真性半導体よりも大きい．

(5) 真性半導体に外部から熱や光などのエネルギーを加えると電流が流れ，その向きは正孔の移動する向きと同じである．

(H28-11)

解説

選択肢(2)の誤っている箇所を正しくすると，次のようになります．

抵抗率は温度の上昇とともに減少する．

問題 3

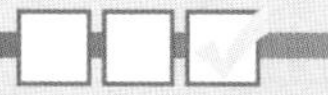

半導体に関する記述として，誤っているのは次のうちどれか．

(1) シリコン(Si)やゲルマニウム(Ge)の真性半導体においては，キャリヤの電子と正孔の数は同じである．

(2) 真性半導体に微量のⅢ族又はⅤ族の元素を不純物として加えた半導体を不純物半導体といい，電気伝導度が真性半導体に比べて大きくなる．

(3) シリコン(Si)やゲルマニウム(Ge)の真性半導体にⅤ族の元素を不純物として微量だけ加えたものをp形半導体という．

(4) n形半導体の少数キャリアは正孔である．

(5) 半導体の電気伝導度は温度が下がると小さくなる．

(H21-11)

Ⅲ族は3価のこと．Ⅴ族は5価のことだよ．これらは
価電子を表すよ．真性半導体は4価だよ．

解説

選択肢(3)の誤っている箇所を正しくすると，次のようになります．

Ⅴ属の元素を不純物として微量だけ加えたものを**n**形半導体という．

問題4

半導体のpn接合を利用した素子に関する記述として，誤っているものを次の(1)～(5)のうちから一つ選べ．

(1) ダイオードにp形が負，n形が正となる電圧を加えたとき，p形，n形それぞれの領域の少数キャリヤに対しては，順電圧と考えられるので，この少数キャリヤが移動することによって，極めてわずかな電流が流れる．

(2) pn接合をもつ半導体を用いた太陽電池では，そのpn接合部に光を照射すると，電子と正孔が発生し，それらがpn接合部で分けられ電子がn形，正孔がp形のそれぞれの電極に集まる．その結果，起電力が生じる．

(3) 発光ダイオードのpn接合領域に順電圧を加えると，pn接合領域でキャリヤの再結合が起こる．再結合によって，そのエネルギーに相当する波長の光が接合部付近から放出される．

(4) 定電圧ダイオード(ツェナーダイオード)はダイオードにみられる順電圧・電流特性の急激な降伏現象を利用したものである．

(5) 空乏層の静電容量が，逆電圧によって変化する性質を利用したダイオードを可変容量ダイオード又はバラクタダイオードという．逆電圧の大きさを小さくしていくと，静電容量は大きくなる．

(H26-12)

解説

選択肢(4)の誤っている箇所を正しくすると，次のようになります．

ダイオードに見られる逆電圧・電流特性の急激な降伏現象を利用したものである．

問題5

次の文章は，半導体レーザ(レーザダイオード)に関する記述である．

レーザダイオードは，図のような3層構造を成している．p形層とn形層に挟まれた層を［(ア)］層といい，この層は上部のp形層及び下部のn形層とは性質の異なる材料で作られている．前後の面は半導体結晶による自然な反射鏡になっている．

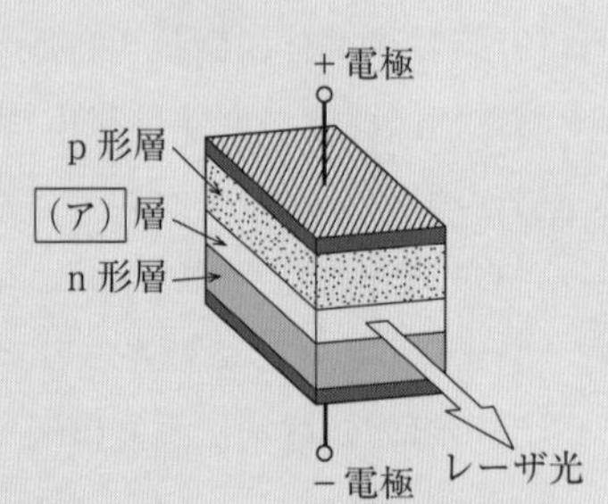

レーザダイオードに［(イ)］を流すと，［(ア)］層の自由電子が正孔と再結合して消滅するとき光を放出する．

この光が二つの反射鏡の間に閉じ込められることによって，［(ウ)］放出が起き，同じ波長の光が多量に生じ，外部にその一部が出力される．光の特別な波長だけが共振状態となって［(ウ)］放出が誘起されるので，強い同位相のコヒーレントな光が得られる．

上記の記述中の空白箇所(ア)，(イ)及び(ウ)に当てはまる組合せとして，正しいものを次の(1)～(5)のうちから一つ選べ．

	(ア)	(イ)	(ウ)
(1)	空乏	逆電流	二次
(2)	活性	逆電流	誘導
(3)	活性	順電流	二次
(4)	活性	順電流	誘導
(5)	空乏	順電流	二次

(H27-11)

解説

レーザダイオードはp形層とn形層の間に，性質の異なる材料で構成された活性層と呼ばれる半導体層を挟んだ構造です．空乏層はp形半導体とn形半導体を接合した境界に生じる，正孔や電子のない領域のことです．

コヒーレントは干渉するって意味だよ．
位相のそろった波は干渉するんだよ．

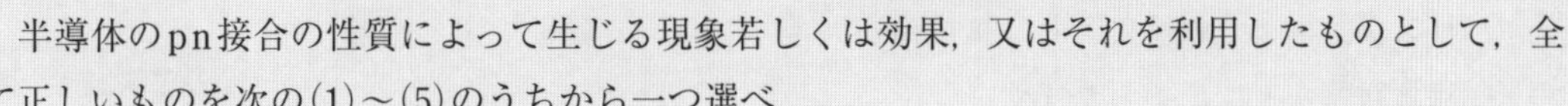

問題 6

半導体のpn接合の性質によって生じる現象若しくは効果，又はそれを利用したものとして，全て正しいものを次の(1)～(5)のうちから一つ選べ．

(1) 表皮効果，ホール効果，整流作用
(2) 整流作用，太陽電池，発光ダイオード
(3) ホール効果，太陽電池，超伝導現象
(4) 整流作用，発光ダイオード，圧電効果
(5) 超伝導現象，圧電効果，表皮効果

(H29-11)

解説

pn接合によって生じる現象および効果は，次のとおりです．

整流作用，太陽電池，発光ダイオード

n形またはp形の半導体に生じるのがホール効果，水晶やセラミックに生じるのが圧電効果，主に金属に生じるのが表皮効果，超伝導物質に生じるのが超伝導現象です．

pn接合半導体は，(＋)(－)の極性があるよ．

(p.134 ～ p.137 の解答) 問題1→(5) 問題2→(2) 問題3→(3) 問題4→(4) 問題5→(4) 問題6→(2)

3·2 半導体2

重要知識

出題項目 CHECK!

- □ 各種半導体素子の種類，特徴，用途，図記号
- □ トランジスタとFETの図記号と電極名
- □ FETの種類，構造，特徴
- □ 半導体集積回路(IC)の特徴

3·2·1　各種半導体素子

各種半導体素子の名称と特徴を次に示します.

① **サーミスタ**　大きい負の温度特性をもち，温度変化により抵抗値が大きく変化する素子です．電子回路の温度補償用などに用いられます.

② **バリスタ**　加えた電圧により，抵抗値が大きく変化する素子です．過電圧保護回路などに用いられます.

③ **サイリスタ(シリコン制御整流素子)**　p形半導体とn形半導体の4層をもち，アノード(陽極)，カソード(陰極)間の電流をゲート電流で制御する3端子素子です．直流電流の制御や交流の整流に用いられます.

サーミスタは温度(サーマル)敏感(センシティブ)抵抗素子(レジスタ)のことだよ．バリスタは非直線(バリアブル)抵抗素子(レジスタ)のことでコーヒーとは関係ないよ.

④ **ホール素子**　**図3.4**のような平板状のp形半導体の面に垂直な方向に電流I〔A〕を流し，電流と垂直な方向に磁束密度B〔T〕の磁界を加えると，正孔にフレミングの左手の法則による力が加わり，電極①には正の電荷が，電極②には負の電荷が移動して，電流と磁界の両方に垂直な方向に起電力が発生します．このとき，ホール電圧V_H〔V〕は，半導体の厚さをd〔m〕，ホール定数をR_Hとすると次式で表されます.

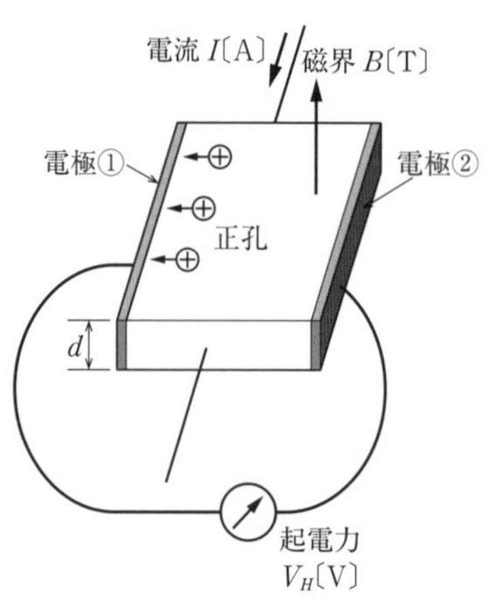

図3.4　ホール素子

$$V_H = R_H \frac{BI}{d} \text{〔V〕} \tag{3.1}$$

素子にn形半導体を用いると，起電力の方向は逆方向となります.

3·2·2　接合形トランジスタ

p形半導体の間にきわめて薄いn形半導体を接合した素子を**pnp形トランジスタ**，n形半導体の間にきわめて薄いp形半導体を接合した素子を**npn形トラ**

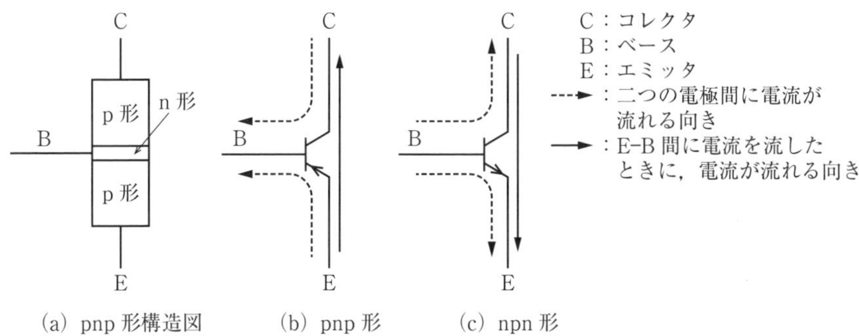

図 3.5 トランジスタ

ンジスタといいます．構造図および記号を**図3.5**に示します．図の電極のうち二つの電極間では，p形からn形半導体に電流が流れますが，ベースとエミッタに電流を流すとエミッタとコレクタ間に電流が流れるようになります．このとき，エミッタとベース間の電流をわずかに変化させると，エミッタとコレクタの間の電流を大きく変化させることができます．この特性を利用して増幅回路などに用いられます．

pnpトランジスタは，二つの電極間では，CからBの向きに，EからBの向きに電流が流れるよ．EからBに電流を流すとEからCに電流が流れるようになるよ．

3·2·3 FET（電界効果トランジスタ）

図3.6のようにn形半導体で構成されたチャネルにp形半導体のゲートを接合した素子をnチャネル接合形FETといいます．図の電極のうちソースとゲート間の電圧をわずかに変化させると，ソースとドレーン間の電流を大きく変化させることができます．この特性を利用して増幅回路などに用いられます．

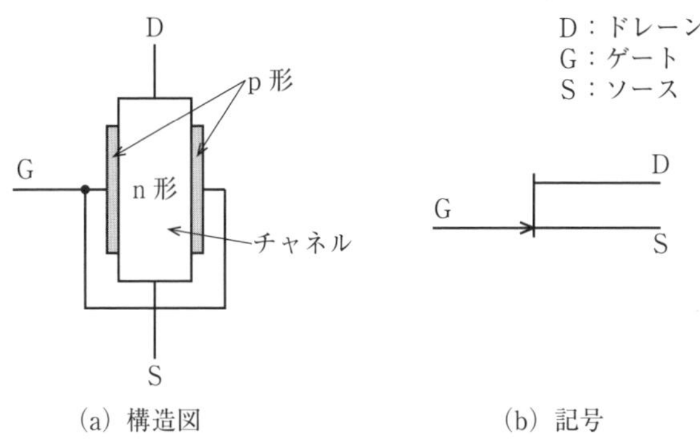

図 3.6 nチャネル接合形 FET

第3章 半導体・電子回路

接合形トランジスタは，ベースの電流でコレクタの電流を制御する電流制御形トランジスタ，FETはゲートの電圧でドレーンの電流を制御する電圧制御形トランジスタだよ．

FETは接合形トランジスタに比較して，次の特徴があります．

① 電圧制御形．

② 入力インピーダンスが高い．

③ 高周波特性が優れている．

④ 内部雑音が小さい．

接合形トランジスタは，pn接合間を電流が流れるのでバイポーラ（2極）トランジスタ．FETの電流が流れるチャネルはp形またはn形なのでユニポーラ（単極）

トランジスタといいます．また，制御が電流か電圧かで区分すると接合形トランジスタは電流制御形，FETは電圧制御形トランジスタといいます．

FETには，**図3.7**のような接合形FETやMOS形FETがあります．MOS形FETはゲートが絶縁膜によって絶縁されているので，接合形FETに比較して，入力インピーダンスが大きい特徴があります．

接合形FETは，ゲートに電圧を加えない状態でドレーン－ソース間に電圧を加えると電流が流れます．ゲートに電圧を加えるとその電流が減少します．同様にデプレッション(減少)形**MOSFET**もゲート電圧を加えると電流が減少します．エンハンスメント(増大)形MOSFETは，ゲートに電圧を加えない状態ではドレーン－ソース間に電流が流れませんが，ゲートに電圧を加えると電流が流れます．

MOSは，メタル(Metal：金属)オキサイド(Oxide：酸化物)セミコンダクタ(Semiconductor：半導体)の略語だよ．絶縁ゲート形とも呼ばれるよ．金属と半導体が酸化物で絶縁されているよ．

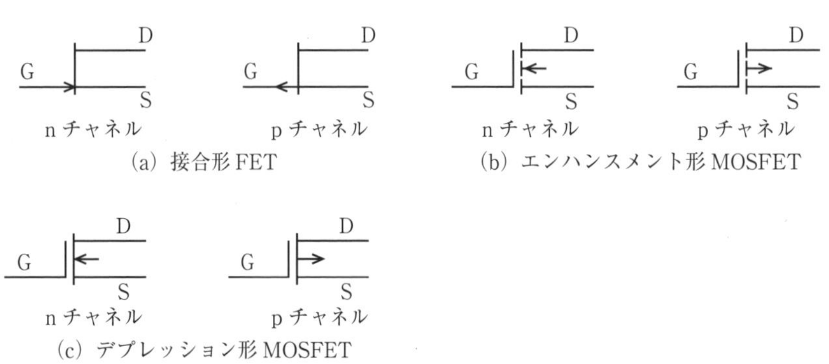

図3.7　FETの図記号

3·2·4　IC(集積回路)

ICは小さな半導体基板に多くの回路部品を実装して電子回路を構成した素子です．その構造より，次の二つに分けられます．

① **モノリシックIC**：シリコンなどの半導体の基板上に多くのpn接合の組合せを作ることで，ダイオードやトランジスタなどの電子回路を構成します．トランジスタで構成されたバイポーラICとMOSFETで構成されたMOS ICがあります．MOS ICは，nチャネルMOSFETとpチャネルMOSFETの組合せで構成されたCMOS ICが主に用いられています．

② **ハイブリッドIC**：モノリシックICとコイルやコンデンサなどの部品を組み込んで一つの電子回路を構成したICです．

これらのICは，その用途によってアナログIC，ディジタルICがあります．アナログICとしては，演算増幅器(オペアンプ)がよく用いられています．

CMOS ICはnチャネルMOSFETとpチャネルMOSFETを交互に動作させて，電圧の高いか低いかの状態を作る素子で，ディジタル回路に用いられるICだよ．消費電力が低い特徴があるよ．

試験の直前 CHECK!

- □ **サイリスタ**≫≫アノード，カソード，ゲートの3端子素子．電流制御素子．
- □ **ホール素子**≫≫磁界によって起電力が発生．$V_H = R_H \dfrac{BI}{d}$
- □ **トランジスタの電極名**≫≫コレクタ，ベース，エミッタ
- □ **FETの電極名**≫≫ドレーン，ゲート，ソース．
- □ **トランジスタ：FETの電極**≫≫コレクタ：ドレーン，ベース：ゲート，エミッタ：ソース．
- □ **FETの特徴**≫≫pチャネル形，nチャネル形．電圧制御形．入力インピーダンスが大きい．
- □ **MOSFET**≫≫ゲートが絶縁膜によって絶縁される．入力インピーダンスが接合形より大きい．
- □ **IC**≫≫構造：ハイブリッドIC，モノリシックIC．用途：ディジタル，アナログ．CMOS：nチャネルMOSFETとpチャネルMOSFETの組合せ．

国家試験問題

問題 1

半導体素子に関する記述として，正しいものを次の(1)～(5)のうちから一つ選べ．

(1) pn接合ダイオードは，それに順電圧を加えると電子が素子中をアノードからカソードへ移動する2端子素子である．

(2) LEDは，pn接合領域に逆電圧を加えたときに発光する素子である．

(3) MOSFETは，ゲートに加える電圧によってドレーン電流を制御できる電圧制御形の素子である．

(4) 可変容量ダイオード(バリキャップ)は，加えた逆電圧の値が大きくなるとその静電容量も大きくなる2端子素子である．

(5) サイリスタは，p形半導体とn形半導体の4層構造からなる4端子素子である．

(H30-11)

解 説

誤っている箇所を正しくすると，次のようになります．

(1)電子が素子中をカソードからアノードに移動する2端子素子である．

(2)順電圧を加えたときに発光する素子である．

(4)加えた逆電圧が大きくなるとその静電容量が小さくなる2端子素子である．

(5)4層構造からなる**3端子素子**である．

カソードは(−)電極，アノードは(+)電極のことだよ．電子は(−)の電荷だから，素子中を(−)から(+)に移動するんだね．

問題 2

次の文章は，図1及び図2に示す原理図を用いてホール素子の動作原理について述べたものである．

図1に示すように，p形半導体に直流電流I〔A〕を流し，半導体の表面に対して垂直に下から上向きに磁束密度B〔T〕の平等磁界を半導体にかけると，半導体内の正孔は進路を曲げられ，電極①に

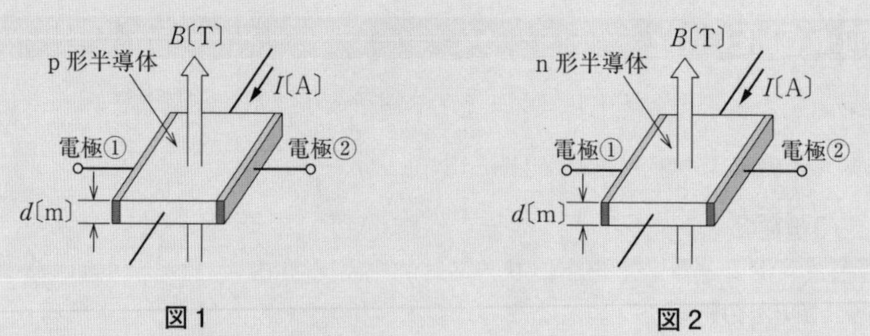

図1　　　図2

は［（ア）］電荷，電極②には［（イ）］電荷が分布し，半導体の内部に電界が生じる．また，図2のn形半導体の場合は，電界の方向はp形半導体の方向と［（ウ）］である．この電界により，電極①－②間にホール電圧$V_H=R_H\times$［（エ）］〔V〕が発生する．

ただし，d〔m〕は半導体の厚さを示し，R_Hは比例定数〔m^3/C〕である．

上記の記述中の空白箇所(ア)，(イ)，(ウ)及び(エ)に当てはまる語句又は式として，正しいものを組み合わせたのは次のうちどれか．

	(ア)	(イ)	(ウ)	(エ)
(1)	負	正	同じ	$\dfrac{B}{Id}$
(2)	負	正	同じ	$\dfrac{Id}{B}$
(3)	正	負	同じ	$\dfrac{d}{BI}$
(4)	負	正	反対	$\dfrac{BI}{d}$
(5)	正	負	反対	$\dfrac{BI}{d}$

(H22-11)

解説

p形半導体のキャリアは正の電荷をもつ正孔なので，電流と同じ方向に移動します．フレミングの左手の法則を適用すると，電流には電極①の方向を向く力が働くので，正の電荷が電極①に分布し，反対の極性である負の電荷が電極②に分布します．n形半導体のキャリアは負の電荷をもつ電子なので，p形半導体と逆方向の電界が発生します．

フレミングの左手の法則は，親指と人差し指と中指を直角に開いてね．中指が電流，人差し指が磁界，親指が力の向きを表すよ．

問題3

次の文章は，電界効果トランジスタに関する記述である．

図に示すMOS電界効果トランジスタ(MOSFET)は，p形基板表面にn形のドレーン領域が形成されている．また，ゲート電極は，ソースとドレーン間のp形基板表面上に薄い酸化膜の絶縁層(ゲート酸化膜)を介して作られている．ソースSとp形基板の電位を接地電位とし，ゲートGにしきい値電圧以上の正の電圧V_{GS}を加えることで，絶縁層を隔てたp形基板表面近くでは，［（ア）］が除去され，チャネルと呼ばれる［（イ）］の薄い層ができる．これによりソースSとドレーンDが接続される．このV_{GS}を上昇させるとドレーン電流I_Dは［（ウ）］する．

また，このFETは （エ） チャネルMOSFETと呼ばれている.

上記の記述中の空白箇所(ア)，(イ)，(ウ)及び(エ)に当てはまる組合せとして，正しいものを次の(1)～(5)のうちから一つ選べ.

	(ア)	(イ)	(ウ)	(エ)
(1)	正孔	電子	増加	n
(2)	電子	正孔	減少	p
(3)	正孔	電子	減少	n
(4)	電子	正孔	増加	n
(5)	正孔	電子	増加	p

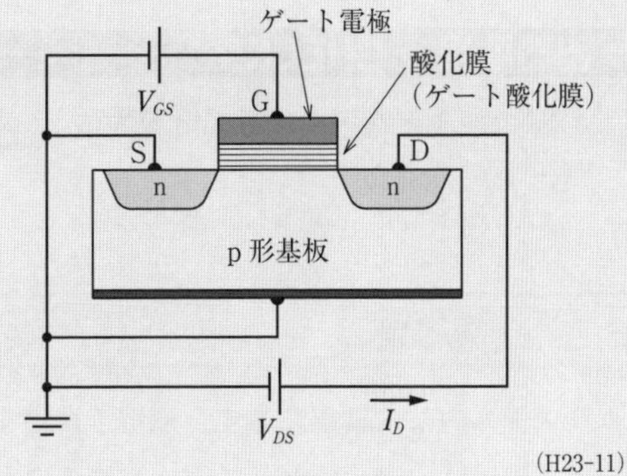

(H23-11)

解説

MOSFETは，デプレッション(減少)形とエンハンスメント(増加)形があります．問題の図のMOSFETは，ゲート電極に加えられた(+)の電圧によって，p形半導体に形成される電子の反転層がnチャネルとなって電流が流れるエンハンスメント形nチャネルMOSFETです.

p形半導体は「正孔」だね．それが除去されるから「電子」だよ．もともとの構造は電流が流れないのでチャネルができれば電流が「増加」だよ．電子のチャネルだから「n」チャネルだよ.

問題 4

半導体集積回路(IC)に関する記述として，誤っているものを次の(1)～(5)のうちから一つ選べ.

(1) MOS ICは，MOSFETを中心として作られたICである.

(2) ICを構造から分類すると，モノリシックICとハイブリッドICに分けられる.

(3) CMOS ICは，nチャネルMOSFETのみを用いて構成されるICである.

(4) アナログICには，演算増幅器やリニアICなどがある.

(5) ハイブリッドICでは，絶縁基板上に，ICチップや抵抗，コンデンサなどの回路素子が組み込まれている.

(H24-11)

解説

選択肢(3)の誤っている箇所を正しくすると，次のようになります.

CMOS ICは，**nチャネルMOSFETとpチャネルMOSFET**を用いて構成されるICである.

CMOSのCは，コンプリメンタリーの略語で，相補的という互いに補う意味だよ.

(p.141 ～ p.143 の解答) 問題 1 →(3) 問題 2 →(5) 問題 3 →(1) 問題 4 →(3)

3·3 電子管

重要知識

出題項目 CHECK!

□ 電子の放出と電子の運動の計算方法
□ 電子管の構造と特徴

3·3·1　電子管

ガラス管の内部を真空にして，熱電子放出を利用した素子を電子管といいます．電子管には，表示管として用いられるブラウン管，高周波の発振や増幅に用いられるマグネトロン，進行波管などがあります．

(1) 電子放出

真空管の電極から電子を放出させるには，次の方法があります．

① **熱電子放出**：金属の電極を加熱すると，電子の運動エネルギーが大きくなって電極から電子が放出します．電極の材料として，タングステンやタンタルが用いられます．

② **二次電子放出**：電子を金属や酸化物の電極に衝突させると，電極の表面から新たな電子が放出されます．

③ **光電子放出**：金属の電極に光を照射すると光のエネルギーによって，電子の運動エネルギーが大きくなって電子が放出します．

④ **電界放出**：金属の電極に高電圧を加えて，電極表面の電界を十分に大きくすると，電子が放出します．常温でも電子放出が行われるので冷電子放出とも呼びます．

電子管は真空管とも呼ばれるよ．真空中に電子を飛ばしてそれを制御する素子だよ．空気中で電子を飛ばすと雷になっちゃうね．真空管はほとんど使われなくなってきたけど，マグネトロンは電子レンジなどに使われているよ．

(2) 電子の加速

電界中に $-e$〔C〕の電荷をもつ電子が存在すると，電子に電界と逆方向の力 F〔N〕が働きます．電界の強さを E〔V/m〕とすると，力の大きさ F は次式で表されます．

$$F = eE \text{〔N〕} \tag{3.2}$$

また，1個の電子の電荷は $e = 1.602 \times 10^{-19}$ C，電子の質量は $m_0 = 9.109 \times 10^{-31}$ kgです．

電圧は単位電荷当たりの仕事（エネルギー）を表すので，電子一つが1 Vの電圧で加速されるときに得るエネルギーを1 eVと表わして，1電子ボルト（エレクトロンボルト）と呼びます．

磁界中に速度 v〔m/s〕で電子が進入すると電子に力 F〔N〕が働きます．力の向きは電子の進行方向と磁界が作る面に垂直の方向です．また，力の向きは電子の電荷が（−）なので，電流が逆方向に流れているとしたときのフレミングの左手の法則で表されます．磁界の磁束密度を B〔T〕，速度方向と磁界の向きがなす角度をθ〔rad〕とすると，電子に働く力の大きさFは次式で表されます．

$$F=evB\sin\theta \text{〔N〕} \quad (3.3)$$

$\theta=\dfrac{\pi}{2}$〔rad〕(90°)のときは，$F=evB$〔N〕で表されます．

磁界中の電子が移動する方向と直角方向に力が働くので，電子は回転運動をします．

(3) 運動の法則

電子の運動は運動の法則によって表されます．以下の式において$\dfrac{dl}{dt}$などは微分を表しますが，微小量のΔlやΔtなどと扱うこともできます．

① 速度v〔m/s〕

$$v=\frac{dl}{dt}=at \text{〔m/s〕}$$

距離：l〔m〕，時間：t〔s〕，加速度：a〔m/s^2〕

基本的な物理法則を覚えておいてね．電子管の分野や電気物理の分野の国家試験問題に出てくるよ．力は(質量)×(加速度)，仕事は(力)×(距離)だよ．

② 加速度a〔m/s^2〕

$$a=\frac{dv}{dt} \text{〔m/s}^2\text{〕}$$

③ 力F〔N〕

$$F=ma \text{〔N〕}$$

質量：m〔kg〕

④ 運動エネルギーU〔J〕

$$U=\frac{1}{2}mv^2 \text{〔J〕}$$

質量m，速度vの運動エネルギーは次の式だよ．
$\dfrac{1}{2}mv^2$
静電容量C，電圧Vの静電エネルギーは次の式だよ．
$\dfrac{1}{2}CV^2$
インダクタンスL，電流Iの磁気エネルギーは次の式だよ．
$\dfrac{1}{2}LI^2$
似ているから覚えやすいね．

⑤ 仕事W〔J〕

$$W=Fl \text{〔J〕}$$

⑥ 遠心力F〔N〕

$$F=\frac{mv^2}{r} \text{〔N〕}$$

円周の半径：r〔m〕

⑦ 回転力(トルク)T〔N・m〕

$$T=Fr \text{〔N・m〕}$$

回転軸の中心からの距離：r〔m〕

回転物体と直交する力：F〔N〕

(4) ブラウン管

図3.8に静電偏向形ブラウン管の構造を示します．電子銃から放射された電子は，電子レンズで収束されて，蛍光面に到達するとその位置が発光します．**電子銃**はヒータによって加熱されるので熱電子を放出することができます．電子レンズには(+)の極性の高圧電圧を加え，電子銃は(−)の極性なので電界によって加速され，鋭い電子ビームとなります．また，制御電極に加える電圧によって，電子の量を制御することができます．偏向板は垂直方向あるいは水平

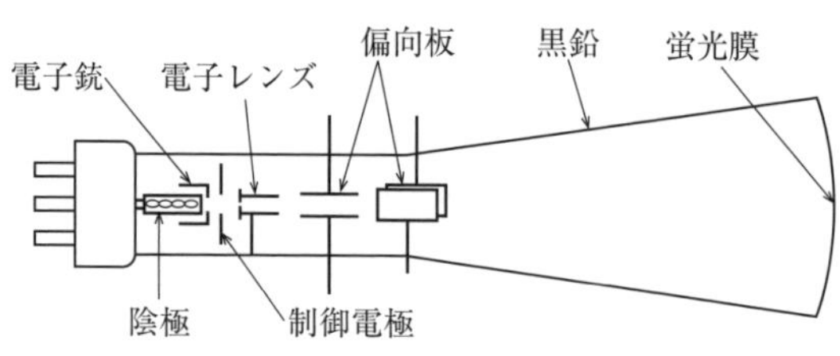

図 3.8　静電偏向形ブラウン管

ブラウン管は測定器のオシロスコープの原理的な表示器だよ．

方向に電圧を加えることによって，垂直方向あるいは水平方向に電界を発生させます．加える電圧を変化させることによって，電子ビームの方向を変えることができます．

試験の直前 CHECK!

- □ **電子放出**≫電子の運動エネルギーを大きくする．熱電子放出．二次電子放出．光電子放出．電界放出．
- □ **電界中の電子に働く力**≫ $F=eE$，電界と同じ方向．
- □ **磁界中の電子に働く力**≫ $F=evB\sin\theta$．$\theta=\dfrac{\pi}{2}$〔rad〕のとき $F=evB$．移動方向と直角方向で回転運動．
- □ **速度**≫ $v=\dfrac{dl}{dt}=at$
- □ **加速度**≫ $a=\dfrac{dv}{dt}$
- □ **運動エネルギー**≫ $U=\dfrac{1}{2}mv^2$
- □ **遠心力**≫ $F=\dfrac{mv^2}{r}$

国家試験問題

問題 1

次の文章は，金属などの表面から真空中に電子が放出される現象に関する記述である．

a. タンタル(Ta)などの金属を熱すると，電子がその表面から放出される．この現象は［(ア)］放出と呼ばれる．

b. タングステン(W)などの金属表面の電界強度を十分に大きくすると，常温でもその表面から電子が放出される．この現象は［(イ)］放出と呼ばれる．

c. 電子を金属又はその酸化物・ハロゲン化物などに衝突させると，その表面から新たな電子が放出される．この現象は［(ウ)］放出と呼ばれる．

上記の記述中の空白箇所(ア)，(イ)及び(ウ)に当てはまる語句として，正しいものを組み合わせたのは次のうちどれか．

	(ア)	(イ)	(ウ)
(1)	熱電子	電界	二次電子
(2)	二次電子	冷陰極	熱電子
(3)	電界	熱電子	二次電子
(4)	熱電子	電界	光電子
(5)	光電子	二次電子	冷陰極

(H22-12)

解説

電子は外部からのエネルギーで金属などの表面から真空中に放出されます．熱を与える方法が熱電子放出，強電界を与える方法が電界放出，電子を衝突される方法が二次電子放出です．

ほかの用語が誤っているので選択肢(2)は誤っているけど，電界放出は，冷陰極放出ともいうよ．

問題 2

真空中において，電子の運動エネルギーが400 eVのときの速さが1.19×10^7 m/sであった．電子の運動エネルギーが100 eVのときの速さ〔m/s〕の値として，正しいのは次のうちどれか．ただし，電子の相対性理論効果は無視するものとする．

(1) 2.98×10^6　(2) 5.95×10^6　(3) 2.38×10^7

(4) 2.98×10^9　(5) 5.95×10^9

(H20-12)

解説

電子の質量をm〔kg〕，速さをv〔m/s〕とすると，運動エネルギーU〔eV〕は次式で表されます．

$$U=\frac{1}{2}mv^2\ \text{〔eV〕} \tag{3.4}$$

vを求める式にすると，次式となります．

$$v=\sqrt{\frac{2U}{m}}\ \text{〔m/s〕} \tag{3.5}$$

式(3.5)より，vは$\sqrt{U}$に比例します．$U_1=400$ eVのときの速さが$v_1=1.19\times10^7$ m/sなので，$U_2=100$ eVの速さv_2〔m/s〕は，次式で表されます．

$$v_2=\frac{v_1}{\sqrt{4}}=\frac{1.19}{2}\times10^7=0.595\times10^7=5.95\times10^6\ \text{m/s}$$

指数の計算は慎重にね．
0.595×10^7
$=0.595\times10^1\times10^6$
$=5.95\times10^6$
国家試験では，指数計算ができる関数電卓は使えないよ．

問題 3

次の文章は，真空中における電子の運動に関する記述である．

図のように，x軸上の負の向きに大きさが一定の電界E〔V/m〕が存在しているとき，x軸上に電荷が$-e$〔C〕(eは電荷の絶対値)，質量m_0〔kg〕の1個の電子を置いた場合を考える．x軸の正方向の電子の加速度をa〔m/s^2〕とし，また，この電子に加わる力の正方向をx軸の正方向にとったとき，電子の運動方程式は，

$m_0 a=$ （ア）　①

となる．①式から電子は等加速度運動をすることがわかる．したがって，電子の初速度を零としたとき，x軸の正方向に向かう電子の速度v〔m/s〕は時間t〔s〕の （イ） 関数となる．また，電子の走行距離x_{dis}〔m〕は時間t〔s〕の （ウ） 関数で表される．さらに，電子の運動エネルギーは時間t〔s〕の （エ） で増加することがわかる．

ただし，電子の速度v〔m/s〕はその質量の変化が無視できる範囲とする．

上記の記述中の空白箇所(ア)，(イ)，(ウ)及び(エ)に当てはまる組合せとして，正しいものを次の(1)～(5)のうちから一つ選べ．

電界 E〔V/m〕　速度 v〔m/s〕　x軸　正方向

電子 {電荷 $-e$〔C〕, 質量 m_0〔kg〕}

	(ア)	(イ)	(ウ)	(エ)
(1)	eE	一次	二次	1乗
(2)	$\frac{1}{2}eE$	二次	一次	1乗
(3)	eE^2	一次	二次	2乗
(4)	$\frac{1}{2}eE$	二次	一次	2乗
(5)	eE	一次	二次	2乗

(H23-12)

解説

電子の速度v〔m/s〕は，次式で表されるのでt〔s〕の一次関数です．

$$v=at\text{〔m/s〕}$$

電子の走行距離x_{dis}〔m〕は，次式で表されるのでt〔s〕の二次関数です．

$$x_{dis}=\frac{1}{2}at^2\text{〔m〕}$$

電子の運動エネルギーU〔J〕は，次式で表されるのでt〔s〕の2乗で増加します．

$$U=\frac{1}{2}m_0v^2=\frac{1}{2}m_0a^2t^2\text{〔J〕}$$

(ア)が分かれば，あとは(エ)が分かると答えが見つかるね．

問題4

次の文章は，図に示す「磁界中における電子の運動」に関する記述である．

真空中において，磁束密度B〔T〕の一様な磁界が紙面と平行な平面の （ア） へ垂直に加わっている．ここで，平面上の点aに電荷$-e$〔C〕，質量m_0〔kg〕の電子をおき，図に示す向きに速さv〔m/s〕の初速度を与えると，電子は初速度の向き及び磁界の向きのいずれに対しても垂直で，図に示す向きの電磁力F_A〔N〕を受ける．この力のために電子は加速度を受けるが速度の大きさは変わらないので，その方向のみが変化する．したがって，電子はこの平面上で時計回りに速さv〔m/s〕の円運動をする．この円の半径をr〔m〕とすると，電子の運動は，磁界が電子に作用する電磁力の大きさF_A

$=Bev$〔N〕と遠心力 $F_B = \dfrac{m_0}{r} v^2$〔N〕とが釣り合った円運動であるので，その半径は $r=$ （イ） 〔m〕と計算される．したがって，この円運動の周期は $T=$ （ウ） 〔s〕，角周波数は $\omega=$ （エ） 〔rad/s〕となる．

ただし，電子の速さ v〔m/s〕は，光速より十分小さいものとする．また，重力の影響は無視できるものとする．

上記の記述中の空白箇所（ア），（イ），（ウ）及び（エ）に当てはまる組合せとして，正しいものを次の(1)～(5)のうちから一つ選べ．

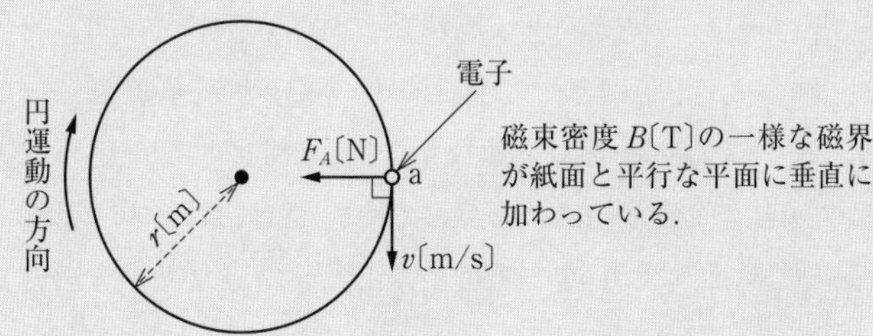

	（ア）	（イ）	（ウ）	（エ）
(1)	裏からおもて	$\dfrac{m_0 v}{eB^2}$	$\dfrac{2\pi m_0}{eB}$	$\dfrac{eB}{m_0}$
(2)	おもてから裏	$\dfrac{m_0 v}{eB}$	$\dfrac{2\pi m_0}{eB}$	$\dfrac{eB}{m_0}$
(3)	おもてから裏	$\dfrac{m_0 v}{eB}$	$\dfrac{2\pi m_0}{e^2 B}$	$\dfrac{2e^2 B}{m_0}$
(4)	おもてから裏	$\dfrac{2m_0 v}{eB}$	$\dfrac{2\pi m_0}{eB^2}$	$\dfrac{eB^2}{m_0}$
(5)	裏からおもて	$\dfrac{m_0 v}{2eB}$	$\dfrac{\pi m_0}{eB}$	$\dfrac{eB}{m_0}$

（H24-12）

解説

磁界の向きは，フレミングの左手の法則で表されますが，電子の電荷は（−）なので，左手の中指を v と逆方向の上に向け，親指を F の向きの左に向けると，人差し指が磁界の向きを表し，おもてから裏の方向です．

F_A と F_B〔N〕が釣り合うと次式が成り立ちます．

$$F_A = F_B$$

$$Bev = \frac{m_0}{r} v^2 \tag{3.6}$$

r を求めると，次式となります．

$$r = \frac{m_0}{Bev} v^2 = \frac{m_0 v}{eB} \text{〔m〕} \tag{3.7}$$

周期 T〔s〕は，円周を一回りする時間を表します．円周が $2\pi r$〔m〕なので，円周を速度 v で割れば周期を求めることができるので，式(3.7)を用いると次式で表されます．

円周は $2\pi r$ だよ．速度で割れば周期が出るよ．

（p.146 ～ p.147 の解答） 問題1 →(1) 問題2 →(2)

$$T=\frac{2\pi r}{v}=\frac{2\pi}{v}\times\frac{m_0 v}{eB}=\frac{2\pi m_0}{eB}\ \text{〔s〕} \qquad (3.8)$$

角周波数 ω〔rad/s〕は，次式で表されます．

$$\omega=\frac{2\pi}{T}=2\pi\times\frac{eB}{2\pi m_0}=\frac{eB}{m_0}\ \text{〔rad/s〕}$$

計算が面倒だね．(イ)と(ウ)が分かれば答えが見つかるので，選択肢を選びながら計算を進めてね．(エ)は計算しなくても答えが見つかるよ．

問題5

ブラウン管は電子銃，偏向板，蛍光面などから構成される真空管であり，オシロスコープの表示装置として用いられる．図のように，電荷 $-e$〔C〕をもつ電子が電子銃から一定の速度 v〔m/s〕で z 軸に沿って発射される．電子は偏向板の中を通過する間，x 軸に平行な平等電界 E〔V/m〕から静電力 $-eE$〔N〕を受け x 方向の速度成分 u〔m/s〕を与えられ進路を曲げられる．偏向板を通過後の電子は z 軸と $\tan\theta=\frac{u}{v}$ なる角度 θ をなす方向に直進して蛍光面に当たり，その点を発光させる．このとき発光する点は蛍光面の中心点から x 方向に距離 X〔m〕だけシフトした点となる．

u と X を表す式の組合せとして，正しいものを次の(1)〜(5)のうちから一つ選べ．

ただし，電子の静止質量を m〔kg〕，偏向板の z 方向の大きさを l〔m〕，偏向板の中心から蛍光面までの距離を d〔m〕とし，$l \ll d$ と仮定してよい．また，速度 v は光速に比べて十分小さいものとする．

	u	X
(1)	$\frac{elE}{mv}$	$\frac{2eldE}{mv^2}$
(2)	$\frac{elE^2}{mv}$	$\frac{2eldE}{mv^2}$
(3)	$\frac{elE}{mv^2}$	$\frac{eldE^2}{mv}$
(4)	$\frac{elE^2}{mv^2}$	$\frac{eldE}{mv}$
(5)	$\frac{elE}{mv}$	$\frac{eldE}{mv^2}$

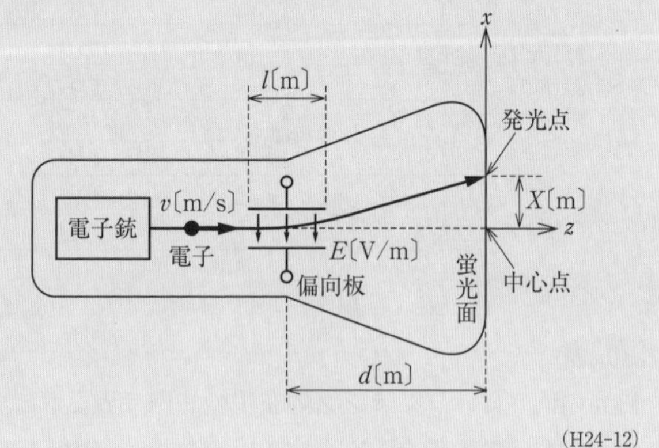

(H24-12)

解説

電子が速度 v〔m/s〕で偏向板の距離 l〔m〕を通過するのに要する時間 t_1〔s〕は次式で表されます．

$$t_1=\frac{l}{v}\ \text{〔s〕} \qquad (3.9)$$

このとき電子は電界 E〔V/m〕によって，上向きの力 $F=eE$〔N〕を受けます．加速度を a〔m/s²〕とすると運動法則より，$F=ma$〔N〕が成り立つので，上向きの加速度 a を求めると，次式で表されます．

$$a=\frac{F}{m}=\frac{eE}{m}\ \text{〔m/s}^2\text{〕} \qquad (3.10)$$

図3.9のように，時刻 t_1 に偏向板を通過するときの x 軸方向の速度成分 u〔m/s〕は次式で表されます．

$$u = at_1 = \frac{elE}{mv} \text{〔m/s〕} \tag{3.11}$$

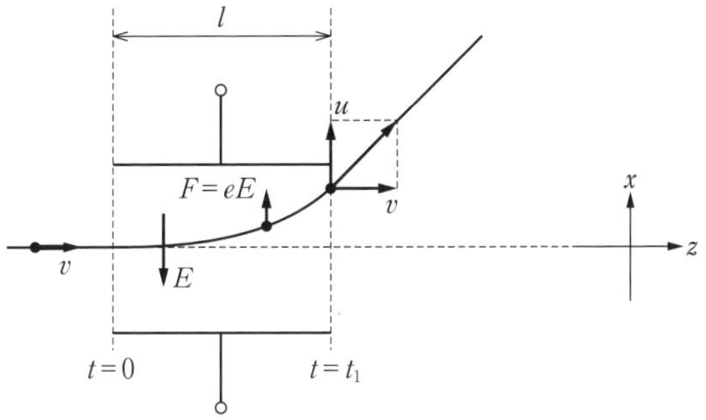

運動の法則を覚えてね．
l〔m〕$= v$〔m/s〕$\times t$〔s〕，v〔m/s〕$= a$〔m/s^2〕$\times t$〔s〕，F〔N〕$= m$〔kg〕$\times a$〔m/s^2〕

図 3.9

偏向板を通過した電子が速度 v〔m/s〕で距離 d〔m〕を通過するのに要する時間 t_2〔s〕は，$l \ll d$ より次式で表されます．

$$t_2 = \frac{d}{v} \text{〔s〕} \tag{3.12}$$

電子は等速直線運動をするので，蛍光面の距離 X〔m〕は次式で表されます．

$$X = u\,t_2 = \frac{elE}{mv} \times \frac{d}{v} = \frac{eldE}{mv^2} \text{〔m〕}$$

問題 6

次の文章は，紫外線ランプの構造と動作に関する記述である．

紫外線ランプは，紫外線を透過させる石英ガラス管と，その両端に設けられた［（ア）］からなり，ガラス管内には数百パスカルの［（イ）］及び微量の水銀が封入されている．両極間に高電圧を印加すると，［（ウ）］から出た電子が電界で加速され，［（イ）］原子に衝突してイオン化する．ここで生じた正イオンは電界で加速され，［（ウ）］に衝突して電子をたたき出す結果，放電が安定に持続する．管内を走行する電子が水銀原子に衝突すると，電子からエネルギーを得た水銀原子は励起され，特定の波長の紫外線の光子を放出して安定な状態に戻る．さらに［（エ）］はガラス管の内側の面にある種の物質を塗り，紫外線を［（オ）］に変換するようにしたものである．

上記の記述中の空白箇所(ア)，(イ)，(ウ)，(エ)及び(オ)に当てはまる組合せとして，正しいものを次の(1)～(5)のうちから一つ選べ．

	（ア）	（イ）	（ウ）	（エ）	（オ）
(1)	磁極	酸素	陰極	マグネトロン	マイクロ波
(2)	電極	酸素	陽極	蛍光ランプ	可視光
(3)	磁極	希ガス	陰極	進行波管	マイクロ波
(4)	電極	窒素	陽極	赤外線ヒータ	赤外光
(5)	電極	希ガス	陰極	蛍光ランプ	可視光

(H29-12)

（p.147 ～ p.149 の解答） 問題 3 →(5) 問題 4 →(2)

解 説

紫外線ランプに用いられる希ガスにはアルゴンなどがあります．紫外線ランプをガラス管で作り，内側に蛍光塗料を塗った蛍光ランプは蛍光灯として用いられています．

可視光線の波長は，赤の0.76 μmから紫の0.40 μmの範囲です．可視光線より波長が長い電磁波を赤外線，波長が短い電磁波を紫外線と呼びます．マイクロ波は周波数が3 GHzから30 GHzの電波のことで，波長は10 cmから1 cmの電磁波です．マグネトロンや進行波管はこれらの波長で用いられる電子管なので，紫外線ランプとは関係がありません．

高電圧を加えるのは「電極」だから選択肢(1)と(3)の「磁極」じゃないね．選択肢(4)の「窒素」と「赤外線ヒータ」も一つしかないから間違いだと思うよ．(ア)の「電極」と(イ)の「希ガス」か正イオンが衝突する(ウ)の「陰極」が分かれば答えが見つかるね．間違いを見つけて選択肢を消していけば答えにたどり着くよ．

(p.150 ～ p.152 の解答)　問題5 →(5)　問題6 →(5)

3·4 電子回路 1

重要知識

出題項目 CHECK!

- □ トランジスタ増幅回路の接地方式と特徴
- □ トランジスタ増幅回路の回路定数の求め方
- □ 電力増幅回路の特徴

3·4·1　トランジスタ増幅回路

小さい振幅の信号をより大きな振幅の信号にする電子回路を増幅回路といいます．

(1) 接地方式

トランジスタのどの電極を入力側と出力側で共通に使用するかを接地方式といいます．**図3.10** (a) に**ベース接地**回路，図3.10 (b) に**エミッタ接地**回路を示します．

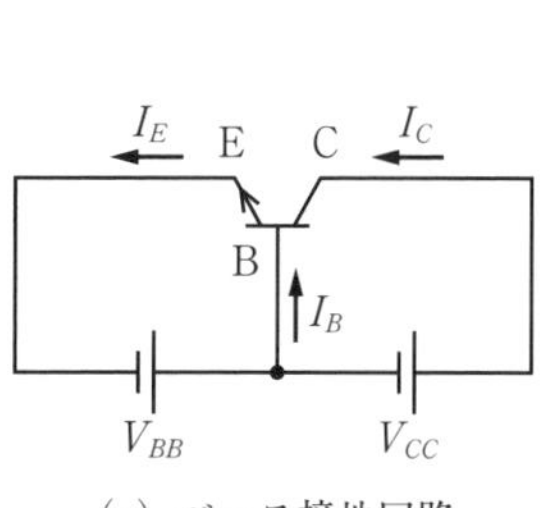

(a) ベース接地回路

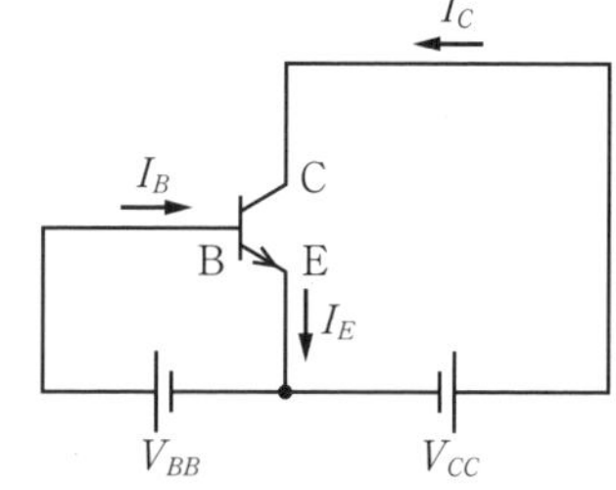

(b) エミッタ接地回路

図 3.10　接地方式

接地といっても地面に付けるわけじゃないよ．入出力の共通電極のことだね．

Point

各増幅回路のベースとエミッタ間には順方向に直流電源電圧を加えます．コレクタからベース間には逆方向に直流電源電圧を加えます．コレクタからエミッタに直流電源電圧を加えるとコレクタとベース間が逆方向となります．

npn トランジスタと pnp トランジスタでは，加える直流電源電圧の向きが逆になります．エミッタの矢印が電流の流れる順方向を表します．

(2) 電流増幅率

トランジスタの電極のうちエミッタとベース間を流れる電流をわずかに変化させると，エミッタとコレクタ間を流れる電流を大きく変化させることができます．この特性を利用して増幅回路などに用いられます．

図3.10 (a) に示すベース接地回路の**電流増幅率** α は次式で表されます．

$$\alpha = \frac{I_C}{I_E} \tag{3.13}$$

図3.10(b)のエミッタ接地増幅回路の電流増幅率βは，次式で表されます．

$$\beta = \frac{I_C}{I_B} \tag{3.14}$$

I_Cを求めるときは，次式で表されます．

$I_C = \beta I_B$〔A〕

αは1より小さい0.99くらいの値をもち，βはかなり大きい100くらいの値をもちます．

(3)　トランジスタ増幅回路の各接地方式の特徴

図3.11に各接地方式の交流増幅回路を示します．直流電源自体のインピーダンスは0Ωなので，交流増幅回路では，直流電源は無視して短絡しているものとして扱うので，図3.11(c)はコレクタ接地回路と呼びます．

① **エミッタ接地**：電流増幅度が大きい．電力増幅度が大きい．入力電圧と出力電圧は逆位相．

② **ベース接地**：入力インピーダンスが低い．出力インピーダンスが高い．出力から入力の帰還が少ない．電流増幅度が小さい(ほぼ1)入力電圧と出力電圧は同位相．

③ **コレクタ接地**：電圧増幅度が小さい(ほぼ1)．入力インピーダンスが高い．出力インピーダンスが低い．入力電圧と出力電圧は同位相．エミッタホロワ増幅回路とも呼ぶ．

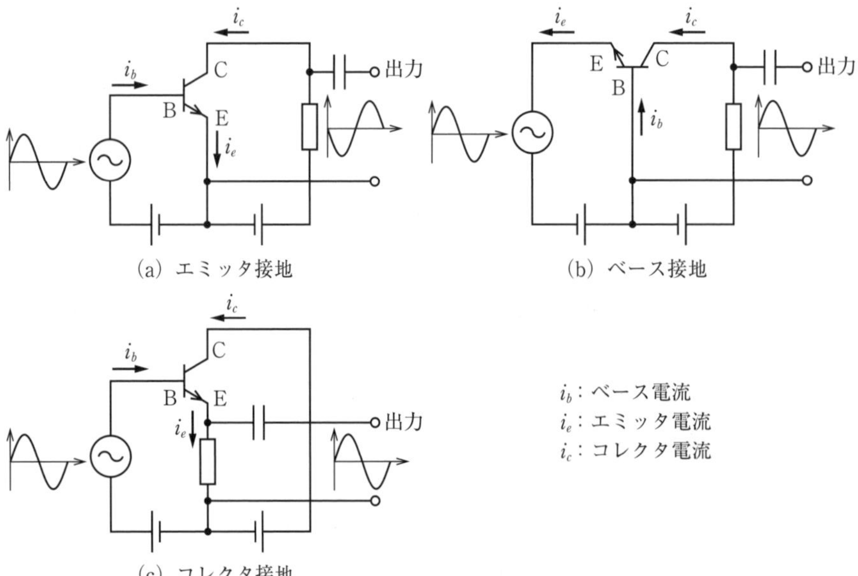

図3.11　増幅回路の接地方式

(4)　動作点

トランジスタは，ダイオードと同じように片方向にしか電流が流れません．そこで正負に変化する交流信号を増幅するためには，**図3.12**(a)のように入力信号電圧に直流電圧を加えてベース電圧とします．この加える電圧のことをバ

αはギリシャ文字の「アルファ」，βは「ベータ」だよ．

電流増幅率βはhパラメータのh_{fe}で表されるよ．

交流の増幅回路では，直流電源は短絡(ショート)していると考えるんだよ．そうすると，図(c)のコレクタが入力と出力の共通電極となって接地しているでしょう．
ホロワ(フォロワー：follower)は，「ファン」や「追っかけ」の意味もあるよ．エミッタが入力電圧を追っかけて，同じ位相でほぼ同じ電圧が出力されるんだよ．

出力側のコンデンサは，直流を除いて交流信号のみを取り出すことができる結合コンデンサだよ．入力電圧と出力電圧の位相は交流信号の位相のことで，エミッタ接地は逆位相，ベース接地とコレクタ接地は同位相だね．

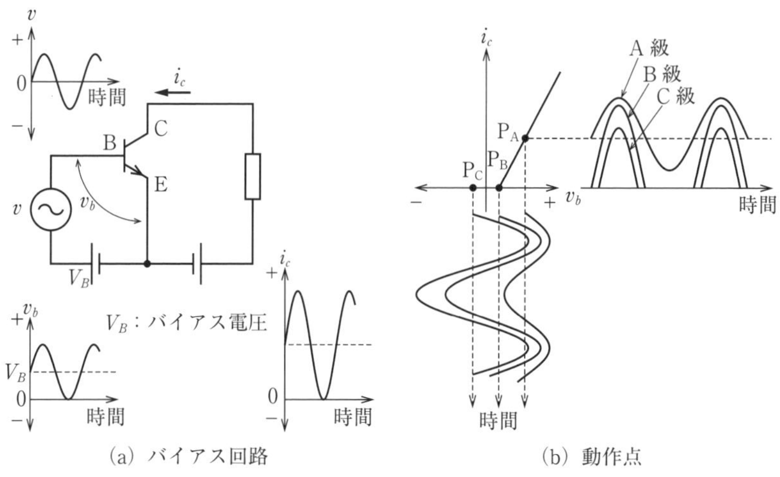

(a) バイアス回路　(b) 動作点

図 3.12 増幅回路の動作点

C級増幅の出力波形はひずみが多いので，低周波増幅では用いられないよ．こんなひずみ波形でもフーリエ級数を使うと，基本周波数とその整数倍の高調波の成分に分けられることが分かるよ．高周波増幅では増幅回路の出力に共振回路を用いることで，一つの周波数成分の正弦波信号を取り出すことができるよ．

イアス電圧といいます．また，図3.12 (b) の点P_A，P_B，P_Cのことを動作点といいます．この動作点の位置によって増幅回路は**A級**，**B級**，**C級**の3種類の動作があります．

A級増幅回路では，ベースとエミッタ間には順方向のバイアス電圧を加え，コレクタとエミッタ間では，コレクタからベースに加わる電圧が逆方向電圧を加えます．

A級増幅は入力信号の全周期を増幅しますが，B級増幅では半周期を，C級増幅では周期の一部のみを増幅します．増幅によって出力波形が入力波形と異なることを**ひずみ**といいます．A級増幅のひずみは少ないですが，B級，C級増幅ではひずみが多くなります．各級増幅回路の特徴を**表3.1**に示します．

表 3.1 各級増幅回路の特徴

動作点	コレクタ電流	効　率	ひずみ	用　途
A 級	入力信号がないときでも流れる	悪い	少ない	低周波増幅，高周波増幅（小信号用）
B 級	入力信号の半周期のみ流れる	中位	中位	低周波増幅（プッシュプル回路用），高周波増幅
C 級	入力信号の一部の周期のみ流れる	良い	多い	高周波増幅（周波数逓倍，電力増幅用）

Point

B級プッシュプル増幅回路は，特性のそろったトランジスタを二つ用いて，信号の正負でトランジスタを切り替えて増幅します．電力効率の最大値は78.5%であり，A級増幅回路の電力効率は50%以下です．

電力増幅回路では，トランジスタの熱損失による発熱が問題となります．その損失をコレクタ損失と呼び，コレクタ電流I_Cとコレクタ-エミッタ間の電圧V_{CE}の積で表されます．

(5) バイアス回路

ベースのバイアス電圧として，コレクタ側の電源を使用するために用いられるバイアス回路の種類を図3.13に示します．トランジスタの特性の違いや温度変化などで動作点が変化しますが，固定バイアス回路はそれらの影響を受けやすく，電流帰還バイアス回路が最も安定に動作します．

ベース側の直流電源をなくして，一つの直流電源にした回路だよ．ベース側の入力とコレクタ側の出力に接続したコンデンサは，交流信号のみを通す結合コンデンサだよ．増幅する信号の周波数において，小さいリアクタンスになる値の静電容量を使うよ．電流帰還バイアス回路のエミッタに接続したコンデンサは，交流信号でエミッタが接地するように動作するためのバイパスコンデンサだよ．

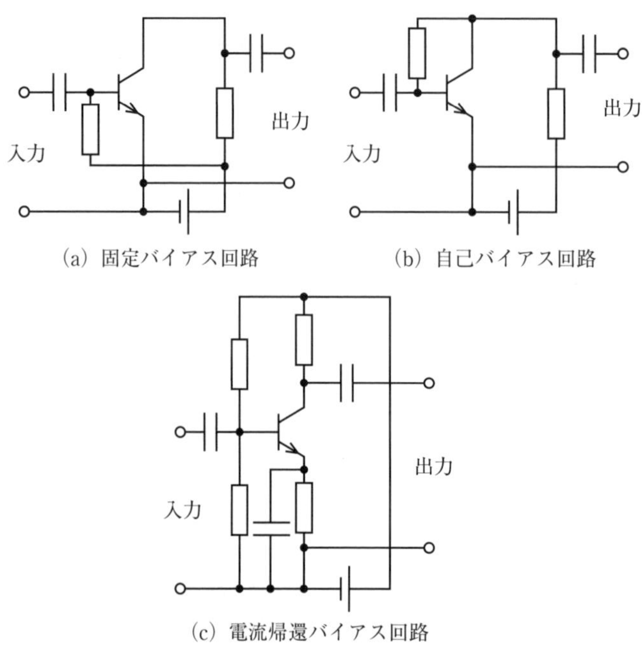

(a) 固定バイアス回路　(b) 自己バイアス回路

(c) 電流帰還バイアス回路

図 3.13　バイアス回路

Point

交流信号の増幅では，入力と出力にコンデンサを使用しますが，コンデンサのリアクタンスは周波数が低いと大きくなるので，低域の増幅度が低下します．また，周波数か高くなるとトランジスタの特性により，増幅度が低下します．中域の増幅度に比較して増幅度が電圧比で $\frac{1}{\sqrt{2}}$，デシベルで表すと－3 dBとなる低域の周波数を低域遮断周波数と呼び，高域の周波数を高域遮断周波数と呼びます．また，これらの周波数の幅は周波数帯域幅と呼びます．

3·4·2　ひずみ率

増幅回路の出力において，入力信号以外の周波数成分が出力されることがあります．これをひずみと呼びます．ひずみの周波数成分は，増幅回路の特性によって異なりますが，特に基本波周波数の2倍，3倍…の高調波のひずみ波成分が多く発生します．基本波の電圧を V_1〔V〕，ひずみ波の第2高調波成分が V_2〔V〕… 第 n 高調波成分が V_n〔V〕のときのひずみ率 K〔%〕は，次式で表されます．

$$K = \frac{\sqrt{V_2^2 + V_3^2 + \cdots V_n^2}}{V_1} \times 100〔\%〕 \quad (3.15)$$

試験の直前 CHECK!

□ **エミッタ接地**≫電流増幅度が大きい（100以上）．電力増幅度が大きい．入力電圧と出力電圧は逆位相．

□ **ベース接地**≫電流増幅度が小さい（ほぼ1）．入力インピーダンスが低い．出力インピーダンスが高い．出力から入力の帰還が少ない．入力電圧と出力電圧は同位相．

□ **コレクタ接地**≫電圧増幅度が小さい（ほぼ1）．入力インピーダンスが高い．出力インピーダンスが低い．入力電圧と出力電圧は同位相．エミッタホロワ増幅回路とも呼ぶ．

□ **A級増幅**≫入力信号の全周期を増幅．ひずみが少ない．電力効率は50％以下．

□ **B級増幅**≫入力信号の半周期を増幅．プッシュプル回路用．電力効率は78.5％．

□ **C級増幅**≫入力信号の一部の周期を増幅．ひずみが多い．高周波電力増幅回路用．電力効率がよい．

□ **コレクタ損失**≫コレクタの熱損失．I_CとV_{CE}の積．

□ **バイアス回路**≫固定バイアス回路，自己バイアス回路，電流帰還バイアス回路．電流帰還バイアス回路が最も安定．

□ **帯域幅**≫電圧比が$\frac{1}{\sqrt{2}}$の周波数の幅．デシベルでは－3 dB

国家試験問題

問題 1

バイポーラトランジスタを用いた交流小信号増幅回路に関する記述として，誤っているものを次の(1)～(5)のうちから一つ選べ．

(1) エミッタ接地増幅回路における電流帰還バイアス方式は，エミッタと接地との間に抵抗を挿入するので，自己バイアス方式に比べて温度変化に対する動作点の安定性がよい．

(2) エミッタ接地増幅回路では，出力交流電圧の位相は入力交流電圧の位相に対して逆位相となる．

(3) コレクタ接地増幅回路は，電圧増幅度がほぼ1で，入力インピーダンスが大きく，出力インピーダンスが小さい．エミッタホロワ増幅回路とも呼ばれる．

(4) ベース接地増幅回路は，電流増幅度がほぼ1である．

(5) CR結合増幅回路では，周波数の低い領域と高い領域とで信号増幅度が低下する．中域からの増幅度低下が6 dB以内となる周波数領域をその回路の帯域幅という．

(H25-13)

解 説

選択肢(5)の誤っている箇所を正しくすると，次のようになります．

中域からの増幅度低下が**3 dB**以内となる周波数領域をその回路の帯域幅という．

－3dBは電力比で$\frac{1}{2}$，電圧比で$\frac{1}{\sqrt{2}}$だよ．

問題２

バイポーラトランジスタを用いた電力増幅回路に関する記述として，誤っているものを次の(1)～(5)のうちから一つ選べ．

(1) コレクタ損失とは，コレクタ電流とコレクターベース間電圧との積である．

(2) コレクタ損失が大きいと，発熱のためトランジスタが破壊されることがある．

(3) A級電力増幅回路の電源効率は，50％以下である．

(4) B級電力増幅回路では，無信号時にコレクタ電流が流れず，電力の無駄を少なくすることができる．

(5) C級電力増幅回路は，高周波の電力増幅に使用される．

(H27-13)

解説

選択肢(1)の誤っている箇所を正しくすると，次のようになります．

コレクタ損失とは，コレクタ電流とコレクターエミッタ間電圧との積である．

コレクタ電流はコレクターエミッタ間を流れるよ．コレクタ損失は熱による電力損失のことだよ．

問題３

トランジスタの接地方式の異なる基本増幅回路を図1，図2及び図3に示す．以下のa～dに示す回路に関する記述として，正しいものを組み合わせたのは次のうちどれか．

a. 図1の回路では，入出力信号の位相差は180°である．

b. 図2の回路は，エミッタ接地増幅回路である．

c. 図2の回路は，エミッタホロワとも呼ばれる．

d. 図3の回路で，エミッタ電流及びコレクタ電流の変化分の比$\left|\dfrac{\Delta I_C}{\Delta I_E}\right|$の値は，約100である．

ただし，I_B，I_C，I_Eは直流電流，v_i，v_cは入出力信号，R_Lは負荷抵抗，V_{BB}，V_{CC}は直流電源を示す．

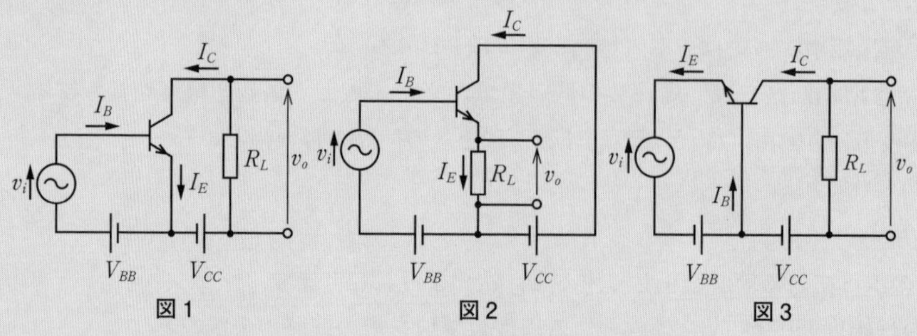

(1) aとb　　(2) aとc　　(3) aとd　　(4) bとd　　(5) cとd

(H20-13)

解説

誤っている箇所を正しくすると，次のようになります．

b. 図2の回路は，コレクタ接地増幅回路である．

d. 図3の回路で，エミッタ電流およびコレクタ電流の変化分$\left|\dfrac{\Delta I_C}{\Delta I_E}\right|$の値は，約1である．

増幅回路の動作は，直流電源は短絡（ショート）しているって考えるんだよ．だから図2の回路はコレクタが接地されているね．

問題 4

図1は，固定バイアス回路を用いたエミッタ接地トランジスタ増幅回路である．図2は，トランジスタの五つのベース電流I_Bに対するコレクタ－エミッタ間電圧V_{CE}とコレクタ電流I_Cとの静特性を示している．このV_{CE}–I_C特性と直流負荷線との交点を動作点という．図1の回路の直流負荷線は図2のように与えられる．動作点がV_{CE}=4.5 Vのとき，バイアス抵抗R_Bの値〔MΩ〕として最も近いものを次の(1)～(5)のうちから一つ選べ．

ただし，ベース－エミッタ間電圧V_{BE}は，直流電源電圧V_{CC}に比べて十分小さく無視できるものとする．なお，R_Lは負荷抵抗であり，C_1，C_2は結合コンデンサである．

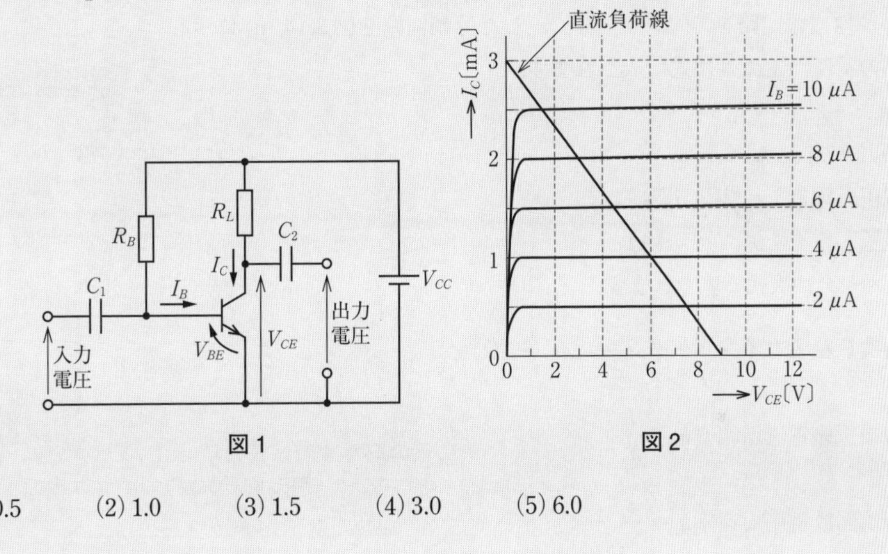

図 1　　　図 2

(1) 0.5　　(2) 1.0　　(3) 1.5　　(4) 3.0　　(5) 6.0

(H29-13)

解 説

問題の図において，動作点は横軸のV_{CE}=4.5 Vと直流負荷線の交点となります．また，グラフからI_B=6 μAと読み取れます．電源電圧V_{CC}〔V〕は直流負荷線と横軸の交点より9 Vなので，問題の条件よりV_{BE}を無視すれば，R_B〔Ω〕は次式で表されます．

$$R_B = \frac{V_{CC}}{I_B} = \frac{9}{6\times 10^{-6}} = 1.5\times 10^6\ \Omega = 1.5\ \mathrm{M}\Omega$$

V_{CC}の値を求めるんだけど，I_B＝0のときI_C＝0になって，V_{CE}＝V_{CC}になるよ．つまり直流負荷線と横軸の交点の電圧だよ．

(p.157 ～ p.159 の解答)　問題 1 →(5)　問題 2 →(1)　問題 3 →(2)　問題 4 →(3)

3·5 電子回路 2

重要知識

出題項目 CHECK!

- □ トランジスタの h パラメータとは
- □ トランジスタ増幅回路の回路定数と増幅度の求め方
- □ FET 増幅回路の回路定数と増幅度の求め方
- □ 増幅度の dB 値の求め方

3·5·1 トランジスタ増幅回路の特性と増幅度

(1) h パラメータ

エミッタ接地増幅回路を h パラメータで表した等価回路を**図3.14** (a) に示します．各部の電圧，電流は次式で表されます．

$$v_b = h_{ie}\,i_b + h_{re}\,v_c \text{〔V〕} \tag{3.16}$$

$$i_c = h_{fe}\,i_b + h_{oe}\,v_c \text{〔A〕} \tag{3.17}$$

入力電圧，電流：v_b〔V〕，i_b〔A〕

出力電圧，電流：v_c〔V〕，i_c〔A〕

各 h パラメータは次式で表されます．

出力端短絡入力インピーダンス $h_{ie} = \dfrac{v_b}{i_b}$〔Ω〕

出力端短絡電流増幅率 $h_{fe} = \dfrac{i_c}{i_b}$

入力端開放電圧帰還率 $h_{re} = \dfrac{v_b}{v_c}$

入力端開放出力アドミタンス $h_{oe} = \dfrac{i_c}{v_c}$〔S〕

$h_{ie}\,i_b \gg h_{re}\,v_c$，$h_{fe}\,i_b \gg h_{oe}\,v_c$ の条件のときに，負荷抵抗 R_L〔Ω〕を接続したときは図3.14 (b) の簡易等価回路で表すことができます．各部の電圧，電流は次式で表されます．

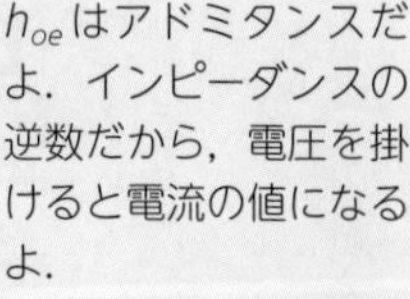

h の下の記号は，i は入力 (input)，r は逆方向 (reverse)，f は順方向 (forward)，o は出力 (output)，e はエミッタだよ．

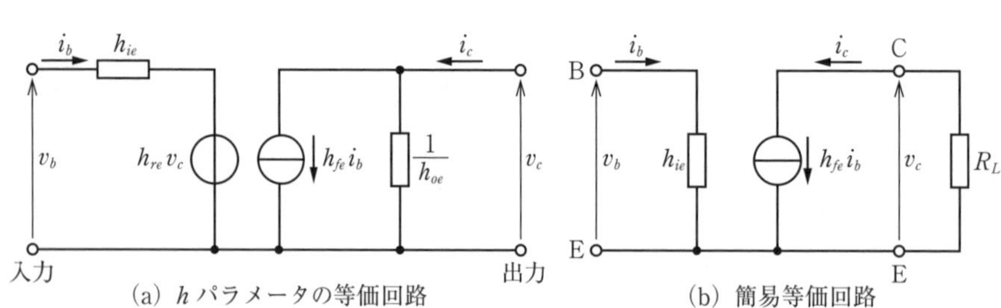

(a) h パラメータの等価回路　(b) 簡易等価回路

図 3.14　h パラメータ

入力は直列回路，出力は並列回路で表されるよ．

$$v_b = h_{ie}\, i_b \text{〔V〕} \tag{3.18}$$

$$i_c = h_{fe}\, i_b \text{〔A〕} \tag{3.19}$$

式(3.19)より電流増幅度A_iは，次式で表されます．

$$A_i = -\frac{i_c}{i_b} = -h_{fe} \tag{3.20}$$

式(3.18)，(3.20)より電圧増幅度A_vは，負荷抵抗をR_Lとすると次式で表されます．

$$A_v = -\frac{v_c}{v_b} = -\frac{i_c R_L}{h_{ie}\, i_b} = -\frac{h_{fe} R_L}{h_{ie}} \tag{3.21}$$

式(3.20)，(3.21)より電力増幅度A_pを求めると，次式で表されます．

$$A_p = A_i A_v = \frac{h_{fe}^{\,2} R_L}{h_{ie}} \tag{3.22}$$

出力電流は回路から外に出る向きを(+)として，出力電圧は上を(+)とするとA_i，A_vの符号は(−)になるよ．

「増幅度」は「利得」と呼ばれることもあるよ．

3·5·2 FET 増幅回路

(1) ソース接地増幅回路

図3.15 (a)にnチャネル**ソース接地**FET増幅回路を示します．ゲート電圧v_{gs}〔V〕のわずかな変化でドレーン電流i_d〔A〕を大きく変化させることができます．

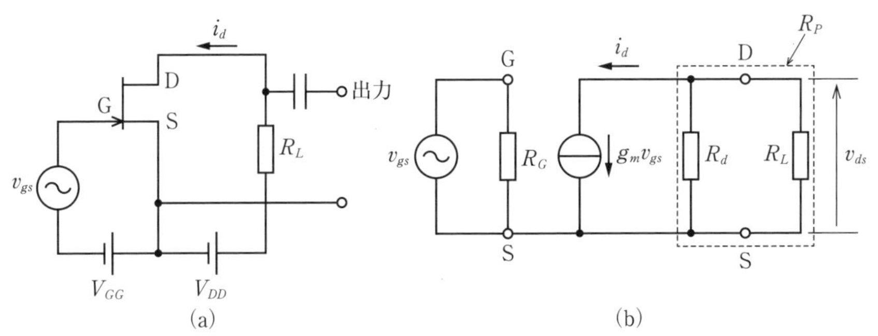

図 3.15 ソース接地増幅回路

(2) ソース接地増幅回路の等価回路

ソース接地増幅回路の交流で表した等価回路を図3.15 (b)に示します．ゲート－ソース間の電圧v_{gs}〔V〕と相互コンダクタンスg_m〔s〕よりドレーン電流i_d〔A〕は次式で表されます．

$$i_d = g_m\, v_{gs} \text{〔A〕} \tag{3.23}$$

図3.15 (a)のソース接地増幅回路の直流電源V_{DD}〔V〕は，図3.15 (b)の交流等価回路で表すと短絡しているものとして取り扱うことができるので，ドレーン抵抗R_d〔Ω〕と負荷抵抗R_L〔Ω〕は並列接続となるので，合成抵抗R_P〔Ω〕は次式で表されます．

$$R_P = \frac{R_d R_L}{R_d + R_L} \text{〔Ω〕} \tag{3.24}$$

コンダクタンスは抵抗の逆数だよ．電圧を掛けると電流の値になるよ．

式(3.23)，(3.24)より電圧増幅度A_vは，次式で表されます．

$$A_v = -\frac{v_{ds}}{v_{gs}} = -\frac{i_d R_P}{v_{gs}} = -\frac{g_m v_{gs} R_P}{v_{gs}}$$

$$= -g_m R_P = -g_m \frac{R_d R_L}{R_d + R_L} \qquad (3.25)$$

(3) 各接地方式の特徴

FETのどの電極を入力側と出力側で共通に使用するかを接地方式といいます．各接地方式は次の特徴があります．

① **ソース接地**：電圧増幅度が大きい．電力増幅度が大きい．入力電圧と出力電圧は逆位相．

② **ゲート接地**：入力インピーダンスが低い．出力から入力への帰還が少ないので高周波増幅に適している．入力電圧と出力電圧は同位相．

③ **ドレーン接地**：電圧増幅度が小さい．出力インピーダンスが低いのでインピーダンス変換回路に適している．

バイポーラトランジスタと比較すると，ソース接地はエミッタ接地，ゲート接地はベース接地，ドレーン接地はコレクタ接地だよ．

3·5·3　デシベル

増幅回路などの電圧や電力比はデシベルで表されます．電力増幅度GをデシベルG_{dB}〔dB〕で表すと，次式で表されます．

$$G_{dB} = 10 \log_{10} G \text{〔dB〕} \qquad (3.26)$$

また，電圧増幅度AをデシベルA_{dB}〔dB〕で表すと，次式で表されます．

$$A_{dB} = 20 \log_{10} A \text{〔dB〕} \qquad (3.27)$$

$\log_{10}$は常用対数です．$x = 10^y$の関係があるとき，次式で表されます．

$$y = \log_{10} x$$

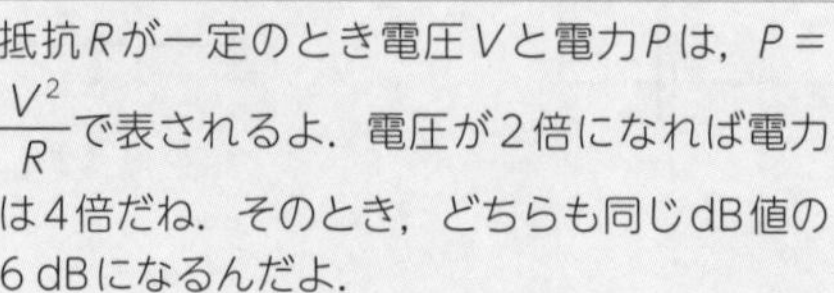

次にデシベルの計算に必要な公式を示します．

$$\log_{10}(ab) = \log_{10} a + \log_{10} b$$

$$\log_{10} \frac{a}{b} = \log_{10} a - \log_{10} b$$

$$\log_{10} a^b = b \log_{10} a$$

よく使われる数値を次に示します．

$$\log_{10} 1 = \log 10^0 = 0$$

$$\log_{10} 10 = \log 10^1 = 1$$

$$\log_{10} 100 = \log 10^2 = 2$$

$$\log_{10} 2 \fallingdotseq 0.3$$

$$\log_{10} 3 \fallingdotseq 0.48$$

$$\log_{10} 4 = \log_{10}(2 \times 2) = \log_{10} 2 + \log_{10} 2 \fallingdotseq 0.6$$

比：x	$\frac{1}{10}$	$\frac{1}{2}$	$\frac{1}{\sqrt{2}}$	1	2	3	4	5	10	20	100
電力：G_{dB}〔dB〕	−10	−3	−1.5	0	3	4.8	6	7	10	13	20
電圧：A_{dB}〔dB〕	−20	−6	−3	0	6	9.6	12	14	20	26	40

国家試験問題では，logの値が与えられるけど，計算が面倒だから表の数値を覚えてね．真数の掛け算はdBの足し算．真数の割り算はdBの引き算だよ．

試験の直前 CHECK!

- □ **出力端短絡入力インピーダンス**≫≫$h_{ie} = \dfrac{v_b}{i_b}$
- □ **出力端短絡電流増幅率**≫≫$h_{fe} = \dfrac{i_c}{i_b}$
- □ **入力端開放電圧帰還率**≫≫$h_{re} = \dfrac{v_b}{v_c}$
- □ **入力端開放出力アドミタンス**≫≫$h_{oe} = \dfrac{i_c}{v_c}$
- □ ***h*パラメータの簡易等価回路**≫$v_b = h_{ie}\, i_b$,　$i_c = h_{fe}\, i_b$
- □ **トランジスタ増幅回路の電圧増幅度**≫≫$A_v = -\dfrac{h_{fe} R_L}{h_{ie}}$,　$|A_v| = \dfrac{h_{fe} R_L}{h_{ie}}$
- □ **FET増幅回路の電圧増幅度**≫$A_v = -g_m R_P$,　$|A_v| = g_m R_P$
- □ **電力比のdB**≫≫$G_{dB} = 10 \log_{10} G$
- □ **電圧比のdB**≫≫$A_{dB} = 20 \log_{10} A$
- □ **電圧比のdBの値**≫≫真数：dB値，$\frac{1}{2}$：−6dB，$\frac{1}{\sqrt{2}}$：−3dB，1：0dB，2：3dB，3：4.8dB，10：20dB，100：40dB

国家試験問題

問題 1

エミッタホロワ回路について，次の(a)及び(b)の問に答えよ．

(a) 図1の回路でV_{CC}=10 V，R_1=18 kΩ，R_2=82 kΩとする．動作点におけるエミッタ電流を1 mAとしたい．抵抗R_Eの値〔kΩ〕として，最も近いものを次の(1)〜(5)のうちから一つ選べ．ただし，動作点において，ベース電流はR_2を流れる直流電流より十分小さく無視できるものとし，ベース-エミッタ間電圧は0.7 Vとする．

(1) 1.3　(2) 3.0　(3) 7.5　(4) 13　(5) 75

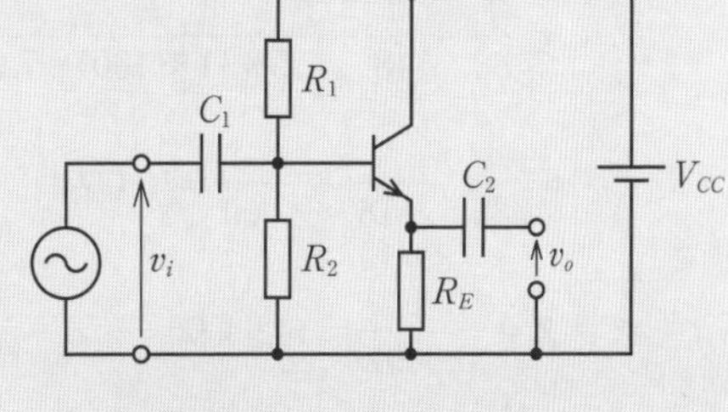

図1

(b) 図2は，エミッタホロワ回路の交流等価回路である．ただし，使用する周波数において図1の二つのコンデンサのインピーダンスが十分に小さい場合を考えている．ここで，h_{ie}=2.5 kΩ，h_{fe}=100であり，R_Eは小問(a)で求めた値とする．入力インピーダンス$\dfrac{v_i}{i_i}$の値〔kΩ〕として，最も近いものを次の(1)～(5)のうちから一つ選べ．ただし，v_iとi_iはそれぞれ図2に示す入力電圧と入力電流である．

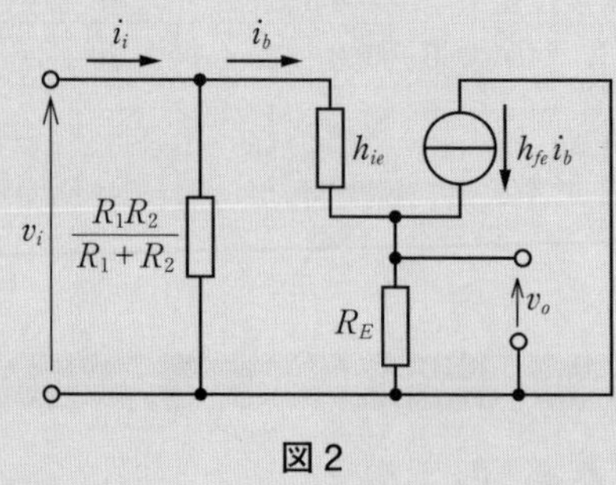

図2

(1) 2.5　　(2) 15　　(3) 80　　(4) 300　　(5) 750

(H30-16)

解説

(a) 入力の抵抗R_1〔kΩ〕，R_2〔kΩ〕の比からベースの電位V_b〔V〕を求めると，次式で表されます．

$$V_b = \frac{R_2}{R_1+R_2} V_{CC} = \frac{82}{18+82} \times 10 = 8.2\ \mathrm{V} \tag{3.28}$$

ベース-エミッタ間の電圧$V_{be}=0.7$ Vなので，R_Eの電圧V_Eは，次式で表されます．

$$V_E = V_b - V_{be} = 8.2 - 0.7 = 7.5\ \mathrm{V}$$

エミッタ電流が$I_E = 1\ \mathrm{mA} = 1\times10^{-3}$ Aなので，R_Eを求めると，次式で表されます．

$$R_E = \frac{V_E}{I_E} = \frac{7.5}{1\times10^{-3}} = 7.5\times10^3\ \Omega = 7.5\ \mathrm{k\Omega} \tag{3.29}$$

(b) R_Eを流れる電流は，$i_b + h_{fe} i_b = (1+h_{fe}) i_b$となり，$v_o = (1+h_{fe}) i_b R_E$で表されるので，入力インピーダンス$Z_i$〔kΩ〕は，$R_1$，$R_2$，$h_{ie} + \frac{v_o}{i_b} = h_{ie} + (1+h_{fe}) R_E$〔kΩ〕の並列合成抵抗として，次式によって求めることができます．

$$\frac{1}{Z_i} = \frac{1}{R_1} + \frac{1}{R_2} + \frac{1}{h_{ie}+(1+h_{fe})R_E}$$

$$= \frac{1}{82} + \frac{1}{18} + \frac{1}{2.5+(1+100)\times7.5}$$

$$= \frac{1}{82} + \frac{1}{18} + \frac{1}{760} \fallingdotseq 0.0691$$

よって，$Z_i = \frac{1}{0.0691} \fallingdotseq 14.5\ \mathrm{k\Omega}$

となるので，最も近い値は選択肢(2)の15 kΩです．

電圧はその抵抗値に比例するよ．比率で求めるので，〔kΩ〕のまま計算していいよ．

Z_iは，R_1，R_2の並列抵抗で求めても，大きく変わらないね．

問題 2

図は，エミッタ (E) を接地したトランジスタ増幅回路の簡易小信号等価回路である．この回路においてコレクタ抵抗 R_C と負荷抵抗 R_L の合成抵抗が $R_L'=1\,\mathrm{k\Omega}$ のとき，電圧利得は 40 dB であった．入力電圧 $v_i=10\,\mathrm{mV}$ を加えたときにベース (B) に流れる入力電流 i_b の値〔μA〕として，最も近いものを次の(1)～(5)のうちから一つ選べ．

ただし，v_o は合成抵抗 R_L' の両端における出力電圧，i_c はコレクタ (C) に流れる出力電流，h_{ie} はトランジスタの入力インピーダンスであり，小信号電流増幅率 $h_{fe}=100$ とする．

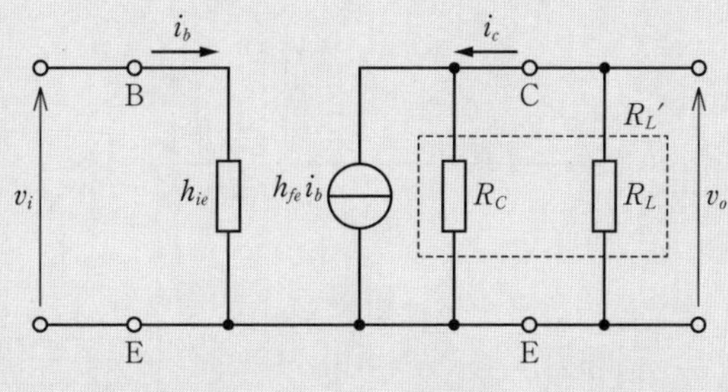

(1) 0.1　　(2) 1　　(3) 10　　(4) 100　　(5) 1 000

(H28-13)

解 説

電圧利得 $A_{v\,dB}$ の真数を A_v とすると，次式で表されます．

$$A_{v\,dB}=20\log_{10}A_v$$

$40=20\log_{10}10^2=20\log_{10}A_v$　　　よって，$A_v=10^2$ となります．

電圧利得の大きさ A_v は次式で表されます．

$$A_v=\frac{v_o}{v_i}=\frac{i_c R_L}{h_{ie}\,i_b}$$

$$=\frac{h_{fe}R_L}{h_{ie}}$$

dBの数値を覚えてね．
電圧比で10倍は20 dB，
100倍は40 dB，1 000倍は60 dB．
電力比のdBはその$\frac{1}{2}$だよ．

h_{ie}〔Ω〕を求めると，次式で表されます．

$$h_{ie}=\frac{h_{fe}R_L}{A_v}=\frac{100\times1\times10^3}{10^2}=1\times10^3\,\Omega$$

入力回路より i_b〔A〕を求めると，次式で表されます．

$$i_b=\frac{v_i}{h_{ie}}=\frac{10\times10^{-3}}{1\times10^3}=10\times10^{-3-3}=10\times10^{-6}\,\mathrm{A}=10\,\mu\mathrm{A}$$

第3章　半導体・電子回路

問題3

図1の回路は，エミッタ接地のトランジスタ増幅器の交流小信号に注目した回路である．次の(a)及び(b)に答えよ．

ただし，R_L〔Ω〕は抵抗，i_b〔A〕は入力信号電流，$i_c=6\times10^{-3}$ Aは出力信号電流，v_b〔V〕は入力信号電圧，$v_c=6$ Vは出力信号電圧である．

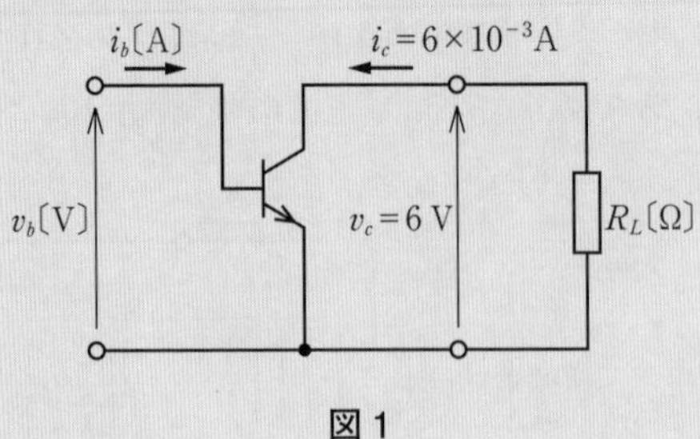

図1

(a) 図1の回路において，入出力信号の関係を表1に示すhパラメータを用いて表すと次の式①，②になる．

$v_b=h_{ie}\,i_b+h_{re}\,v_c$　①

$i_c=h_{fe}\,i_b+h_{oe}\,v_c$　②

右記表中の空白箇所(ア)，(イ)，(ウ)及び(エ)に当てはまる語句として，正しいものを組み合わせたのは次のうちどれか．

表1　hパラメータの数値例

名　称	記　号	値の例
(ア)	h_{ie}	3.5×10^{3} Ω
電圧帰還率	(ウ)	1.3×10^{-4}
電流増幅率	(エ)	140
(イ)	h_{oe}	9×10^{-6} S

	(ア)	(イ)	(ウ)	(エ)
(1)	入力インピーダンス	出力アドミタンス	h_{fe}	h_{re}
(2)	入力コンダクタンス	出力インピーダンス	h_{fe}	h_{re}
(3)	出力コンダクタンス	入力インピーダンス	h_{re}	h_{fe}
(4)	出力インピーダンス	入力コンダクタンス	h_{re}	h_{fe}
(5)	入力インピーダンス	出力アドミタンス	h_{re}	h_{fe}

(b) 図1の回路の計算は，図2の簡易小信号等価回路を用いて行うことが多い．この場合，上記(a)の式①，②から求めたv_b〔V〕及びi_b〔A〕の値をそれぞれ真の値としたとき，図2の回路から求めたv_b〔V〕及びi_b〔A〕の誤差Δv_b〔mV〕，Δi_b〔μA〕の大きさとして，最も近いものを組み合わせたのは次のうちどれか．

ただし，hパラメータの値は表1に示された値とする．

	Δv_b	Δi_b
(1)	0.78	54
(2)	0.78	6.5
(3)	0.57	6.5
(4)	0.57	0.39
(5)	0.35	0.39

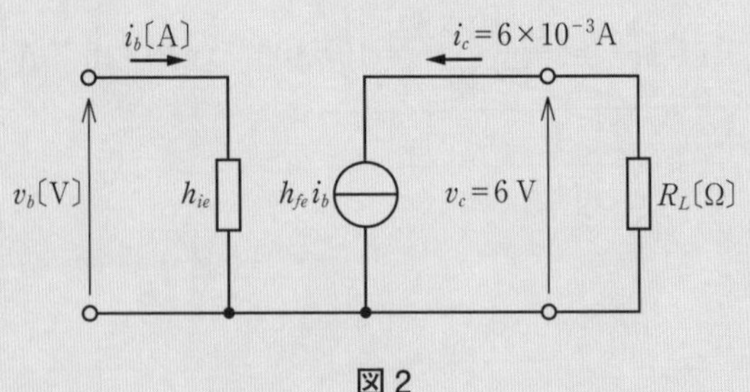

図2

(H21-18)

解説

(b) 問題の図2の簡易等価回路は，次式で表されます．

$$v_b = h_{ie}\, i_b \,[\mathrm{V}] \tag{3.30}$$

$$i_c = h_{fe}\, i_b \,[\mathrm{A}] \tag{3.31}$$

問題の式②より次式が成り立ちます．

$$i_b = \frac{i_c}{h_{fe}} - \frac{h_{oe}\, v_c}{h_{fe}} \tag{3.32}$$

式(3.31)と式(3.32)を比較すると，i_bの誤差Δi_bは次式で表されます．

$$\Delta i_b = -\frac{h_{oe}\, v_c}{h_{fe}} = -\frac{9\times10^{-6}\times6}{140}$$

$$\fallingdotseq -0.386\times10^{-6}\,\mathrm{A}$$

よって，誤差の大きさは$\Delta i_b \fallingdotseq 0.39\,\mu\mathrm{A}$となります．

Δi_bの誤差を用いて，問題の式①からv_bの誤差Δv_bを求めると，次式で表されます．

$$\Delta v_b = h_{ie}\,\Delta i_b + h_{re}\, v_c$$

$$= 3.5\times10^3\times(-0.386\times10^{-6}) + 1.3\times10^{-4}\times6$$

$$\fallingdotseq -1.35\times10^{-3} + 0.78\times10^{-3} = -0.57\times10^{-3}\,\mathrm{V}$$

よって，誤差の大きさは$\Delta v_b \fallingdotseq 0.57\,\mathrm{mV}$となります．

問題 4

図1のトランジスタによる小信号増幅回路について，次の(a)及び(b)の問に答えよ．

ただし，各抵抗は，$R_A = 100\,\mathrm{k\Omega}$，$R_B = 600\,\mathrm{k\Omega}$，$R_C = 5\,\mathrm{k\Omega}$，$R_D = 1\,\mathrm{k\Omega}$，$R_o = 200\,\mathrm{k\Omega}$である．$C_1$，$C_2$は結合コンデンサで，$C_3$はバイパスコンデンサである．また，$V_{CC} = 12\,\mathrm{V}$は直流電源電圧，$V_{be} = 0.6\,\mathrm{V}$はベース－エミッタ間の直流電圧とし，$v_i$〔V〕は入力小信号電圧，$v_o$〔V〕は出力小信号電圧とする．

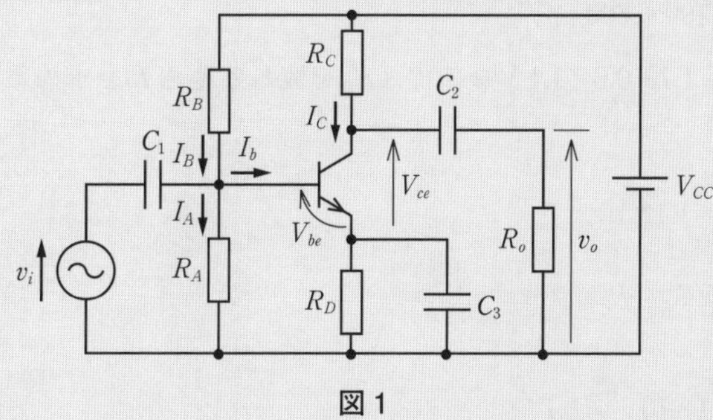

図 1

(a) 小信号増幅回路の直流ベース電流I_b〔A〕が抵抗R_A，R_Cの直流電流I_A〔A〕やI_C〔A〕に比べて十分に小さいものとしたとき，コレクタ-エミッタ間の直流電圧V_{ce}〔V〕の値として，最も近いものを次の(1)～(5)のうちから一つ選べ．

(1) 1.1　　(2) 1.7　　(3) 4.5　　(4) 5.3　　(5) 6.4

（p.163 ～ p.165 の解答）**問題 1** →(a)−(3)，(b)−(2)　**問題 2** →(3)

(b) 小信号増幅回路の交流等価回路は，結合コンデンサ及びバイパスコンデンサのインピーダンスを無視することができる周波数において，一般に，図2の簡易等価回路で表される．

ここで，i_b〔A〕はベースの信号電流，i_c〔A〕はコレクタの信号電流で，この回路の電圧増幅度A_{V0}は下式となる．

$$A_{V0}=\left|\frac{v_o}{v_i}\right|=\frac{h_{fe}}{h_{ie}}\cdot\frac{R_C R_o}{R_C+R_o} \quad ①$$

また，コンデンサC_1のインピーダンスの影響を考慮するための等価回路を図3に示す．

このとき，入力小信号電圧のある周波数において，図3を用いて得られた電圧増幅度が①式で示す電圧増幅度の$\frac{1}{\sqrt{2}}$となった．この周波数〔Hz〕の大きさとして，最も近いものを次の(1)～(5)のうちから一つ選べ．

ただし，エミッタ接地の小信号電流増幅率$h_{fe}=120$，入力インピーダンス$h_{ie}=3\times10^3\ \Omega$，コンデンサ$C_1$の静電容量$C_1=10\ \mu$Fとする．

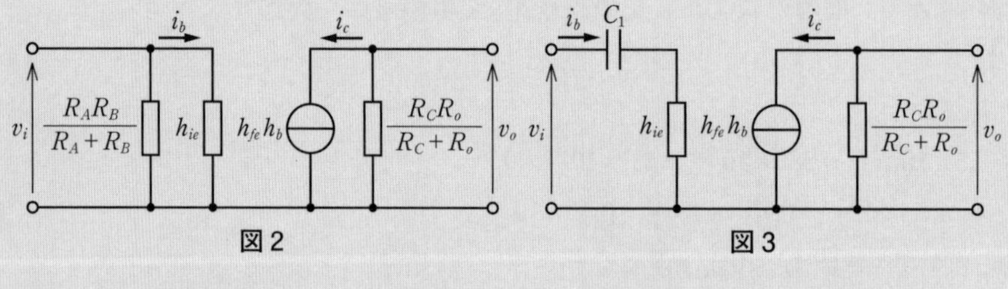

図2　　図3

(1) 1.2　(2) 1.6　(3) 2.1　(4) 5.3　(5) 7.9

(H23-18)

解説

(a) 入力の抵抗R_A〔kΩ〕，R_B〔kΩ〕の比からベースの電位V_b〔V〕を求めると，次式で表されます．

$$V_b=\frac{R_A}{R_A+R_B}V_{CC}=\frac{100}{100+600}\times12\fallingdotseq1.7\ \mathrm{V} \quad (3.33)$$

R_Dの電圧は$V_D=V_b-V_{be}=1.7-0.6=1.1$ Vなので，R_Dを流れる電流I_Eを求めると，次式で表されます．

$$I_E=\frac{V_D}{R_D}=\frac{1.1}{1\times10^3}=1.1\times10^{-3}\ \mathrm{A} \quad (3.34)$$

$I_E\fallingdotseq I_C$とするとV_{CE}は，次式で表されます．

$$V_{CE}=V_{CC}-R_C I_C-V_D$$
$$=12-5\times10^3\times1.1\times10^{-3}-1.1$$
$$=5.4\fallingdotseq5.3\ \mathrm{V}$$

(b) 図3の入力回路において，コンデンサのリアクタンスをX_C〔Ω〕とすると，h_{ie}の両端のベース電圧v_bは次式で表されます．

$$v_b=\frac{h_{ie}}{\sqrt{h_{ie}^2+X_C^2}}v_i \quad (3.35)$$

v_bが低下すると増幅度が低下するので，X_Cの影響がないときに比較して入力

$I_E\fallingdotseq I_C$で計算するので少し誤差が出るよ．

電圧が$\dfrac{1}{\sqrt{2}}$となるのは，式(3.35)の分母が$\sqrt{2}\,h_{ie}$となるときだから，次式が成り立ちます．

$$h_{ie}=X_C \tag{3.36}$$

周波数をf〔Hz〕とすると，式(3.36)より，次式で表されます．

$$h_{ie}=\frac{1}{2\pi fC}$$

$$f=\frac{1}{2\pi C h_{ie}}=\frac{1}{2\times3.14\times10\times10^{-6}\times3\times10^{3}}\fallingdotseq\frac{1}{18.8}\times10^{2}\fallingdotseq5.3\text{ Hz}$$

$\dfrac{1}{\sqrt{2}}$になるのは，$h_{ie}=X_C$を覚えておけばいいね．

問題 5

図1は，飽和領域で動作する接合形FETを用いた増幅回路を示し，図中のv_i並びにv_oはそれぞれ，入力と出力の小信号交流電圧〔V〕を表す．また，図2は，その増幅回路で使用するFETのゲートソース間電圧V_{gs}〔V〕に対するドレーン電流I_d〔mA〕の特性を示している．抵抗$R_G=1\,\text{M}\Omega$，$R_D=5\,\text{k}\Omega$，$R_L=2.5\,\text{k}\Omega$，直流電源電圧$V_{DD}=20\,\text{V}$とするとき，次の(a)及び(b)の問に答えよ．

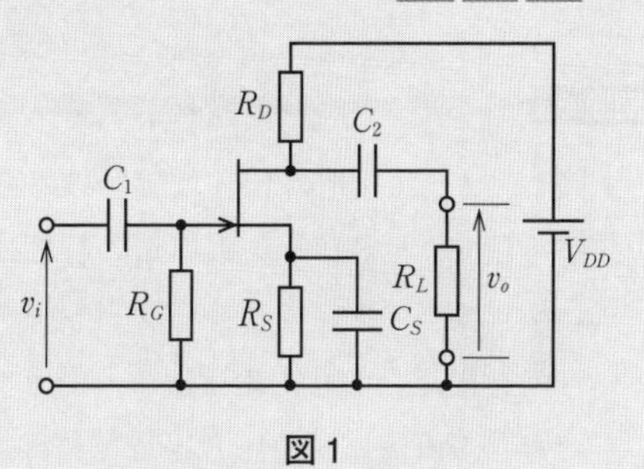

図1

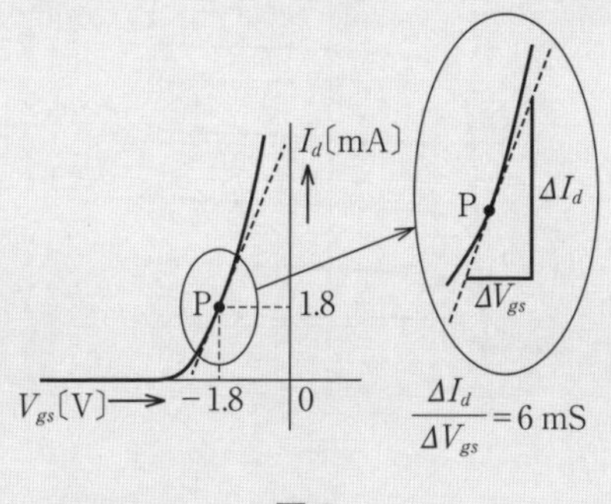

図2

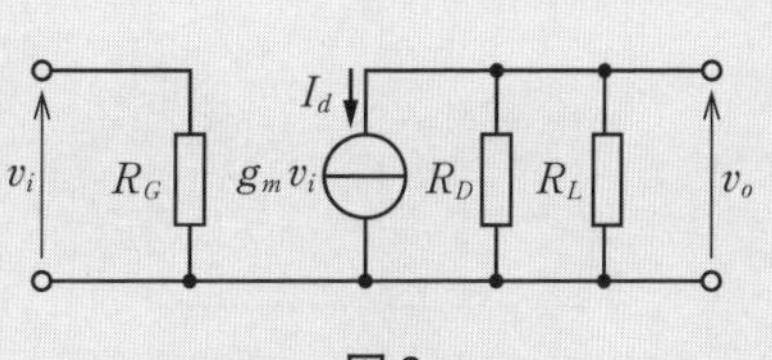

図3

(a) FETの動作点が図2の点Pとなる抵抗R_S〔kΩ〕の値として，最も近いものを次の(1)～(5)のうちから一つ選べ．

(1) 0.1　　(2) 0.3　　(3) 0.5　　(4) 1　　(5) 3

(b) 図2の特性曲線の点Pにおける接線の傾きを読むことで，FETの相互コンダクタンスが$g_m=6\,\text{mS}$であるとわかる．この値を用いて，増幅回路の小信号交流等価回路を描くと図3となる．ここで，コンデンサC_1，C_2，C_Sのインピーダンスが使用する周波数で十分に小さいときを考えており，FETの出力インピーダンスがR_D〔kΩ〕やR_L〔kΩ〕より十分大きいとしている．この増幅回路の電圧増幅度$A_V=\left|\dfrac{v_o}{v_i}\right|$の値として最も近いものを次の(1)～(5)のうちから一つ選べ．

(1) 10　　(2) 30　　(3) 50　　(4) 100　　(5) 300

(H24-18)

(p.166の解答)　**問題 3** →(a)−(5)，(b)−(4)

解説

FETの入力インピーダンスがR_Gに比較して大きいとすると，V_{gs}はゲートを基準としてR_Sの電圧降下$-I_d R_S$が加わります．図より$V_{gs}=-1.8$ Vなので，R_Sは次式によって求めることができます．

$$R_S=\frac{V_{gs}}{I_d}=\frac{1.8}{1.8\times10^{-3}}=1\times10^3\,\Omega=1\,\mathrm{k}\Omega$$

R_DとR_Lの並列抵抗をR_Pとすると，$v_o=g_m v_i R_P$で表されます．また，R_DはR_Lの$n=2$倍なので，A_Vの大きさは次式で表されます．

$$A_V=g_m R_P=g_m\times\frac{n}{1+n}R_L=6\times10^{-3}\times\frac{2}{1+2}\times2.5\times10^3=10$$

並列接続のRとnRの合成抵抗R_0は，

$$R_0=\frac{n}{1+n}R\,〔\Omega〕$$

によって表されるよ．

問題6

図1にソース接地のFET増幅器の静特性に注目した回路を示す．この回路のFETのドレーン-ソース間電圧V_{DS}とドレーン電流I_Dの特性は，図2に示す．図1の回路において，ゲート-ソース間電圧$V_{GS}=-0.1$ Vのとき，ドレーン-ソース間電圧V_{DS}〔V〕，ドレーン電流I_D〔mA〕の値として，最も近いものを組み合わせたのは次のうちどれか．

ただし，直流電源電圧$E_2=12$ V，負荷抵抗$R=1.2$ kΩとする．

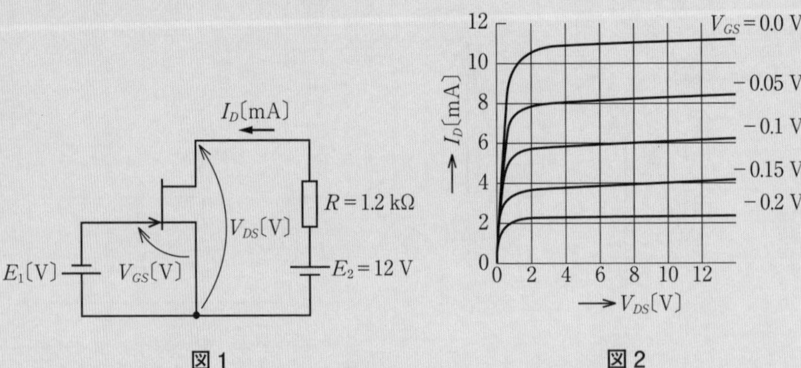

図1　　図2

	V_{DS}	I_D
(1)	0.8	5.0
(2)	3.0	5.8
(3)	4.2	6.5
(4)	4.8	6.0
(5)	12	8.4

(H21-13)

解説

$I_D=0$ mAのときのドレーン-ソース間電圧は$V_{DS}=E_2=12$ Vとなります．$V_{DS}=0$ Vのときのドレーン電流I_Dは，

$$I_D=\frac{E_2}{R}=\frac{12}{1.2\times10^3}=10\times10^{-3}\,\mathrm{A}=10\,\mathrm{mA}$$

となるので，**図3.16**のように，これらの点を結んだ直線が直流負荷線となります．動作点はV_{GS} = − 0.1 Vの交点Pとなるので，図3.16よりV_{DS}=4.8 V，I_D=6.0 mAとなります．

I_D = 0mAのときV_{DS} = 12V，V_{DS} = 0VのときI_D = 10mAとなるから，V_{DS}とI_Dはその直線上の値になるんだよ．

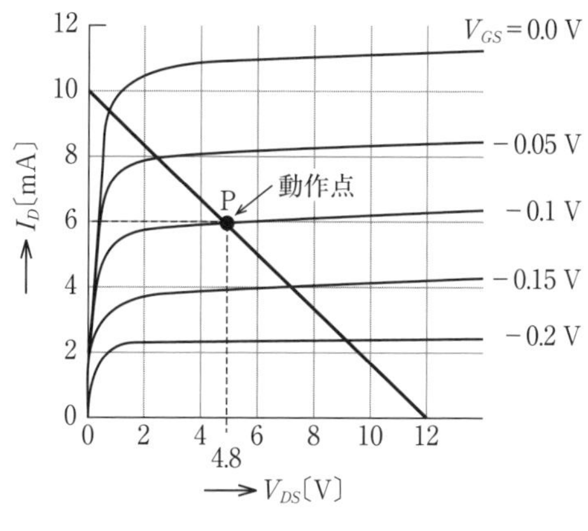

図 3.16

（p.167 ～ p.170 の解答） 問題 4 →(a)−(4)，(b)−(4) 問題 5 →(a)−(4)，(b)−(1) 問題 6 →(4)

3·6 電子回路 3

重要知識

出題項目 CHECK!

- □ 演算増幅器の特徴，電圧増幅度と出力電圧の求め方
- □ ブリッジ形 CR 発振回路の発振条件と発振周波数
- □ クリッパ回路，スイッチング電源回路の動作
- □ 非安定マルチバイブレータの動作
- □ 振幅変調された振幅変調波の変調度の求め方
- □ 復調回路の動作

3·6·1　演算増幅器（オペアンプ）

演算増幅器（OPerational amplifier：OP アンプ）はアナログ電子計算機用に開発された直流増幅器ですが，直流から高周波までの各種増幅回路に用いられています．**図 3.17** に差動入力形演算増幅器の図記号を示します．図 (a) は国家試験問題で使われている JIS 記号，図 (b) は実用回路記号です．演算増幅器は，増幅器の単体の電圧増幅度（開ループ利得）が∞，入力インピーダンスが∞〔Ω〕，出力インピーダンスが 0 Ω の増幅回路として取り扱うことができます．入力は (＋) の非反転増幅端子と (－) の反転増幅端子をもち，入力端子間の電圧を増幅して出力します．また，(＋)(－) の入力端子間の電位は同じなので，バーチャルショートといいます．

演算増幅器の特徴は，電圧増幅度（利得）∞，入力インピーダンス∞〔Ω〕，入力端子間電圧 0V，出力インピーダンス 0 Ω だよ．

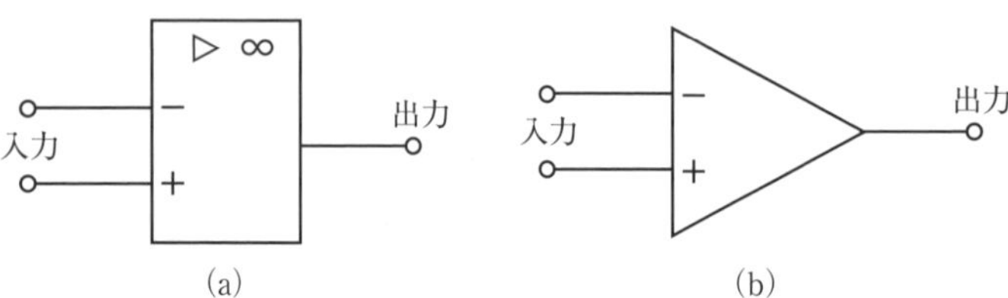

図 3.17　演算増幅器

図 3.18 に示す反転増幅回路において，演算増幅器は増幅度が無限大の増幅回路として取り扱うことができます．また，入力端子間の電圧を 0 V とおくことができるので，次式が成り立ちます．

$$V_1 = R_s I_1 \text{〔V〕} \tag{3.37}$$

$$V_2 = -R_f I_1 \text{〔V〕} \tag{3.38}$$

式 (3.37)，(3.38) の比から反転増幅回路の電圧増幅度（閉ループ利得）A_v を求めると，次式で表されます．

$$A_v = \frac{V_o}{V_i} = \frac{V_2}{V_1} = -\frac{R_f}{R_s} \tag{3.39}$$

入力端子間の電圧が 0V だから，(－) 入力端子と (＋) 入力端子が短絡して，接地線につながっていると考えるんだよ．

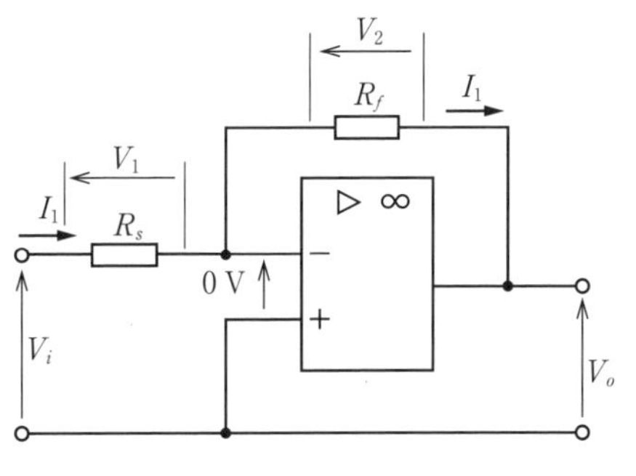

図 3.18 反転増幅回路

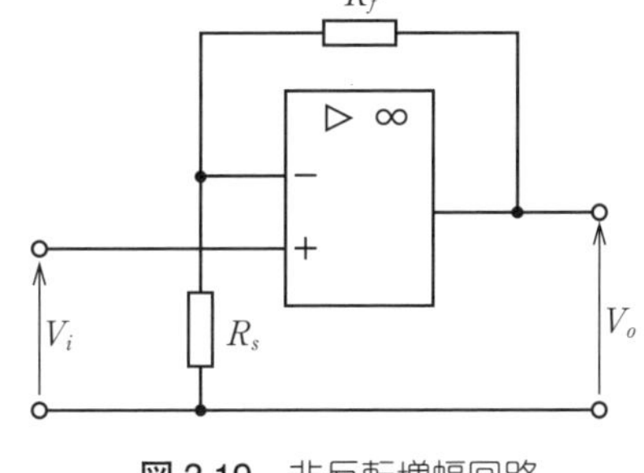

図 3.19 非反転増幅回路

反転増幅回路は，入力と出力が逆位相だよ．反転しない非反転増幅回路は同位相だよ．非反転なんて言葉は分かりにくいね．

式(3.39)の符号は入出力電圧の位相が逆位相であることを表します．

また，**図3.19**の**非反転増幅回路**の電圧増幅度は，次式で表されます．

$$A_v = 1 + \frac{R_f}{R_s} \tag{3.40}$$

3·6·2 発振回路

(1) 自励発振回路

一定の振幅の信号電圧を継続して作り出す回路を**発振回路**といいます．送信機の搬送波を発生させる回路などに用いられます．発振回路には**自励発振回路**と**水晶発振回路**があります．自励発振回路の発振周波数は，共振回路を構成するコンデンサCとコイルLとの共振周波数で決まります．自励発振回路は可変容量コンデンサを用いて静電容量Cの値を変化させれば発振周波数を変化させることができます．**図3.20**に発振回路の原理図を示します．発振が持続する回路の条件は，次式で表されます．

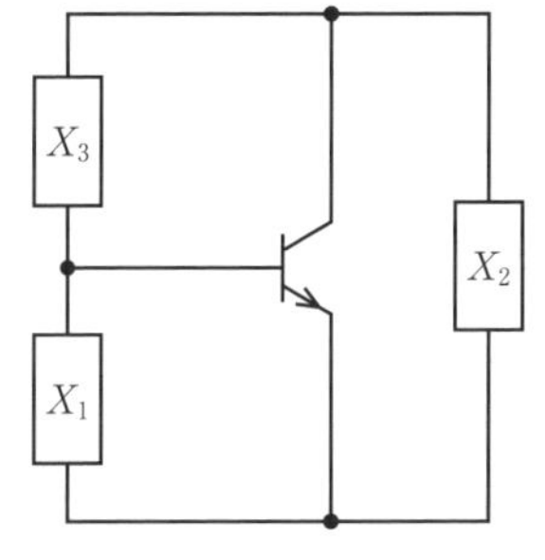

図 3.20 自励発振回路

$$\frac{h_{fe} X_2}{X_1} \geqq 1 \tag{3.41}$$

$$X_1 + X_2 = -X_3 \tag{3.42}$$

ただし，h_{fe}：トランジスタの電流増幅率

同じ種類のリアクタンスX_1，X_2〔Ω〕にインダクタンスL_1，L_2〔H〕のコイルを用いて，X_3は静電容量C〔F〕のコンデンサを用いて発振回路を構成すると，$L=L_1+L_2$〔H〕で表される相互結合がないときに**発振周波数**f〔Hz〕は，次式によって求めることができます．

$$f = \frac{1}{2\pi\sqrt{LC}} \text{〔Hz〕} \tag{3.43}$$

ここで，和動接続で結合しているときは，相互インダクタンスをM〔H〕とすると，$L=L_1+L_2+2M$〔H〕で表されます．

「和動接続」は，42ページの「コイルの接続」を見てね．
「発振周波数」は，92ページの並列共振の「共振周波数」と同じだよ．

(2) ブリッジ形CR発振回路(ウィーンブリッジ発振回路)

帰還回路をコンデンサC〔F〕および抵抗R〔Ω〕で構成した発振回路を**CR発振回路**といいます．**図3.21**にブリッジ形CR発振回路を示します．増幅器の増幅度Aとすると，発振条件および発振周波数f〔Hz〕は，次式で表されます．

$$A=3 \tag{3.44}$$

$$f=\frac{1}{2\pi CR}\ \text{〔Hz〕} \tag{3.45}$$

LCは√が付くよ．
CRは付かないよ．

図3.21の演算増幅器の増幅度Aは次式で表されます．

$$A=1+\frac{R_f}{R_s} \tag{3.46}$$

$A=3$の条件より，$R_f=2R_s$の値とします．

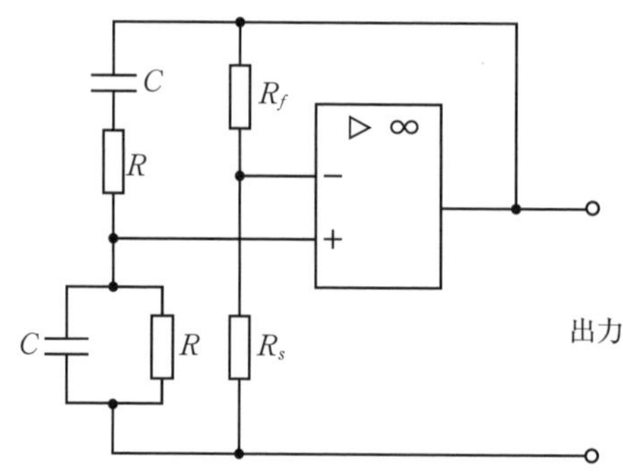

図3.21　ブリッジ形CR発振回路

R_fとR_sの接続は非反転増幅回路を構成しているね．非反転増幅回路の増幅度を求める式を使うよ．

(3) 非安定(無安定)マルチバイブレータ

図3.22(a)に**非安定マルチバイブレータ回路**を示します．図(b)のv_{CE1}とv_{CE2}のコレクタ波形のように方形波に近いパルス波を出力する発振回路です．図(b)の$t=0$ sになると，Tr_2はONの導通状態，Tr_1はOFFの電流が流れない状態になります．この状態からT_1〔s〕が経過するとON-OFFが切り替わります．この状態を繰り返して発振します．T_1の期間では，C_1〔F〕に蓄えられた電荷がR_{B1}〔Ω〕に電流が流れて放電します(電流の向きはV_{CC}からR_{B1}を通ってC_1へ流れる)．このときの放電時定数がT_1の値を決めるので，T_1，T_2〔s〕は次式で表されます．

$$T_1=\log_e 2\times R_{B1}C_1 \fallingdotseq 0.69R_{B1}C_1\ \text{〔s〕} \tag{3.47}$$

$$T_2=\log_e 2\times R_{B2}C_2 \fallingdotseq 0.69R_{B2}C_2\ \text{〔s〕} \tag{3.48}$$

$\log_e$は自然対数．底が$e \fallingdotseq 2.718$だよ．常用対数の底は10だよ．

よって，発振周期T〔s〕は，次式で表されます．

$$T=T_1+T_2 \fallingdotseq 0.69\times(R_{B1}C_1+R_{B2}C_2)\ \text{〔s〕}$$

また，発振周波数f〔Hz〕は，次式で表されます．

$$f=\frac{1}{T}=\frac{1}{T_1+T_2}\ \text{〔Hz〕} \tag{3.49}$$

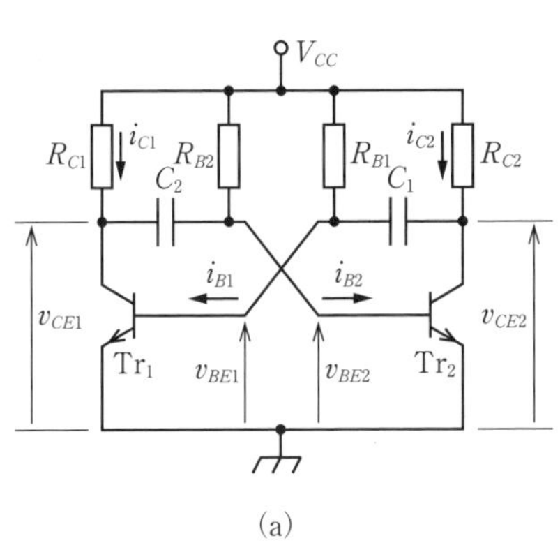

(a)

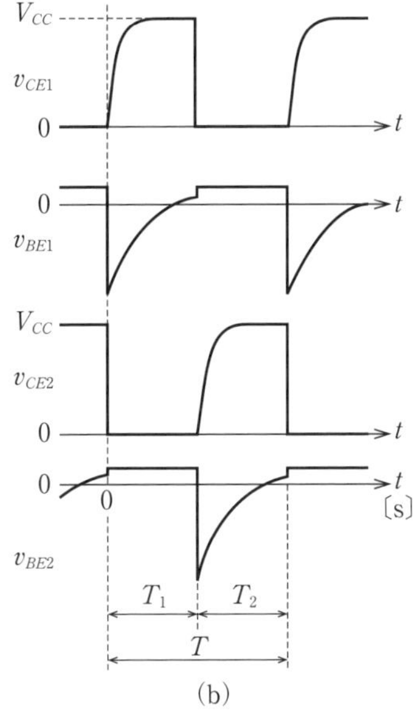

(b)

図 3.22 非安定マルチバイブレータ回路

Tr_1 と Tr_2 が交互に ON − OFF を繰り返して発振するよ．トランジスタが ON のときは，コレクターエミッタ間がスイッチが ON の状態と同じになるので V_{CE} は 0V だよ．OFF のときは V_{CE} が V_{CC}〔V〕になるよ．OFF のときは V_{BE} が(−)のときだよ．

3·6·3 変　調

音声などの低周波は，そのまま電波として空間に放射することができません．高周波の**搬送波**を変調することによって，電波として空間に放射することができるようにします．搬送波を音声などの信号に応じて変化させることを**変調**といいます．搬送波の振幅を音声などの振幅で変化させる変調方式を**振幅変調**（**AM**）といいます．搬送波の周波数を変化させる変調方式を**周波数変調**（**FM**）といいます．

AM は，Amplitude（アンプリチュード：振幅）Modulation（モジュレーション：変調）．FM は，Frequency（フリークエンシー：周波数）Modulation（モジュレーション：変調）のことだよ．AM ラジオと FM ラジオは知っているよね．

(1) 振幅変調の変調度

図 3.23（a）のような搬送波を図（b）のような**信号波**で振幅変調すると，図（c）のような**振幅変調波**が得られます．図（b）において，最大振幅を A〔V〕，最小

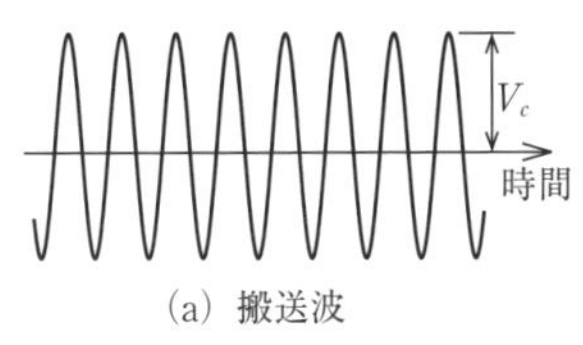

（a）搬送波

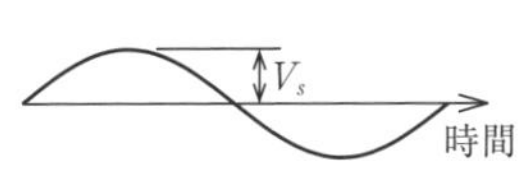

（b）信号波

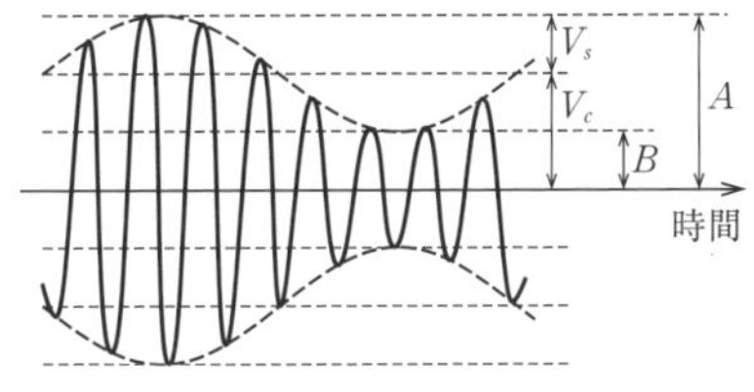

（c）振幅変調波

図 3.23 振幅変調

振幅をB〔V〕，搬送波の振幅をV_c〔V〕，信号波の振幅をV_s〔V〕とすると，変調度mは次式で表されます．

$$m = \frac{V_s}{V_c} \tag{3.50}$$

または，次式で表されます．

$$m = \frac{A-B}{A+B} \tag{3.51}$$

また，変調度を$m \times 100$〔%〕で表した値を変調率と呼びます．

(2) 振幅変調波の側波

変調された振幅変調波は，図3.24のように搬送波の上下に信号波の周波数(f_s)離れたところの周波数に側波が発生します．搬送波の周波数(f_c)に対して，上の側波(f_c+f_s)を上側波，下の側波(f_c-f_s)を下側波といいます．このとき，上下の側波の周波数の幅が振幅変調波の周波数の幅となりこれを占有周波数帯幅といいます．振幅変調波の占有周波数帯幅は，$2f_s$となります．

側波は搬送波と同じ正弦波なんだよ．三つの正弦波を合成すると変調された振幅変調波ができるんだよ．

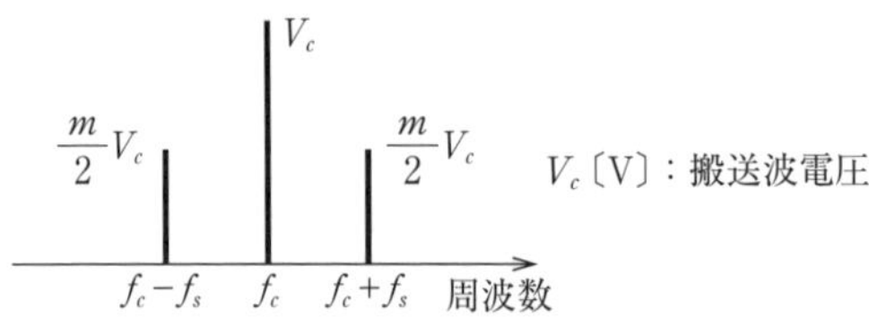

図3.24　振幅変調波の側波

図3.24の横軸は周波数だよ．横軸を周波数で表した波形をスペクトルっていうよ．

(3) 復　調

変調された電波から信号波を取り出すことを復調または検波といいます．電波として送信された被変調波を受信しても，側波の成分は高周波なので，直接信号成分を取り出すことはできません．図3.23の搬送波が変化する包絡線成分を取り出すには，ダイオードを用いた直線検波回路などが用いられます．

試験の直前 ● CHECK!

- □ **演算増幅器の特徴**≫≫入力端子間の電圧を増幅する．利得は∞．入力インピーダンスは∞〔Ω〕．出力インピーダンスは0Ω．入力端子間の電位は同じ．
- □ **反転増幅回路の電圧増幅度（利得）**≫≫$A_v = -\frac{R_f}{R_s}$
- □ **非反転増幅回路の電圧増幅度（利得）**≫≫$A_v = 1 + \frac{R_f}{R_s}$
- □ **ブリッジ形発振回路の発振条件と発振周波数**≫≫$A = 3$，$f = \frac{1}{2\pi CR}$
- □ **非安定マルチバイブレータの発振周期**≫≫$T = T_1 + T_2 \fallingdotseq 0.69 \times (R_{B1}C_1 + R_{B2}C_2)$
- □ **振幅変調の変調度**≫≫$m = \frac{V_s}{V_c}$，$m = \frac{A-B}{A+B}$

国家試験問題

問題 1

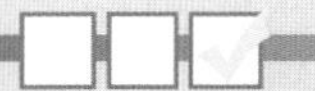

演算増幅器(オペアンプ)について，次の(a)及び(b)の問に答えよ．

(a) 演算増幅器は，その二つの入力端子に加えられた信号の［(ア)］を高い利得で増幅する回路である．演算増幅器の入力インピーダンスは極めて［(イ)］ため，入力端子電流は［(ウ)］とみなしてよい．一方，演算増幅器の出力インピーダンスは非常に［(エ)］ため，その出力端子電圧は負荷による影響を［(オ)］．さらに，演算増幅器は利得が非常に大きいため，抵抗などの部品を用いて負帰還をかけたときに安定した有限の電圧利得が得られる．

上記の記述中の空白箇所(ア)，(イ)，(ウ)，(エ)及び(オ)に当てはまる組合せとして，正しいものを次の(1)～(5)のうちから一つ選べ．

	(ア)	(イ)	(ウ)	(エ)	(オ)
(1)	差動成分	大きい	ほぼ零	小さい	受けにくい
(2)	差動成分	小さい	ほぼ零	大きい	受けやすい
(3)	差動成分	大きい	極めて大きな値	大きい	受けやすい
(4)	同相成分	大きい	ほぼ零	小さい	受けやすい
(5)	同相成分	小さい	極めて大きな値	大きい	受けにくい

(b) 図のような直流増幅回路がある．この回路に入力電圧0.5 Vを加えたとき，出力電圧V_oの値〔V〕と電圧利得A_vの値〔dB〕の組合せとして，最も近いものを次の(1)～(5)のうちから一つ選べ．

ただし，演算増幅器は理想的なものとし，$\log_{10} 2 = 0.301$，$\log_{10} 3 = 0.477$とする．

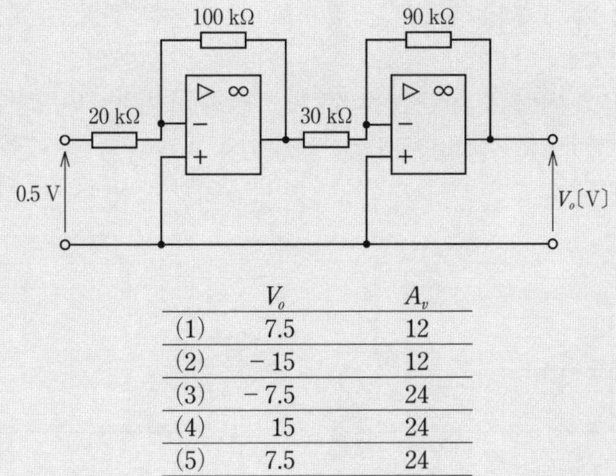

	V_o	A_v
(1)	7.5	12
(2)	− 15	12
(3)	− 7.5	24
(4)	15	24
(5)	7.5	24

(H27-18)

解 説

(a)の(ア)は入力端子間の差の電圧だから「差動成分」だよ．(イ)は入力インピーダンスが大きくないと電圧が下がっちゃうよ．(ウ)はインピーダンスが大きければ電流は「ほぼ零」だね．ここまで分かれば答えが見つかるよ．

(b) 入力から1段目の増幅回路の入力抵抗$R_s = 20\,\mathrm{k\Omega}$，帰還抵抗$R_f = 100\,\mathrm{k\Omega}$より，電圧利得$A_1$は次式で表されます．

$$A_1 = -\frac{R_f}{R_s} = -\frac{100}{20} = -5 \tag{3.52}$$

2段目の増幅回路の入力抵抗R_s=30 kΩ，帰還抵抗R_f=90 kΩより，電圧利得A_2は次式で表されます．

$$A_2 = -\frac{R_f}{R_s} = -\frac{90}{30} = -3 \tag{3.53}$$

よって，$A_v = A_1 A_2 = (-5)\times(-3) = 15$なので，入力電圧を$V_i$〔V〕とすると，出力電圧$V_o$は次式で表されます．

$$V_o = A_v V_i = 15\times 0.5 = 7.5\ \mathrm{V}$$

A_vのデシベル値$A_{v\,dB}$は，次式で表されます．

$$\begin{aligned} A_{v\,dB} &= 20\log_{10} A_v = 20\log_{10}(10^1 \div 2\times 3) \\ &= 20\log_{10} 10^1 - 20\log_{10} 2 + 20\log_{10} 3 \\ &\fallingdotseq 20\times 1 - 20\times 0.301 + 20\times 0.477 \fallingdotseq 24\ \mathrm{dB} \end{aligned}$$

反転増幅回路の電圧利得は，抵抗の比で求められるよ．暗算で簡単に求めることができるね．電圧利得のdB値は，いくつか覚えておくと計算が楽だよ．2倍：6 dB，3倍：9.6 dB，10倍：20 dB，100倍：40 dBだよ．A_vの15倍は20 dBより大きいから選択肢の「24 dB」だね．

問題2

演算増幅器（オペアンプ）について，次の(a)及び(b)に答えよ．

(a) 演算増幅器の特徴に関する記述として，誤っているのは次のうちどれか．

(1) 反転増幅と非反転増幅の二つの入力端子と一つの出力端子がある．

(2) 直流を増幅できる．

(3) 入出力インピーダンスが大きい．

(4) 入力端子間の電圧のみを増幅して出力する一種の差動増幅器である．

(5) 増幅度が非常に大きい．

(b) 図1及び図2のような直流増幅回路がある．それぞれの出力電圧V_{o1}〔V〕，V_{o2}〔V〕の値として，正しいものを組み合わせたのは次のうちどれか．

ただし，演算増幅器は理想的なものとし，V_{i1}=0.6 V及びV_{i2}=0.45 Vは入力電圧である．

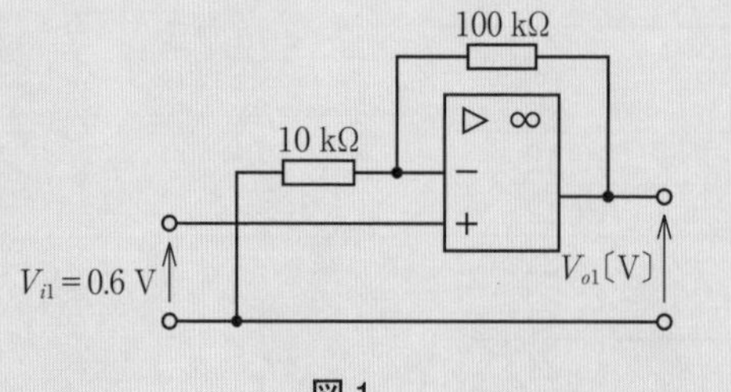

図1

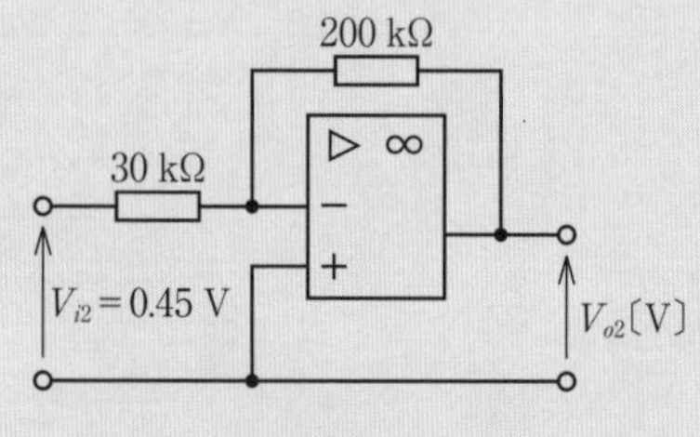

図2

	V_{o1}	V_{o2}
(1)	6.6	3.0
(2)	6.6	−3.0
(3)	−6.6	3.0
(4)	−4.5	9.0
(5)	4.5	−9.0

(H22-18)

解説

(a) 選択肢(3)の誤っている箇所を正しくすると，次のようになります．

入力インピーダンスが大きい．出力インピーダンスが小さい．

(b) 問題の図1の非反転増幅回路において，入力抵抗R_s=10 kΩ，帰還抵抗R_f=100 kΩより，電圧利得A_1は次式で表されます．

$$A_1=1+\frac{R_f}{R_s}=1+\frac{100}{10}=11 \tag{3.54}$$

出力電圧V_{o1}は次式で表されます．

$$V_{o1}=A_1 V_{i1}=11\times0.6=6.6\ \mathrm{V}$$

問題の図2の反転増幅回路の入力抵抗R_s=30 kΩ，帰還抵抗R_f=200 kΩより，電圧利得A_2は次式で表されます．

$$A_2=-\frac{R_f}{R_s}=-\frac{200}{30}=-\frac{20}{3} \tag{3.55}$$

出力電圧V_{o2}〔V〕は次式で表されます．

$$V_{o2}=A_2 V_{i2}=-\frac{20}{3}\times0.45=-20\times0.15=-3\ \mathrm{V} \tag{3.56}$$

図1は非反転だから出力は(+)，図2は反転だから出力は(−)．これが分かれば選択肢は二つに絞れるね．どちらかの計算をすれば答えが見つかるよ．問題文が長いので読むだけで時間がかかるから，選択肢を絞りながら答えを見つけるんだよ．

問題3

図のような，演算増幅器を用いた能動回路がある．直流入力電圧V_{in}〔V〕が3 Vのとき，出力電圧V_{out}〔V〕として，最も近いV_{out}の値を次の(1)～(5)のうちから一つ選べ．

ただし，演算増幅器は，理想的なものとする．

(1) 1.5　(2) 5　(3) 5.5
(4) 6　(5) 6.5

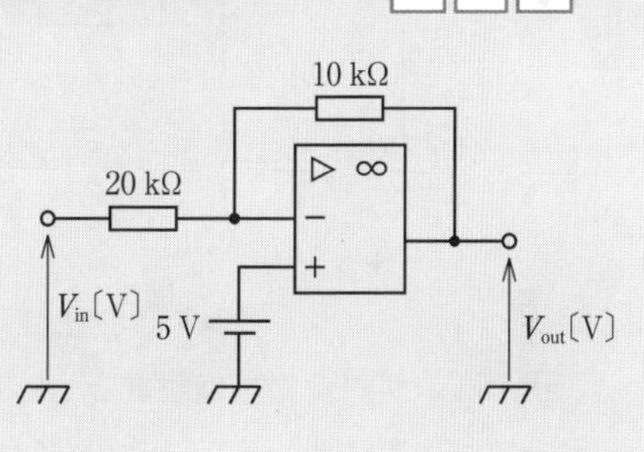

(H26-13)

解説

演算増幅器の入力端子間の電位は同じなので，**図3.25**の点Pの電位$V_P=E=$5 Vとなります．R_s〔Ω〕を流れる電流I〔A〕は次式で表されます．

$$I=\frac{V_P-V_{in}}{R_s}=\frac{5-3}{20\times10^3}=0.1\times10^{-3}\ \mathrm{A} \tag{3.57}$$

入力端子間には電流が流れないので，R_f〔Ω〕にはI〔A〕の電流が流れます．V_{out}は，R_fの電圧降下と点Pの電位の和となるので，次式で表されます．

$$V_{out}=V_P+R_f I=5+10\times10^3\times0.1\times10^{-3}=5+1=6\ \mathrm{V}$$

入力端子間の電位は同じだよ．入力端子間は電流が流れないよ．抵抗に流れる電流が分かれば，出力電圧が計算できるよ．

(p.177の解答) 問題1→(a)−(1)，(b)−(5)

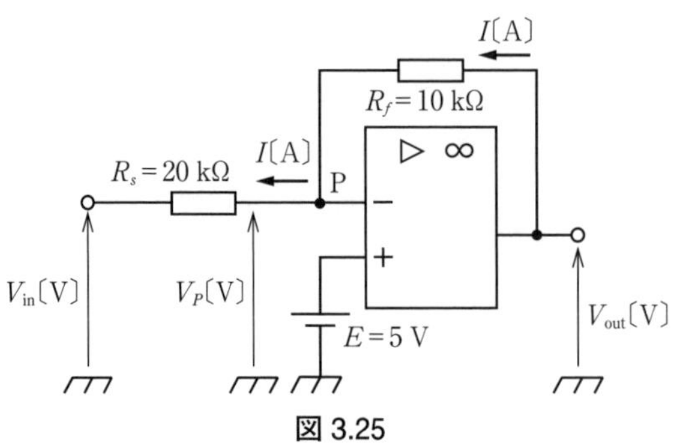

図 3.25

問題 4

演算増幅器を用いた回路について，次の(a)及び(b)の問に答えよ．

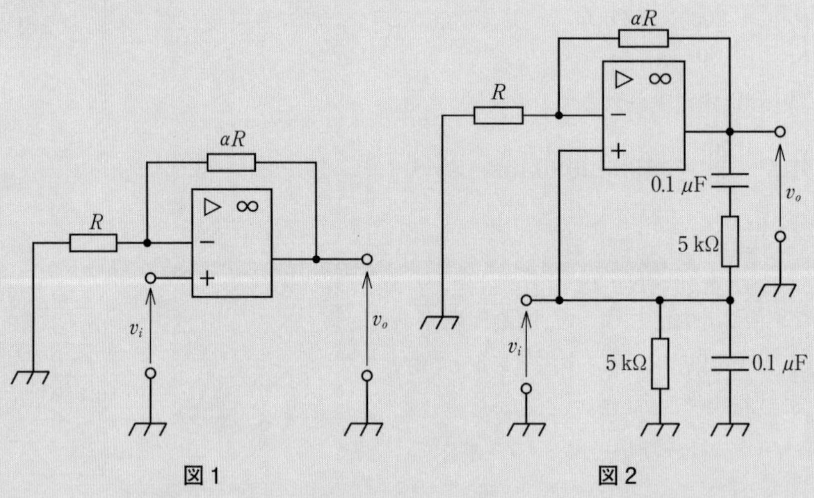

図 1　　　図 2

(a) 図1の回路の電圧増幅度 $\dfrac{v_o}{v_i}$ を3とするためには，α をいくらにする必要があるか．α の値として，最も近いものを次の(1)～(5)のうちから一つ選べ．

(1) 0.3　(2) 0.5　(3) 1　(4) 2　(5) 3

(b) 図2の回路は，図1の回路に，帰還回路として2個の5 kΩの抵抗と2個の0.1 μFのコンデンサを追加した発振回路である．発振の条件を用いて発振周波数の値 f〔kHz〕を求め，最も近いものを次の(1)～(5)のうちから一つ選べ．

(1) 0.2　(2) 0.3　(3) 0.5　(4) 2　(5) 3

(H29-18)

解説

(a) 問題の図1は非反転増幅回路なので，入力抵抗 $R_s=R$，帰還抵抗 $R_f=\alpha R$ より，電圧増幅度 A は次式で表されます．

$$A=1+\frac{R_f}{R_s} \qquad (3.58)$$

$3=1+\dfrac{\alpha R}{R}$　　よって，$\alpha=2$ となります．

(b) 問題の図2はブリッジ形*CR*発振回路なので，静電容量をC〔F〕，抵抗をR〔Ω〕とすると，発振周波数f〔Hz〕は次式で表されます．

$$f=\frac{1}{2\pi RC}\fallingdotseq 0.318\times\frac{1}{2\times 5\times 10^3\times 0.1\times 10^{-6}}$$

$$=0.318\times 10^3\ \mathrm{Hz}\fallingdotseq 0.3\ \mathrm{kHz}$$

$\frac{1}{\pi}\fallingdotseq 0.318$を覚えると計算が楽だね．国家試験では，$\pi$キーのある電卓は使えないよ．

問題 5

図は，抵抗R_1〔Ω〕とダイオードからなるクリッパ回路に負荷となる抵抗R_2〔Ω〕($=2R_1$〔Ω〕)を接続した回路である．入力直流電圧V〔V〕とR_1〔Ω〕に流れる電流I〔A〕の関係を示す図として，最も近いものを次の(1)～(5)のうちから一つ選べ．

ただし，順電流が流れているときのダイオードの電圧は，0 Vとする．

また，逆電圧が与えられているダイオードの電流は，0 Aとする．

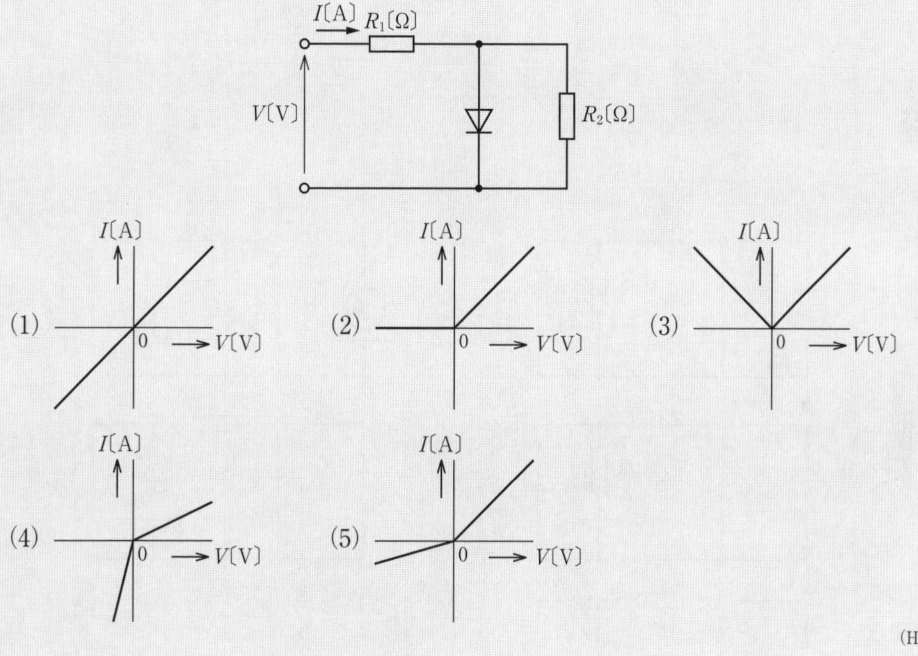

(H24-13)

解説

ダイオードにIの向きの順方向電流が流れているときは，ダイオードは短絡しているとして，R_1のみの回路とします．逆方向電流が流れているときは，ダイオードを取りはずして，$R_1+R_2=3R_1$の回路とします．直線の傾きは$\frac{I}{V}$なので，抵抗に反比例します．R_1のみの回路の順方向の傾きに対して，$3R_1$の回路の逆方向の傾きは$\frac{1}{3}$となるので，選択肢(5)の特性で表されます．

ダイオードが付いているので，選択肢(1)ではないね．(3)は逆方向の電流の向きがおかしいね．あらかじめ選択肢を絞るといいよ．

(p.178 ～ p.179 の解答)　**問題 2** →(a)－(3)，(b)－(2)　**問題 3** →(4)

問題6 

図1は，ダイオードD，抵抗値R〔Ω〕の抵抗器，及び電圧E〔V〕の直流電源からなるクリッパ回路に，正弦波電圧$v_i = V_m \sin \omega t$〔V〕（ただし，$V_m > E > 0$）を入力したときの出力電圧v_o〔V〕の波形である．図2(a)～(e)のうち図1の出力波形が得られる回路として，正しいものの組合せを次の(1)～(5)のうちから一つ選べ．

ただし，ω〔rad/s〕は角周波数，t〔s〕は時間を表す．また，順電流が流れているときのダイオードの端子間電圧は0Vとし，逆電圧が与えられているときのダイオードに流れる電流は0Aとする．

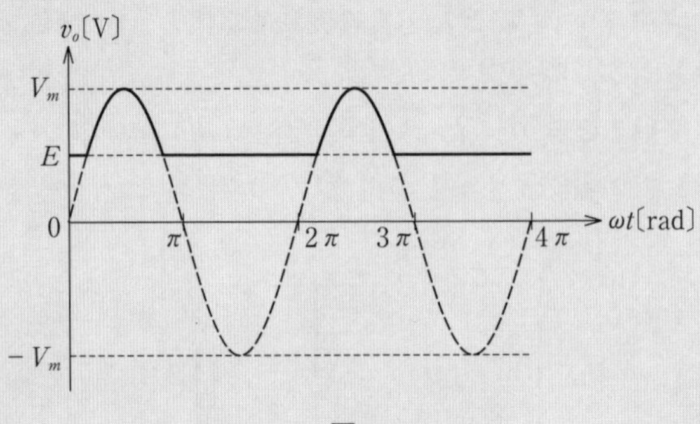

図1

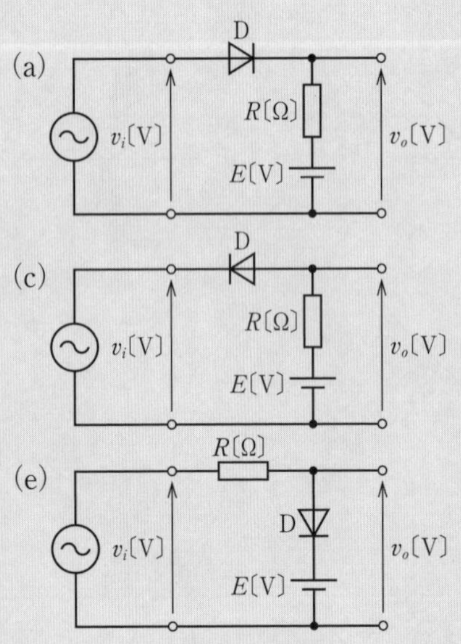

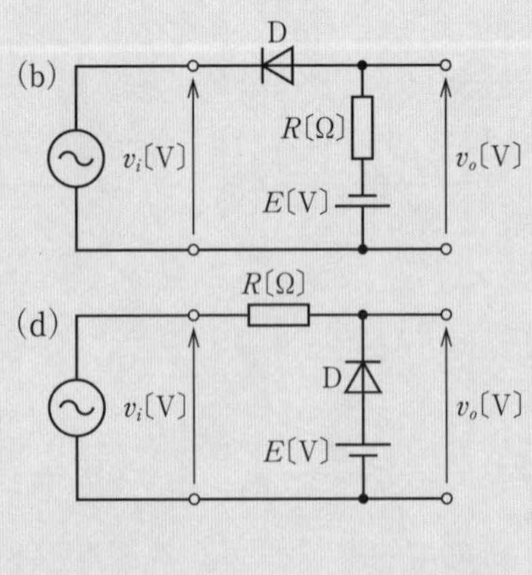

図2

(1) (a)，(e)　　(2) (b)，(d)　　(3) (a)，(d)

(4) (b)，(c)　　(5) (c)，(e)

(H30-13)

解説

入力電圧v_i〔V〕が直流電源の電圧E〔V〕以下（例えば0V）のとき，出力電圧v_o〔V〕がE〔V〕になるのは，(a)と(d)です．(b)は電源の向きが逆なので，$-E$〔V〕となり，(c)はDが導通して0Vとなり，(e)はダイオードDの向きが逆なので，(+)の電圧は出力されません．

v_i が E より大きいときは，(a) は R に電流が流れ，その電圧降下が発生するので，正弦波の波形が出力されます．(d) はDが逆向きなのでDの抵抗値が高くなるから，R を通して正弦波の波形が出力されます．よって，図1の波形が出力されるのは選択肢(3)の(a)，(d)です．

(b)は電源の向きが逆だから違うので，選択肢(2)と(4)は間違い．(e)はダイオードの向きが逆で(+)の電圧が出ないので，選択肢(1)と(5)は間違い．残りは(3)だから，これが答えだよ．

問題 7

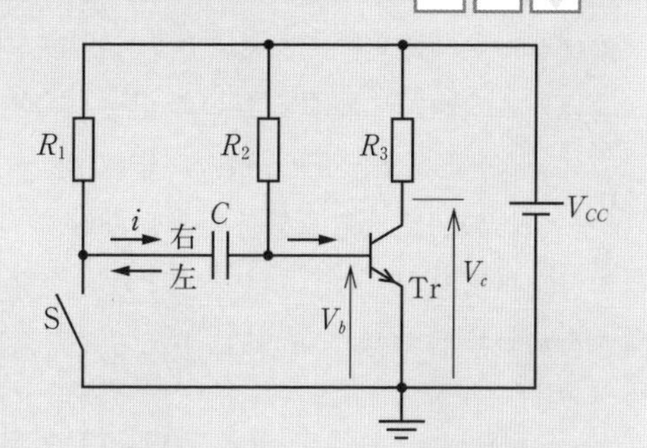

図のように，トランジスタを用いた非安定(無安定)マルチバイブレータ回路の一部分がある．ここで，Sはトランジスタの代わりの動作をするスイッチ，R_1，R_2，R_3 は抵抗，C はコンデンサ，V_{CC} は直流電源電圧，V_b はベースの電圧，V_c はコレクタの電圧である．

この回路において，初期条件としてコンデンサ C の初期電荷は零，スイッチSは開いている状態と仮定する．

a．スイッチSが開いている状態(オフ)のときは，トランジスタTrのベースには抵抗 R_2 を介して［(ア)］の電圧が加わるので，トランジスタTrは［(イ)］となっている．ベースの電圧 V_b は電源電圧 V_{CC} より低いので，電流 i は図の矢印"右"の向きに流れてコンデンサ C は充電されている．

b．次に，スイッチSを閉じる(オン)と，その瞬間はコンデンサ C に充電されていた電荷でベースの電圧は負となるので，コレクタの電圧 V_c は瞬時に高くなる．電流 i は矢印"［(ウ)］"の向きに流れ，コンデンサ C は［(エ)］を始め，やがてベースの電圧は［(オ)］に変化し，コレクタの電圧 V_c は下がる．

上記の記述中の空白箇所(ア)，(イ)，(ウ)，(エ)及び(オ)に当てはまる組合せとして，正しいものを次の(1)～(5)のうちから一つ選べ．

	(ア)	(イ)	(ウ)	(エ)	(オ)
(1)	正	オン	左	放電	負から正
(2)	負	オフ	右	充電	正から負
(3)	正	オン	左	充電	正から零
(4)	零	オフ	左	充電	負から正
(5)	零	オフ	右	放電	零から正

(H23-13)

解説

非安定マルチバイブレータ回路は，トランジスタを二つ用いた方形波の発振回路です．問題の図は一つのトランジスタの動作を示す等価回路ですが，実際の回路ではもう一組の R_1 とCの時定数回路とトランジスタで構成された回路

(p.180 ～ p.181 の解答) 問題4 →(a)−(4)，(b)−(2) 問題5 →(5)

がスイッチSの動作をします．トランジスタのベースの電圧が(－)から＋0.6Vから程度の動作電圧になるまでは，コレクタ-エミッタ間はスイッチがオフの状態となります．ベースの電圧が正の動作電圧になるとベース電流が流れるので，コレクタ-エミッタ間はスイッチがオンの状態となって，スイッチと同様に動作します．

Trが「オン」のときCは左が(＋)に充電されるよ．右向きが充電だから(ウ)の「左」向きと(エ)の「放電」が分かるよ．答えは(1)だね．

問題８

図は，NOT IC，コンデンサC及び抵抗を用いた非安定マルチバイブレータの原理図である．次の(a)及び(b)の問に答えよ．

(a) この回路に関する三つの記述(ア)～(ウ)について，正誤の組合せとして，正しいものを次の(1)～(5)のうちから一つ選べ．

(ア)この回路は電源を必要としない．

(イ)抵抗R_1〔Ω〕の値を大きくすると，発振周波数は高くなる．

(ウ)抵抗器R_2は，NOT_1に流れる入力電流を制限するための素子である．

	(ア)	(イ)	(ウ)
(1)	正	正	正
(2)	正	正	誤
(3)	正	誤	誤
(4)	誤	正	誤
(5)	誤	誤	正

(b) 次の波形の中で，コンデンサCの端子間電圧V_c〔V〕の時間t〔s〕の経過による変化の特徴を最もよく示している図として，正しいものを次の(1)～(5)のうちから一つ選べ．

ただし，いずれの図も1周期分のみを示している．

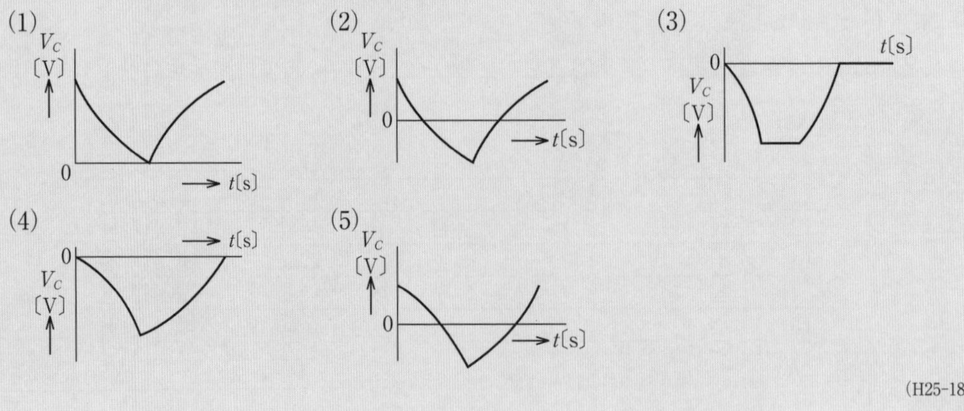

(H25-18)

解説

(a) 問題の回路図には電源がありませんが，ディジタルICは電源が必要です．発振回路の時定数は$T=CR_1$〔s〕で表され，発振周波数f〔Hz〕は時定数に反比例するので，R_1を大きくすると発振周波数は低くなります．R_2の抵抗値をR_1に比較して大きくすれば，NOT_1に流れる入力電流を制限することができるので，発振周波数は，ほぼCR_1によって決まります．

(b) NOT回路の入出力電圧は，入力が約0 Vのとき出力が電源電圧のV〔V〕，入力がV〔V〕のときは，出力が約0 Vとなります．非安定マルチバイブレータの出力電圧は0 VとV〔V〕を$\frac{1}{2}$の周期で繰り返します．そのとき，NOT_1とNOT_2は交互に動作するので，時刻$t=0$ sでNOT_1の出力がV〔V〕から0 Vに変わりNOT_2の出力が0 VからV〔V〕に変わると，CにはV_Cの向きと逆向きの$-V$〔V〕の電圧が加わります．正に充電されていたV_Cの電圧はR_1を通して$+V$〔V〕から$-V$〔V〕に減少するので，下に凸の放電曲線となります．次にV_Cの電圧が$-V$〔V〕に達して，NOT_1の出力がV〔V〕に変わりNOT_2の出力が0 Vに変わると，V_Cの電圧はR_1を通して$-V$から$+V$に増加するので，上に凸の充電曲線となり，選択肢(2)の特性で表されます．

下に凸の放電曲線と上に凸の充電曲線の形が分かっていれば，選択肢を(1)か(2)に絞れるね．NOT_2の出力が$+V$〔V〕のときは，V_Cの向きと逆の電圧が加わるから，電圧の曲線が負になるのが分かれば(2)だと分かるね．

問題 9

図1は，代表的なスイッチング電源回路の原理図を示している．次の(a)及び(b)の問に答えよ．

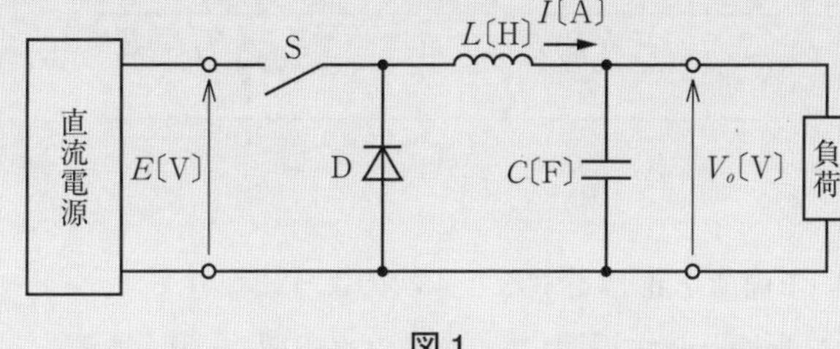

図 1

(a) 回路の説明として，誤っているものを次の(1)～(5)のうちから一つ選べ．

(1) インダクタンスL〔H〕のコイルはスイッチSがオンのときに電磁エネルギーを蓄え，Sがオフのときに蓄えたエネルギーを放出する．

(2) ダイオードDは，スイッチSがオンのときには電流が流れず，Sがオフのときに電流が流れる．

(3) 静電容量C〔F〕のコンデンサは出力電圧V_o〔V〕を平滑化するための素子であり，静電容量C〔F〕が大きいほどリプル電圧が小さい．

(4) コイルのインダクタンスやコンデンサの静電容量値を小さくするためには，スイッチSがオンとオフを繰り返す周期(スイッチング周期)を長くする．

(5) スイッチの実現には，バイポーラトランジスタや電界効果トランジスタが使用できる．

(b) スイッチSがオンの間にコイルの電流Iが増加する量をΔI_1〔A〕とし，スイッチSがオフの間にIが減少する量をΔI_2〔A〕とすると，定常的には図2の太線に示すような電流の変化がみられ，ΔI_1〔A〕$=\Delta I_2$〔A〕が成り立つ．

ここで出力電圧V_o〔V〕のリプルは十分小さく，出力電圧を一定とし，電流Iの増減は図2のように直線的であるとする．また，ダイオードの順方向電圧は0 Vと近似する．さらに，スイッチSがオン並びにオフしている時間をそれぞれT_{ON}〔s〕，T_{OFF}〔s〕とする．

ΔI_1とV_oを表す式の組合せとして，正しいものを次の(1)～(5)のうちから一つ選べ．

(p.182 ～ p.183 の解答) 問題6 →(3) 問題7 →(1)

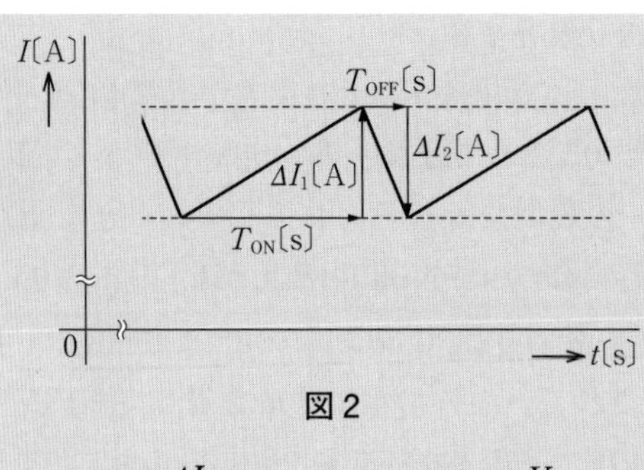

図2

	ΔI_1	V_o
(1)	$\dfrac{(E-V_o)T_{ON}}{L}$	$\dfrac{T_{OFF}E}{T_{ON}+T_{OFF}}$
(2)	$\dfrac{(E-V_o)T_{ON}}{L}$	$\dfrac{T_{ON}E}{T_{ON}+T_{OFF}}$
(3)	$\dfrac{(E-V_o)T_{ON}}{L}$	$\dfrac{(T_{ON}+T_{OFF})E}{T_{OFF}}$
(4)	$\dfrac{(V_o-E)T_{ON}}{L}$	$\dfrac{(T_{ON}+T_{OFF})E}{T_{ON}}$
(5)	$\dfrac{(V_o-E)T_{ON}}{L}$	$\dfrac{(T_{ON}+T_{OFF})E}{T_{OFF}}$

(H26-18)

解説

(a) 選択肢(4)の誤っている箇所を正しくすると，次のようになります．

スイッチSがオンとオフを繰り返す周期(スイッチング周期)を短くする．

(b) スイッチをONにするとコイルに誘導起電力が発生します．誘導起電力の向きは電流を妨げる向きなので，誘導起電力$E-V_o$〔V〕は，時間$\Delta t=T_{ON}$〔s〕の間に変化する電流をΔI_1とすると，次式で表されます．

$$E-V_o=L\frac{\Delta I_1}{\Delta t}=L\frac{\Delta I_1}{T_{ON}} \tag{3.59}$$

ΔI_1を求めると，次式となります．

$$\Delta I_1=\frac{(E-V_o)T_{ON}}{L} \tag{3.60}$$

時間$\Delta t=T_{OFF}$〔s〕の間はダイオードDが導通して，誘導起電力はV_oとなります．変化する電流は$\Delta I_2=\Delta I_1$なので，次式が成り立ちます．

$$V_o=L\frac{\Delta I_1}{\Delta t}=L\frac{\Delta I_1}{T_{OFF}} \tag{3.61}$$

ΔI_1を求めると，次式となります．

$$\Delta I_1=\frac{V_o T_{OFF}}{L} \tag{3.62}$$

式(3.62)を式(3.60)に代入すると，次式で表されます．

$$\frac{(E-V_o)T_{ON}}{L}=\frac{V_o T_{OFF}}{L}$$

電磁誘導で学習したインダクタンスに発生する起電力だよ．40ページの自己インダクタンスを見てね．

$E\,T_{ON} - V_o\,T_{ON} = V_o\,T_{OFF}$　　よって，　$V_o = \dfrac{T_{ON}\,E}{T_{ON} + T_{OFF}}$〔V〕となります．

問題 10

無線通信で行われるアナログ変調・復調に関する記述について，次の(a)及び(b)に答えよ．

(a) 無線通信で音声や画像などの情報を送る場合，送信側においては，情報を電気信号(信号波)に変換する．次に信号波より［(ア)］周波数の搬送波に信号波を含ませて得られる信号を送信する．受信側では，搬送波と信号波の二つの成分を含むこの信号から［(イ)］の成分だけを取り出すことによって，音声や画像などの情報を得る．

搬送波に信号波を含ませる操作を変調という．［(ウ)］の搬送波を用いる基本的な変調方式として，振幅変調(AM)，周波数変調(FM)，位相変調(PM)がある．

搬送波を変調して得られる信号からもとの信号波を取り出す操作を復調又は［(エ)］という．

上記の記述中の空白箇所(ア)，(イ)，(ウ)及び(エ)に当てはまる組合せとして，正しいものを組み合わせたのは次のうちどれか．

	(ア)	(イ)	(ウ)	(エ)
(1)	高い	信号波	のこぎり波	検波
(2)	低い	搬送波	正弦波	検波
(3)	高い	搬送波	のこぎり波	増幅
(4)	低い	信号波	のこぎり波	増幅
(5)	高い	信号波	正弦波	検波

(b) 図1は，トランジスタの［(ア)］に信号波の電圧を加えて振幅変調を行う回路の原理図である．図1中のv_2が正弦波の信号電圧とすると，電圧v_1の波形は［(イ)］に，v_2の波形は［(ウ)］に，v_3の波形は［(エ)］に示すようになる．図2のグラフより振幅変調の変調率を計算すると約［(オ)］〔%〕となる．

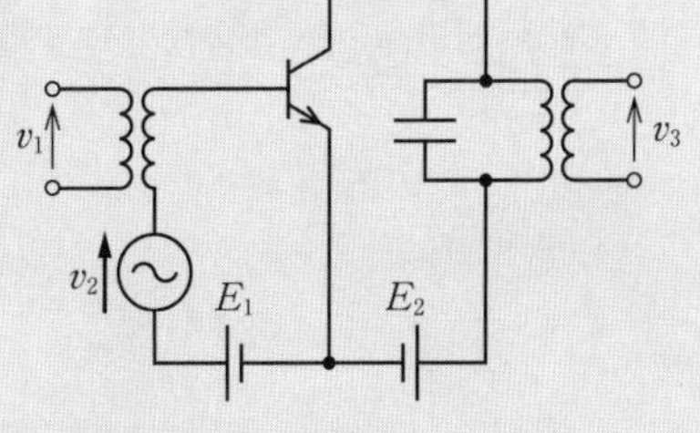

図 1　振幅変調回路の原理図

上記の記述中の空白箇所(ア)，(イ)，(ウ)，(エ)及び(オ)に当てはまる語句又は数値として，正しいものを組み合わせたのは次のうちどれか．

ただし，図2のそれぞれの電圧波形間の位相関係は無視するものとする．

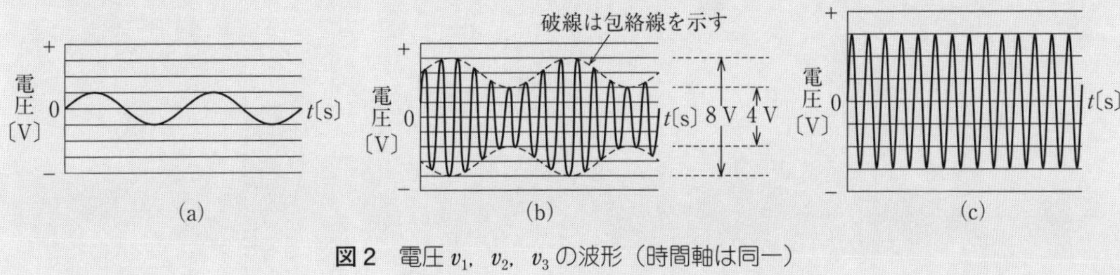

図 2　電圧 v_1，v_2，v_3 の波形（時間軸は同一）

(p.184 の解答)　問題 8 →(a)−(5)，(b)−(2)

第3章　半導体・電子回路

	(ア)	(イ)	(ウ)	(エ)	(オ)
(1)	ベース	図2(c)	図2(a)	図2(b)	33
(2)	コレクタ	図2(c)	図2(b)	図2(a)	67
(3)	ベース	図2(b)	図2(a)	図2(c)	50
(4)	エミッタ	図2(b)	図2(c)	図2(a)	67
(5)	コレクタ	図2(c)	図2(a)	図2(b)	33

(H20-18)

解説

(a)の(イ)は情報を得るのだから「信号波」だね．(ウ)は図2を見れば分かるね，正弦波だよ．この二つで答えは(5)だと分かるね．

(b) 問題の図2(b)より，変調された振幅変調波の最大振幅が$A=\frac{8}{2}=4$ V，最小振幅が$B=\frac{4}{2}=2$ Vとなるので，搬送波の振幅は$V_c=\frac{A+B}{2}=\frac{4+2}{2}=3$ V，信号波の振幅は$V_s=A-V_c=4-3=1$ Vになります．変調率m〔%〕は次式で表されます．

$$m=\frac{V_s}{V_c}\times 100=\frac{1}{3}\times 100 \fallingdotseq 33\%$$

(b)は(ア)の電極の名前「ベース」と(イ)の搬送波の波形「図2(c)」が分かれば，答えが見つかるよ．選択肢を絞りながら答えを見つけるんだよ．図2(b)の搬送波の振幅は，AとBの真ん中が搬送波だから図から$\frac{6}{2}=3$と分かるね．

問題 11

振幅変調について，次の(a)及び(b)の問に答えよ．

(a) 図1の波形は，正弦波である信号波によって搬送波の振幅を変化させて得られた変調波を表している．この変調波の変調度の値として，最も近いものを次の(1)～(5)のうちから一つ選べ．

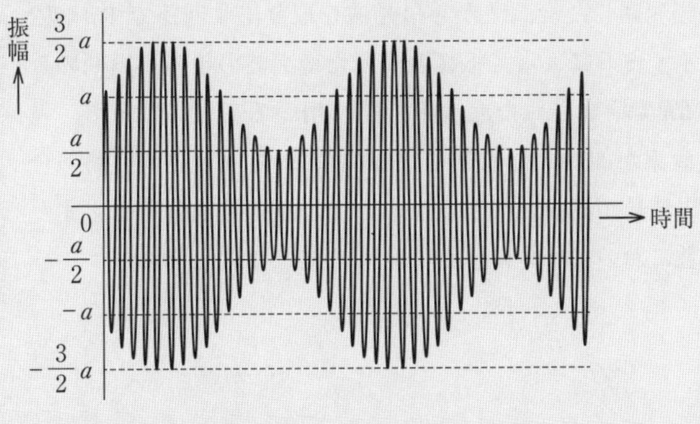

図 1

(1) 0.33　　(2) 0.5　　(3) 1.0　　(4) 2.0　　(5) 3.0

(b) 次の文章は，直線検波回路に関する記述である．

振幅変調した変調波の電圧を，図2の復調回路に入力して復調したい．コンデンサC〔F〕と抵抗R〔Ω〕を並列接続した合成インピーダンスの両端電圧に求められることは，信号波の成分が (ア) ことと，搬送波の成分が (イ) ことである．そこで，合成インピーダンスの大きさは，信号波の周波数に対してほぼ抵抗R〔Ω〕となり，搬送波の周波数に対して十分に (ウ) なくてはならない．

上記の記述中の空白箇所(ア)，(イ)及び(ウ)に当てはまる組合せとして，正しいものを次の(1)～(5)のうちから一つ選べ．

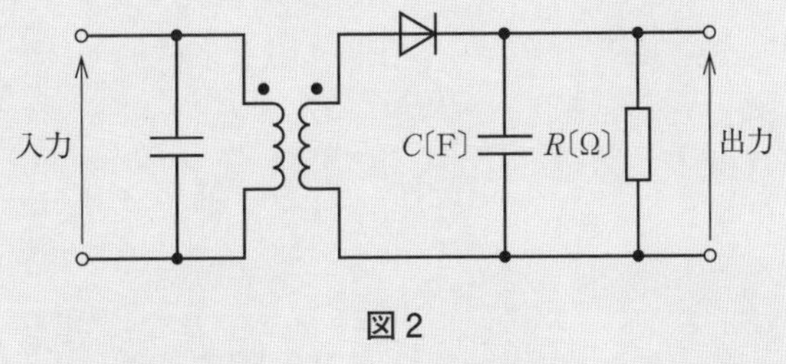

図 2

	(ア)	(イ)	(ウ)
(1)	ある	なくなる	大きく
(2)	ある	なくなる	小さく
(3)	なくなる	ある	小さく
(4)	なくなる	なくなる	小さく
(5)	なくなる	ある	大きく

(H28-18)

第3章 半導体・電子回路

(p.185 ～ p.186 の解答)　問題 9 →(a)−(4)，(b)−(2)

解説

(a) 問題の図1より，搬送波の振幅は$V_c=a$，信号波の振幅は$V_s=\dfrac{3a}{2}-a=\dfrac{a}{2}$〔V〕になります．変調度$m$は次式で表されます．

$$m=\frac{V_s}{V_c}=\frac{1}{a}\times\frac{a}{2}=0.5$$

信号波で搬送波が変化するので，信号波がなくなったときを考えれば，それが搬送波の振幅になるよ．

(b) 復調回路は，振幅変調した変調波から信号波を取り出す回路です．図2の直線検波回路は，ダイオードによって振幅変調した変調波の正の半周期のみを取り出します．次にCRで構成された充放電回路を用いることによって，包絡線に沿った信号波に直流が加わった成分を取り出します．CR並列回路の合成インピーダンスは，周波数が高いと小さくなるので，搬送波成分をなくすためには，搬送波の周波数において十分に小さくしなくてはなりません．

包絡線は，最大値のところを結んだ線だよ．それが信号波になるよ．

(p.187 ～ p.189 の解答)　問題10→(a)−(5)，(b)−(1)　問題11→(a)−(2)，(b)−(2)

第4章　電気磁気測定

4·1 指示計器（電流計，電圧計）

重要知識

出題項目 CHECK!

- □ 誤差の分類，誤差の求め方
- □ 測定値の近似値の求め方
- □ 永久磁石可動コイル形計器の構造，動作，特徴
- □ 指示計器の種類と特徴
- □ 整流形計器の波形誤差
- □ 分流器，倍率器の抵抗値の求め方

4·1·1 誤　差

(1) 測定誤差

測定値をM，真の値をTとすると，誤差δは次式で表されます．

$$\delta = M - T \tag{4.1}$$

また，誤差の絶対値を絶対誤差といいます．

百分率誤差（誤差率）ε〔%〕は，次式で表されます．

$$\varepsilon = \frac{M-T}{M} \times 100〔\%〕= \left(\frac{M}{T} - 1\right) \times 100〔\%〕 \tag{4.2}$$

δはギリシャ文字の「デルタ」，εは「イプシロン」だよ．

(2) 誤差の分類

① **個人誤差**　誤操作や測定者固有のくせによる誤差

② **系統誤差**　測定器の誤差や測定環境による誤差

③ **偶然誤差**　原因が特定できないか，熱雑音のように人為的に取り除くことができない誤差

指示計器は目盛線の間の指針を読むから，人によってくせがあるよね．ぼくはいつも偶数に読むよ．

4·1·2 測定値の計算

① 和と差の近似値　誤差の最も大きい測定値を基準にして，その末の位より1桁下位までを計算して，その桁を四捨五入します．

例えば，5.3 Vと8.36 Vの和は，13.66 Vと計算して13.7 Vとします．

② 積と商の近似値　有効数字の桁数が最も少ない測定値を基準にして，その桁数より1桁余分になるように計算し，その桁を四捨五入します．

例えば，5.3 Ω×8.36 A=44.308 Vより，44 Vとします．

4·1·3 精　度

計測器の精度は計器の表す値の正確さを示します．可動コイル形計器などの指示計器には，表4.1に示すような精度の階級があります．

指示計器の許容差は最大目盛値に対する比率なので，測定するときに指針の

表 4.1 指示計器の階級

階　級	許容差
0.2 級	最大目盛の ± 0.2 %
0.5 級	最大目盛の ± 0.5 %
1.0 級	最大目盛の ± 1.0 %
1.5 級	最大目盛の ± 1.5 %
2.5 級	最大目盛の ± 2.5 %

許容差は最大目盛の比率だよ．測定したときに針が指している値じゃないよ．

振れが小さい場合は測定誤差が大きくなります．

4·1·4 指示計器

(1) 永久磁石可動コイル形計器

構造を**図4.1**に示します．永久磁石の磁界と測定電流による電磁力によって**駆動トルク**が発生し，指針を回転させます．駆動トルクとうず巻きばねによる**制御トルク**とが釣り合った位置が電流の値を指示します．指示値は電流の平均値に比例します．コイルがアルミの枠に巻いてあるので，回転すると逆起電力による**制動トルク**が発生することで指針の振れを滑らかに動作させることができます．

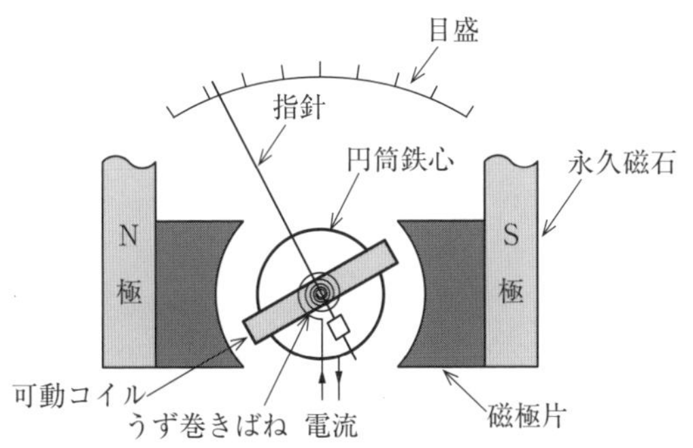

図 4.1 永久磁石可動コイル形計器の構造

図はうず巻きばねに電流が流れているけど，うず巻きばねを通って可動コイルに電流が流れる構造だよ．

(2) 整流形計器

図4.2のように**ブリッジ整流回路**と永久磁石可動コイル形電流計で構成されています．整流された交流電流を可動コイル形電流計で測定します．指示値は電流波形の平均値に比例します．

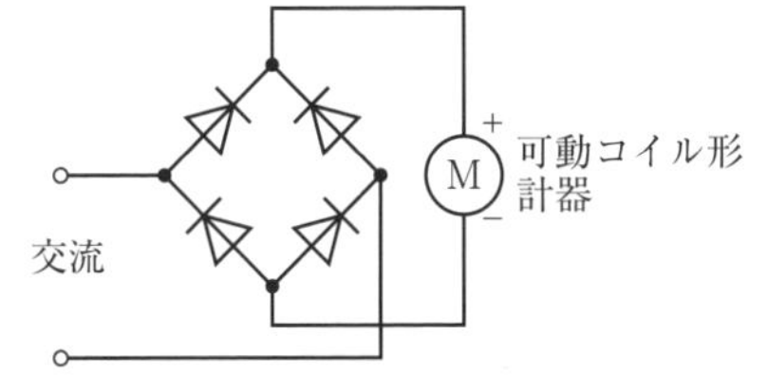

図 4.2 整流形計器の構成

ブリッジ整流回路によって電流計を流れる**脈流電流**は，**図4.3**のような**全波整流波形**となります．正弦波交流を測定するとき，電流の**最大値**をI_m〔A〕とすると，**平均値**I_a〔A〕は，次式で表されます．

$$I_a = \frac{2}{\pi} I_m \tag{4.3}$$

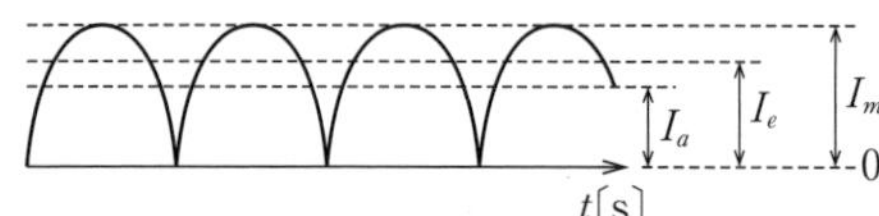

図 4.3　全波整流波形

I_mの式にすると，次式となります．

$$I_m = \frac{\pi}{2} I_a \tag{4.4}$$

交流電流や電圧の指示値は，実効値で表されるので，最大値がI_mの電流の実効値I_eは，式(4.4)の平均値を用いて表すと，次式で表されます．

$$I_e = \frac{1}{\sqrt{2}} I_m = \frac{1}{\sqrt{2}} \times \frac{\pi}{2} I_a$$

$$\fallingdotseq \frac{3.14}{1.41 \times 2} I_a \fallingdotseq 1.11\, I_a \tag{4.5}$$

式(4.5)の$\dfrac{I_e}{I_a} \fallingdotseq 1.11$を波形率と呼び，整流形電流計は平均値電流の1.11倍の数値で実効値の目盛が振られているので，測定する交流の波形が正弦波でないときは指示値に誤差が生じます．これを波形誤差と呼びます．

(3) 各種指示計器

各種指示計器の分類と図記号を**表4.2**に示します．

表 4.2　各種指示計器

種類	記号	使用回	用途	動作原理	特徴
永久磁石可動コイル形		DC	VAΩ	永久磁石の磁界と可動コイルの電流による電磁力	確度が高い，高感度，平均値指示
可動鉄片形		AC (DC)	VA	固定コイルの電流による磁界中の可動鉄片に働く力	構造が簡単，丈夫，安価，実効値指示
電流力計形		AC DC	VAW	固定・可動両コイルを流れる電流間に働く力	AC・DC両用，電力計，2乗目盛，実効値指示
整流形		AC	VA	整流器と永久磁石可動コイル形計器	ひずみ波の測定で誤差を生じる，平均値
熱電対(ねつでんつい)形		AC DC	VA	熱電対と永久磁石可動コイル形計器の組合せ	直流から高周波まで使用できる，実効値指示，2乗目盛
静電形		AC DC	V	電極間の静電吸引力または反発力	高電圧の測定に適する，実効値指示
誘導形		AC	VAW	固定コイルの電流による磁界と回転円板に発生するうず電流間の電磁力	回転角が大きい，2乗目盛，実効値指示，電力量計

表中の記号　AC：交流，DC：直流，V：電圧計，A：電流計，Ω：抵抗計，W：電力計

波形率＝$\dfrac{実効値}{平均値}$
波高率＝$\dfrac{最大値}{実効値}$
で表されるよ．

三角波や方形波の場合は誤差が生じるよ．正負に変化する波形を全波整流したときの方形波の平均値はI_mで実効値もI_m，三角波の平均値は$\dfrac{I_m}{2}$で実効値は$\dfrac{I_m}{\sqrt{3}}$だよ．

可動鉄片形計器は電流を流すコイルの中に一対の鉄片が入っていて，それらが磁化されると互いに反発して動くんだよ．電流の向きによってコイルの磁極の向きは変わるけど，同じ向きの磁極が発生する鉄片どうしは電流の向きに関係なく反発するよね．また，互いに引きつけられる向きに磁化するものもあるよ．可動鉄片形計器は交流用なのだけど直流でも動作するよ．

4·1·5　測定範囲の拡大

(1) 分流器

図4.4のように，電流計に抵抗器を並列に接続すると，電流計の測定範囲を拡大させることができます．このとき接続する抵抗器を**分流器**といいます．電流計の**内部抵抗**をr_A〔Ω〕，**測定範囲の倍率**をNとすると，分流器の抵抗R_a〔Ω〕は次式で表されます．

$$R_a = \frac{r_A}{N-1} \text{〔Ω〕} \tag{4.6}$$

分流器は電流計に並列に接続する小さい値の抵抗だよ．並列抵抗を流れる電流の比は抵抗値に反比例するから，全電流をN倍にしたいときは，電流計に流れる分の1を引いて，電流計の内部抵抗を($N-1$)で割った分流器をつなぐよ．

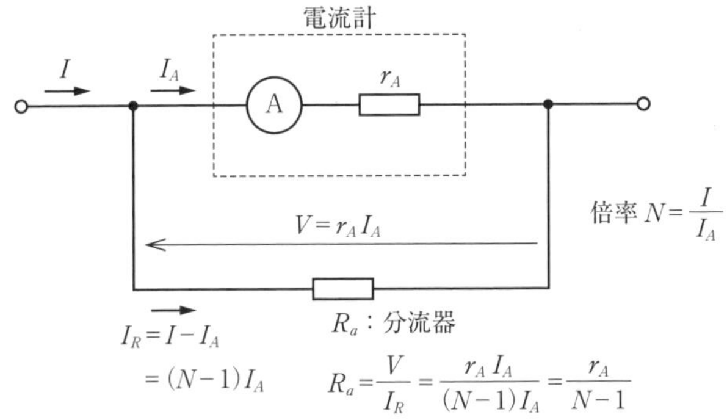

図 4.4　分流器

(2) 倍率器

図4.5のように，電圧計に抵抗器を直列に接続すると，電圧計の測定範囲を拡大させることができます．このとき接続する抵抗器を**倍率器**といいます．電圧計の内部抵抗をr_V〔Ω〕，測定範囲の倍率をNとすると，倍率器の抵抗R_m〔Ω〕は次式で表されます．

$$R_m = (N-1)\, r_V \text{〔Ω〕} \tag{4.7}$$

倍率器は電圧計に直列に接続する大きい値の抵抗だよ．直列抵抗に加わる電圧の比は抵抗値に比例するから，全電圧をN倍にしたいときは，電圧計に加わる分の1を引いて，電流計の内部抵抗に($N-1$)を掛けた倍率器をつなぐよ．

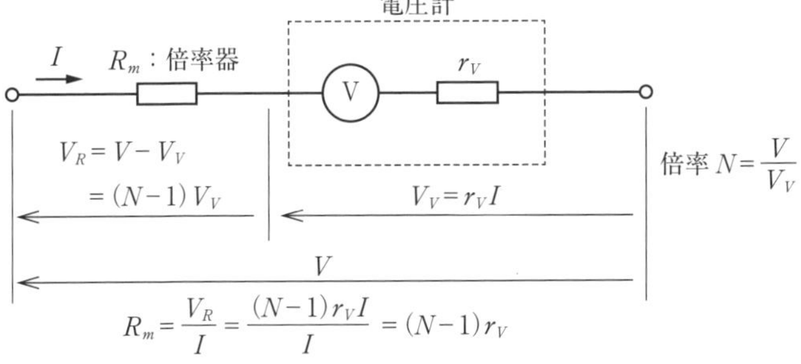

図 4.5　倍率器

試験の直前 CHECK!

- □**誤　差**≫ $\delta = M$（測定値）$- T$（真の値），絶対誤差：$|M - T|$
- □**百分率誤差（誤差率）**≫ $\varepsilon = \dfrac{M-T}{T} \times 100 = \left(\dfrac{M}{T} - 1\right) \times 100$
- □**和と差の近似値**≫誤差の最も大きい測定値を基準にして，その末の位より１桁下位までを計算して，その桁を四捨五入．
- □**積と商の近似値**≫有効数字の桁数が最も少ない測定値を基準にして，その桁数より１桁余分になるように計算し，その桁を四捨五入．
- □**階級精度の許容差**≫最大目盛値の比率〔%〕．1.0級：最大目盛値の±1.0%．
- □**永久磁石可動コイル形計器**≫駆動トルク：磁界と電流の電磁力，制御トルク：うず巻きばね．指示値は電流の平均値に比例．
- □**整流形計器**≫永久磁石可動コイル形計器，整流器．平均値に比例．正弦波の波形率1.11倍の目盛．実効値指示．正弦波以外は誤差が生ずる．
- □**指示計器の使用回路**≫直流：永久磁石可動コイル形．交流：可動鉄片形，整流形，誘導形．交流・直流両用：（可動鉄片形），電流力計形，熱電対形，静電形．
- □**分流器**≫ $R_a = \dfrac{r_A}{N-1}$
- □**倍率器**≫ $R_m = (N-1)\,r_V$

国家試験問題

問題１

次の(1)～(5)は，計測の結果，得られた測定値を用いた計算である．これらのうち，有効数字と単位の取り扱い方がともに正しいものを一つ選べ．

(1) 0.51 V+2.2 V=2.71 V

(2) 0.670 V÷1.2 A=0.558 Ω

(3) 1.4 A×3.9 ms=5.5×10^{-6} C

(4) 0.12 A−10 mA=0.11 m

(5) 0.5×2.4 F×0.5 V×0.5 V=0.3 J

(H29-14)

解説

(1) 和と差の近似値は，誤差の最も大きい測定値（2.2 V）を基準にして，その末の位より１桁下位までを計算して，その桁を四捨五入します．

0.51 V+2.2 V=2.71 V

より，2.7 Vです．

(2) 積と商の近似値は，有効数字の桁数が最も少ない測定値（1.2 A）を基準にして，その桁数（２桁）より１桁余分になるように計算し，その桁を四捨五入します．

$0.670\ \mathrm{V} \div 1.2\ \mathrm{A} = 0.558\ \Omega$

より，　0.56 Ωです．

(3)　(2)と同様に計算します．

$1.4\ \mathrm{A} \times 3.9\ \mathrm{ms} = 1.4 \times 3.9 \times 10^{-3} = 5.46 \times 10^{-3}\ \mathrm{C}$

より，5.5×10^{-3} C です．

(4)　(1)と同様に計算します．

$0.12\ \mathrm{A} - 10\ \mathrm{mA} = 0.12\ \mathrm{A} - 0.010\ \mathrm{A} = 0.110\ \mathrm{A}$

より，0.11 A です．

(5)　(2)と同様に計算します．

$0.5 \times 2.4\ \mathrm{F} \times 0.5\ \mathrm{V} \times 0.5\ \mathrm{V} = 0.30\ \mathrm{J}$

より，0.3 J です．

有効数字の取り扱いは難しいね．足し算のときは大きい数値に注意してね．100gと0.01gを足しても意味ないでしょう．掛け算や割り算は計算すると桁数が増えるので，それを戻すんだよ．

問題 2

最大目盛 100 mA，階級 1.0 級（JIS）の単一レンジの電流計がある．この電流計で 40 mA を測定するときに，この電流計に許されている誤差〔mA〕の大きさの最大値として，正しいのは次のうちどれか．

(1)　0.2　　(2)　0.4　　(3)　1.0　　(4)　2.0　　(5)　4.0

(H20-14)

解 説

階級 1.0 級の誤差の最大値 $\varepsilon_m = 1.0\%$ だから，これは最大目盛値 I_m〔mA〕に対する誤差となるので，40 mA を測定したときの誤差の最大値 I_ε〔mA〕は，次式で表されます．

$I_\varepsilon = I_m \varepsilon_m = 100 \times 1.0 \times 10^{-2} = 1.0\ \mathrm{mA}$

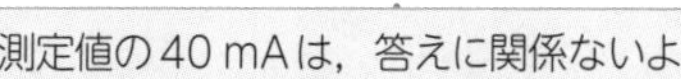

問題 3

直動式指示電気計器の種類，JIS で示される記号及び使用回路の組合せとして，正しいものを次の(1)～(5)のうちから一つ選べ．

種　類	記　号	使用回路
(1)　永久磁石可動コイル形		直流専用
(2)　空心電流力計形		交流・直流両用
(3)　整流形		交流・直流両用
(4)　誘導形		交流専用
(5)　熱電対形（非絶縁）		直流専用

(R1-14)

解説

誤っている箇所を正しくすると，次のようになります．

種　類	記　号	使用回路
(1) 永久磁石可動コイル形		直流専用
(3) 整流形		交流専用
(4) 誘導形		交流専用
(5) 熱電対形（非絶縁）		交流・直流両用

整流形計器と熱電対形計器は，それぞれ整流器と永久磁石可動コイル形計器，熱電対と永久磁石可動コイル形計器を組み合わせた構造なので，永久磁石可動コイル形計器の記号が併記されています．

永久磁石可動コイル形計器に，昔使われていた永久磁石が馬てい形磁石だったので記号は馬のてい鉄形だよ．誘導形計器は家の電力メータに付いている，クルクル回る電力量計に使われるよ．

問題４

図のような回路において，抵抗Rの値〔Ω〕を電圧降下法によって測定した．この測定で得られた値は，電流計I=1.600 A，電圧計V=50.00 Vであった．次の(a)及び(b)の問に答えよ．

ただし，抵抗Rの真の値は31.21 Ωとし，直流電源，電圧計及び電流計の内部抵抗の影響は無視できるものである．また，抵抗Rの測定値は有効数字4桁で計算せよ．

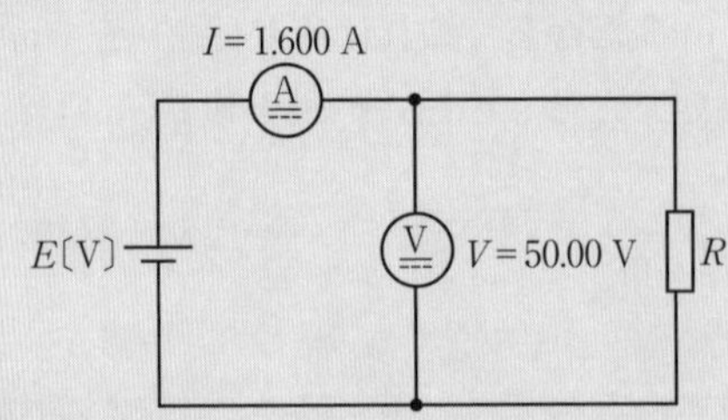

(a) 抵抗Rの絶対誤差〔Ω〕として，最も近いものを次の(1)〜(5)のうちから一つ選べ．

(1) 0.004　(2) 0.04　(3) 0.14　(4) 0.4　(5) 1.4

(b) 絶対誤差の真の値に対する比率を相対誤差という．これを百分率で示した，抵抗Rの百分率誤差（誤差率）〔%〕として，最も近いものを次の(1)〜(5)のうちから一つ選べ．

(1) 0.0013　(2) 0.03　(3) 0.13　(4) 0.3　(5) 1.3

(H28-16)

解説

(a) 電圧と電流の測定値より，抵抗の測定値R_M〔Ω〕を求めると，次式で表されます．

$$R_M=\frac{V}{I}=\frac{50.00}{1.600}=31.25\ \Omega$$

抵抗の真の値をR_T〔Ω〕とすると，誤差δは次式で表されます．

$$\delta=R_M-R_T=31.25-31.21=0.04\ \Omega$$

(b) 百分率誤差 ε〔%〕は次式で表されます．

$$\varepsilon = \frac{\delta}{R_T} \times 100 = \frac{0.04}{31.21} \times 100 \fallingdotseq 0.13\ \%$$

(b)は，問題に絶対誤差（δ）の真の値（R_T）に対する比率を百分率で示すと書いてあるよ．問題をよく読めば簡単だね．

問題 5

内部抵抗が15 kΩの150 V測定端子と内部抵抗が10 kΩの100V測定端子をもつ永久磁石可動コイル形直流電圧計がある．この直流電圧計を使用して，図のように，電流I〔A〕の定電流源で電流を流して抵抗Rの両端の電圧を測定した．

測定Ⅰ：150 Vの測定端子で測定したところ，直流電圧計の指示値は101.0 Vであった．

測定Ⅱ：100 Vの測定端子で測定したところ，直流電圧計の指示値は99.00 Vであった．

次の(a)及び(b)の問に答えよ．

ただし，測定に用いた機器の指示値に誤差はないものとする．

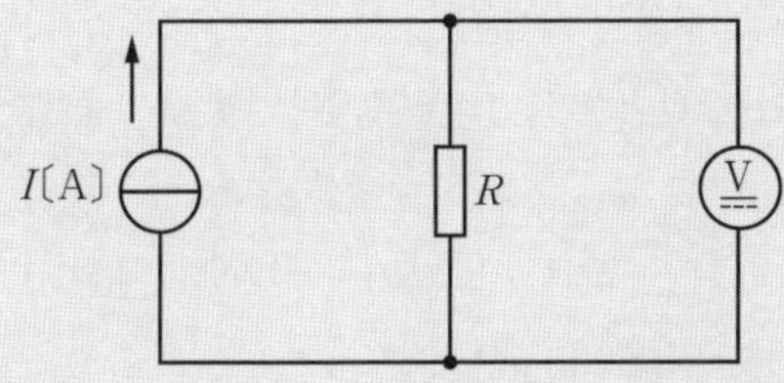

(a) 抵抗Rの抵抗値〔Ω〕として，最も近いものを次の(1)～(5)のうちから一つ選べ．

(1) 241　(2) 303　(3) 362　(4) 486　(5) 632

(b) 電流Iの値〔A〕として，最も近いものを次の(1)～(5)のうちから一つ選べ．

(1) 0.08　(2) 0.17　(3) 0.25　(4) 0.36　(5) 0.49

(H30-18)

解 説

(a) 電圧計の測定端子が150 Vのときの内部抵抗をr_{V1}=15 kΩ，指示値をV_1=101 V，100 Vのときの内部抵抗をr_{V2}=10 kΩ，指示値をV_2=99 Vとすると次式で表されます．

$$V_1 = \frac{I}{\dfrac{1}{r_{V1}} + \dfrac{1}{R}} \tag{4.8}$$

$$V_2 = \frac{I}{\dfrac{1}{r_{V2}} + \dfrac{1}{R}} \tag{4.9}$$

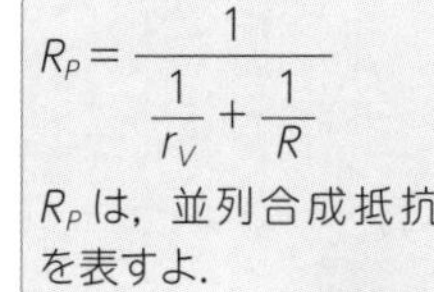

式(4.8)と式(4.9)の定電流源の値Iが等しいので，次式が成り立ちます．

$$V_1\left(\frac{1}{r_{V1}} + \frac{1}{R}\right) = V_2\left(\frac{1}{r_{V2}} + \frac{1}{R}\right)$$

$$\frac{101}{15} + \frac{101}{R} = \frac{99}{10} + \frac{99}{R}$$

(p.196 ～ p.197 の解答)　問題1 →(5)　問題2 →(3)　問題3 →(2)

$$\frac{101-99}{R}=\frac{99}{10}-\frac{101}{15}$$

$$\frac{2}{R}=\frac{297-202}{30}$$

よって，$R=\frac{60}{95}\fallingdotseq 0.632\ \text{k}\Omega=632\ \Omega$となります．

(b) 式(4.8)より，Iの値を求めると，次式で表されます．

$$I=V_1\left(\frac{1}{r_{V1}}+\frac{1}{R}\right)=\frac{101}{15\times 10^3}+\frac{101}{632}\fallingdotseq 0.17\ \text{A}$$

左右の式を同じ〔kΩ〕とすれば，〔kΩ〕のまま計算してもいいよ．

計算には電卓が必要だね．関数電卓は使えないよ．注意してね．

問題6

可動コイル形直流電流計A_1と可動鉄片形交流電流計A_2の2台の電流計がある．それぞれの電流計の性質を比較するために次のような実験を行った．

図1のようにA_1とA_2を抵抗100Ωと電圧10Vの直流電源の回路に接続したとき，A_1の指示は100 mA，A_2の指示は［（ア）］〔mA〕であった．

また，図2のように，周波数50 Hz，電圧100 Vの交流電源と抵抗500ΩにA_1とA_2を接続したとき，A_1の指示は［（イ）］〔mA〕，A_2の指示は200 mAであった．

ただし，A_1とA_2の内部抵抗はどちらも無視できるものであった．

上記の記述中の空白箇所(ア)及び(イ)に当てはまる最も近い値として，正しいものを組み合わせたのは次のうちどれか．

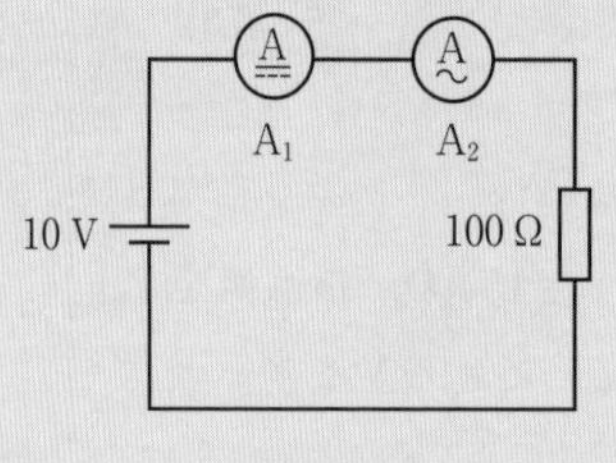

図1

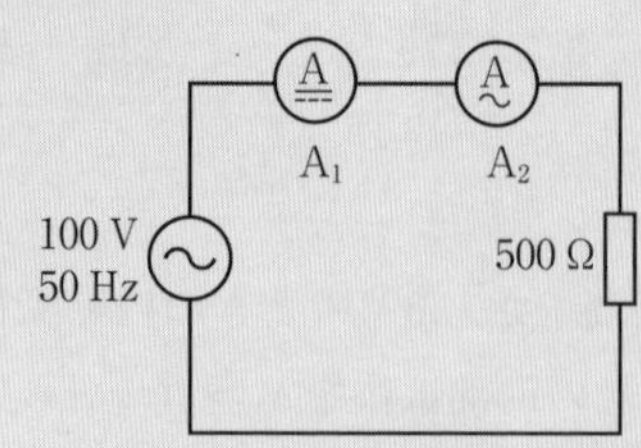

図2

	(ア)	(イ)
(1)	0	0
(2)	141	282
(3)	100	0
(4)	0	141
(5)	100	141

(H21-14)

解説

可動鉄片形交流電流計は直流でも動作するので，問題の図1のA_2の指示はA_1と同じ値の100 mAです．可動コイル形直流電流計は，交流では動作しないので，図2のA_1の指示は0 mAです．

可動コイル形電流計は，極性を間違えると逆向きに振れるけど，交流を加えると変化が速いので動かないよ．

問題 7

目盛が正弦波交流に対する実効値になる整流形の電圧計（全波整流形）がある．この電圧計で図のような周期20 msの繰り返し波形電圧を測定した．

このとき，電圧計の指示の値〔V〕として，最も近いものを次の(1)～(5)のうちから一つ選べ．

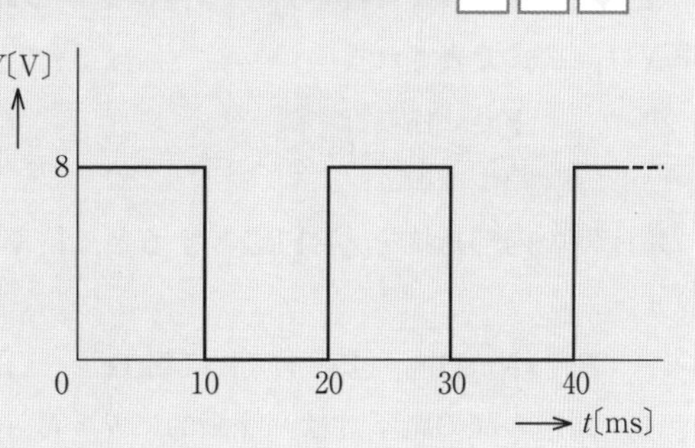

(1) 4.00　　(2) 4.44　　(3) 4.62

(4) 5.14　　(5) 5.66

(H27-14)

解説

正弦波の波形率を$k_f ≒ 1.1$とすると，整流形電圧計は，入力波形の平均値V_a〔V〕のk_f倍を指示します．問題の図のようなパルス波形を整流すると，平均値は最大値の$\frac{1}{2}$となるので，$V_a = \frac{8}{2} = 4$ Vとなります．よって，指示値V〔V〕は，次式で表されます．

$$V = k_f V_a ≒ 1.11 \times 4 = 4.44 \text{ V}$$

正弦波の実効値V_eは，最大値V_mの$\frac{1}{\sqrt{2}}$，平均値V_aはV_mの$\frac{2}{\pi}$，波形率は$\frac{V_e}{V_a} = \frac{\pi}{2\sqrt{2}} ≒ 1.11$だよ．

問題 8

直流電圧計について，次の(a)及び(b)の問に答えよ．

(a) 最大目盛1 V，内部抵抗r_v＝1 000 Ωの電圧計がある．この電圧計を用いて最大目盛15 Vの電圧計とするための，倍率器の抵抗R_m〔kΩ〕の値として，正しいものを次の(1)～(5)のうちから一つ選べ．

(1) 12　　(2) 13　　(3) 14　　(4) 15　　(5) 16

(b) 図のような回路で上記の最大目盛15 Vの電圧計を接続して電圧を測ったときに，電圧計の指示〔V〕はいくらになるか．最も近いものを次の(1)～(5)のうちから一つ選べ．

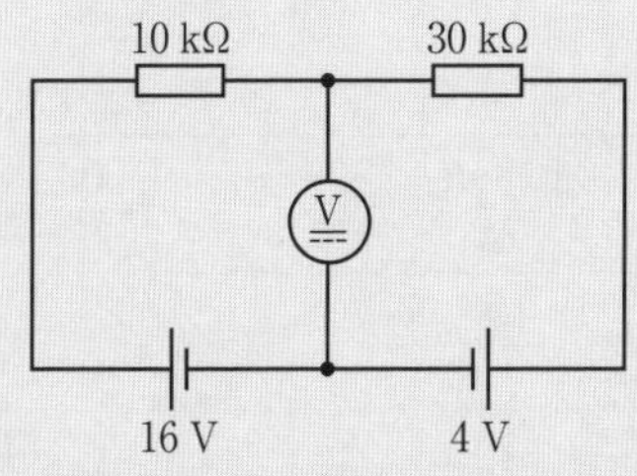

(1) 7.2　　(2) 8.7　　(3) 9.4　　(4) 11.3　　(5) 13.1

(H24-17)

（p.198 ～ p.199 の解答）　問題 4 →(a)－(2)，(b)－(3)　問題 5 →(a)－(5)，(b)－(2)

解説

(a) 電圧計の最大目盛を$V_V=1\,\mathrm{V}$，測定する最大電圧を$V=15\,\mathrm{V}$とすると，倍率Nは，次式で表されます．

$$N=\frac{V}{V_V}=\frac{15}{1}=15$$

電圧計の内部抵抗を$r_V=1\,\mathrm{k\Omega}$とすると，倍率器の抵抗R_m〔kΩ〕は次式で表されます．

$$R_m=(N-1)\,r_V=(15-1)\times 1=14\,\mathrm{k\Omega}$$

(b) 問題の図の電圧計は，等価的に$R_3=R_m+r_V=15\,\mathrm{k\Omega}$の抵抗値となります．電圧計の指示値は$R_3$の端子電圧の$V_V$〔V〕なので，ミルマンの定理により求めることができます．

$$V_V=\frac{\dfrac{E_1}{R_1}+\dfrac{E_2}{R_2}}{\dfrac{1}{R_1}+\dfrac{1}{R_2}+\dfrac{1}{R_3}}=\frac{\dfrac{16}{10}+\dfrac{4}{30}}{\dfrac{1}{10}+\dfrac{1}{30}+\dfrac{1}{15}}$$

$$=\frac{\dfrac{16\times 3}{30}+\dfrac{4}{30}}{\dfrac{3}{30}+\dfrac{1}{30}+\dfrac{2}{30}}=\frac{52}{6}$$

$$\fallingdotseq 8.7\,\mathrm{V}$$

倍率器の公式を使わなくても，回路の電圧や電流から抵抗値を求めることができるよ．

分母と分子で$\dfrac{1}{10^3}$が消せるので，〔kΩ〕のまま計算できるから楽だね．ミルマンの定理を使わないと時間が足りないよ．

問題9

次の文章は，直流電流計の測定範囲拡大について述べたものである．

内部抵抗$r=10\,\mathrm{m\Omega}$，最大目盛0.5 Aの直流電流計Mがある．この電流計と抵抗R_1〔mΩ〕及びR_2〔mΩ〕を図のように結線し，最大目盛が1 Aと3 Aからなる多重範囲電流計を作った．この多重範囲電流計において，端子3 Aと端子＋を使用する場合，抵抗［（ア）］〔mΩ〕が分流器となる．端子1 Aと端子＋を使用する場合には，抵抗［（イ）］〔mΩ〕が倍率［（ウ）］倍の分流器となる．また，3 Aを最大目盛とする多重範囲電流計の内部抵抗は［（エ）］〔mΩ〕となる．

上記の記述中の空白箇所(ア)，(イ)，(ウ)及び(エ)に当てはまる式又は数値として，正しいものを組み合わせたのは次のうちどれか．

	(ア)	(イ)	(ウ)	(エ)
(1)	R_2	R_1	$\dfrac{10+R_2}{R_1}+1$	$\dfrac{20}{3}$
(2)	R_1	R_1+R_2	$\dfrac{10+R_2}{R_1}$	$\dfrac{25}{9}$
(3)	R_2	R_1+R_2	$\dfrac{10}{R_1+R_2}+1$	5
(4)	R_1	R_2	$\dfrac{10}{R_1+R_2}$	$\dfrac{10}{3}$
(5)	R_1	R_1+R_2	$\dfrac{10}{R_1+R_2}+1$	$\dfrac{25}{9}$

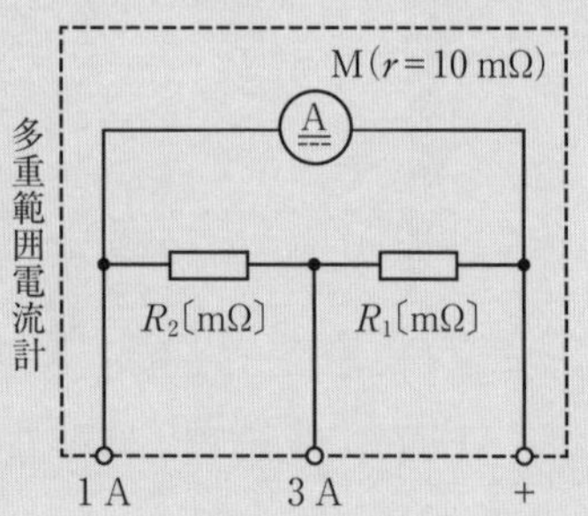

(H22-14)

解説

端子3Aを使用する場合の測定範囲の倍率は$N=\dfrac{3}{0.5}=6$なので，等価的な電流計の内部抵抗を$r+R_2$〔mΩ〕とすると，分流器の抵抗R_1〔mΩ〕は次式で表されます．

$$R_1=\frac{r+R_2}{N-1}=\frac{10+R_2}{6-1}=\frac{10+R_2}{5}\ \text{〔mΩ〕} \tag{4.10}$$

$$5R_1-R_2=10\ \text{mΩ} \tag{4.11}$$

端子1Aを使用する場合の測定範囲の倍率は$N=\dfrac{1}{0.5}=2$なので，分流器の抵抗R_1+R_2〔mΩ〕は次式で表されます．

$$R_1+R_2=\frac{r}{N-1}=\frac{r}{2-1}=r=10\ \text{mΩ} \tag{4.12}$$

式(4.12)より，次式が成り立ちます．

$$R_1+R_2=\frac{10}{N-1}\quad \text{より，}\quad N=\frac{10}{R_1+R_2}+1\ \text{となります．} \tag{4.13}$$

式(4.11)＋式(4.12)より，R_1，R_2を求めると，次式で表されます．

$(5R_1-R_2)+(R_1+R_2)=10+10$　より，

$$6R_1=20\quad\text{よって，}\quad R_1=\frac{20}{6}=\frac{10}{3}\ \text{mΩとなります．}$$

この値を式(4.12)に代入すると，R_2は次式で表されます．

$$R_2=10-R_1=10-\frac{10}{3}=\frac{20}{3}\ \text{mΩ}$$

また，端子3Aを使用したときの等価的な電流計の内部抵抗$r+R_2$〔mΩ〕は，次式で表されます．

$$r+R_2=10+\frac{20}{3}=\frac{50}{3}\ \text{mΩ}$$

端子3Aを使用する場合の内部抵抗R_3〔mΩ〕は，次式で表されます．

$$\frac{1}{R_3}=\frac{1}{R_1}+\frac{1}{r+R_2}=\frac{3}{10}+\frac{3}{50}=\frac{15+3}{50}=\frac{9}{25}$$

よって，$R_3=\dfrac{25}{9}$ mΩとなります．

電流の分流比から$R_1+R_2=r=10$ mΩだと分かるんだけど，(ウ)の答えを見つけるためには式(4.12)が必要だね．

式(4.13)までできれば，答えは(5)だと分かるね．

計算が面倒だね．(ア)から(ウ)が分かれば答えが見つかるので，選択肢を選びながら計算を進めてね．(エ)の計算はやらなくても答えが見つかるよ．

問題10

図のように，a-b間の長さが15 cm，最大値が30 Ωのすべり抵抗器R，電流計，検流計，電池E_0〔V〕，電池E_x〔V〕が接続された回路がある．この回路において次のような実験を行った．

実験Ⅰ：図1でスイッチSを開いたとき，電流計は200 mAを示した．

実験Ⅱ：図1でスイッチSを閉じ，すべり抵抗器Rの端子cをbの方向へ移動させて行き，検流計が零を指したとき移動を停止した．このときa-c間の距離は4.5 cmであった．

（p.200 ～ p.201 の解答） 問題6 →(3)　問題7 →(2)　問題8 →(a)−(3)，(b)−(2)

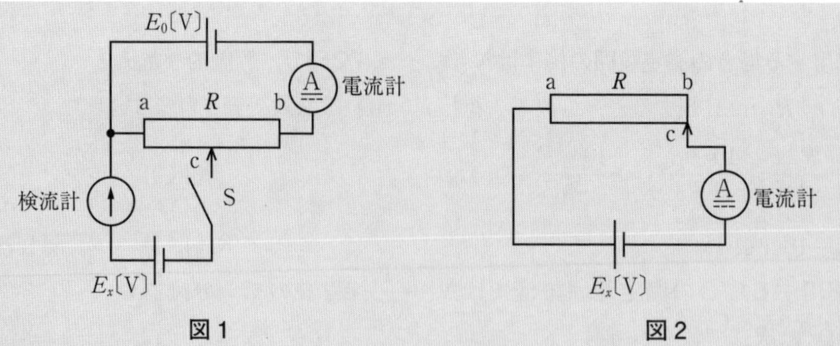

図1　　図2

実験Ⅲ：図2に配線を変更したら，電流計の値は50 mAであった．

次の(a)及び(b)の問に答えよ．

ただし，各計測器の内部抵抗及び接触抵抗は無視できるものとし，また，すべり抵抗器Rの長さ〔cm〕と抵抗値〔Ω〕とは比例するものであるとする．

(a) 電池E_xの起電力の値〔V〕として，最も近いものを次の(1)～(5)のうちから一つ選べ．

(1) 1.0　(2) 1.2　(3) 1.5　(4) 1.8　(5) 2.0

(b) 電池E_xの内部抵抗の値〔Ω〕として，最も近いものを次の(1)～(5)のうちから一つ選べ．

(1) 0.5　(2) 2.0　(3) 3.5　(4) 4.2　(5) 6.0

(H27-15)

解説

(a) 検流計が零を指したときは，滑り抵抗を流れる電流によるac間の電圧降下V_{ac}〔V〕とE_x〔V〕が等しくなります．抵抗値は長さに比例するので，全体の長さをl_{ab}〔cm〕，その抵抗値をR_{ab}〔Ω〕，ac間長さl_{ac}〔cm〕，その抵抗値をR_{ac}〔Ω〕とするとR_{ac}は次式で表されます．

$$R_{ac}=\frac{l_{ac}}{l_{ab}}R_{ab}=\frac{4.5}{15}\times 30=9\ \Omega$$

電流計の指示値が抵抗Rを流れる電流なので，それをI〔A〕とすると，E_xは次式で表されます．

$$E_x=R_{ac}I=9\times 200\times 10^{-3}=1.8\ \text{V}$$

(b) 問題の図2を流れる電流(電流計の指示値)をI_2〔A〕，電池の内部抵抗をr〔Ω〕とすると，次式が成り立ちます．

$$E_x=(r+R_{ab})I_2\text{〔V〕}$$

rを求めると，

$$r=\frac{E_x}{I_2}-R_{ab}=\frac{1.8}{50\times 10^{-3}}-30$$

$$=36-30=6\ \Omega$$

図2の$V_{ab}=R_{ab}I_2=1.5$Vだね．E_xとの差0.3Vが電池の内部抵抗rの電圧降下だから，電圧比は$\frac{0.3}{1.5}=\frac{r}{R_{ab}}$となるので，$r=\frac{0.3\times 30}{1.5}=$ 6Ωだよ．

(p.202～p.204の解答)　**問題9**→(5)　**問題10**→(a)-(4)，(b)-(5)

4·2 測定法

重要知識

出題項目 CHECK!

- □ ブリッジ回路による測定方法
- □ 交流の電力の測定方法
- □ 電流力計形計器，電力量計の動作原理と特徴
- □ 2電力計法による三相交流電力の測定方法

4·2·1 ブリッジ回路による測定

(1) ホイートストーンブリッジ

図4.6のようなブリッジ回路において，各辺の抵抗の値を変化させてブリッジが平衡すると，検流計を流れる電流$I_0=0$となります．このとき，検流計Gの両端の電位が同じになるので，次式が成り立ちます．

$$R_1 I_1 = R_3 I_2 \text{〔V〕} \quad (4.14)$$

$$R_2 I_1 = R_4 I_2 \text{〔V〕} \quad (4.15)$$

式(4.14)，(4.15)より，次式が成り立ちます．

$$\frac{I_1}{I_2} = \frac{R_3}{R_1} = \frac{R_4}{R_2}$$

したがって，次式となります．

$$\frac{R_1}{R_2} = \frac{R_3}{R_4} \quad (4.16)$$

$$R_1 R_4 = R_2 R_3 \quad (4.17)$$

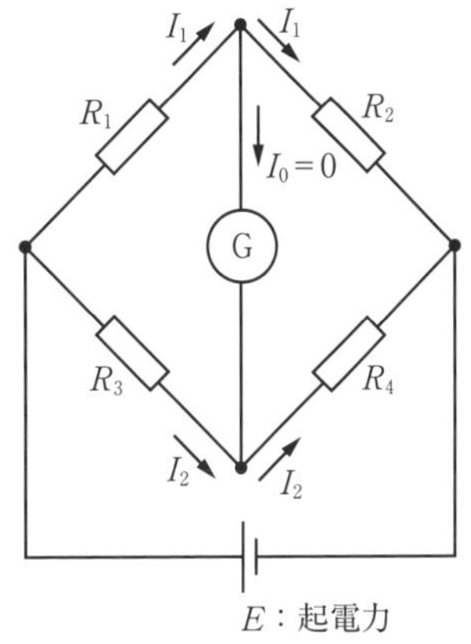

図4.6 直流ブリッジ回路

検流計は(+)(−)の電流を測定することができるよ．検流計の両端の電位が同じとき$I_0=0$だよ．

平衡をとって電流を零にするので，零位法というよ．指示計器による測定は偏位法だよ．

直流抵抗の測定では，R_1を未知抵抗とすればブリッジが平衡したときのR_2，R_3，R_4の値より，次式によってR_1を求めることができます．

$$R_1 = \frac{R_3}{R_4} R_2 \text{〔Ω〕} \quad (4.18)$$

(2) 交流ブリッジ回路

図4.7のようなブリッジ回路において，各辺のインピーダンスの値を変化させてブリッジが平衡すると，交流検流計Gに流れる電流$\dot{I}_0=0$となるので，次式が成り立ちます．

$$\frac{\dot{Z}_1}{\dot{Z}_2} = \frac{\dot{Z}_3}{\dot{Z}_4} \quad (4.19)$$

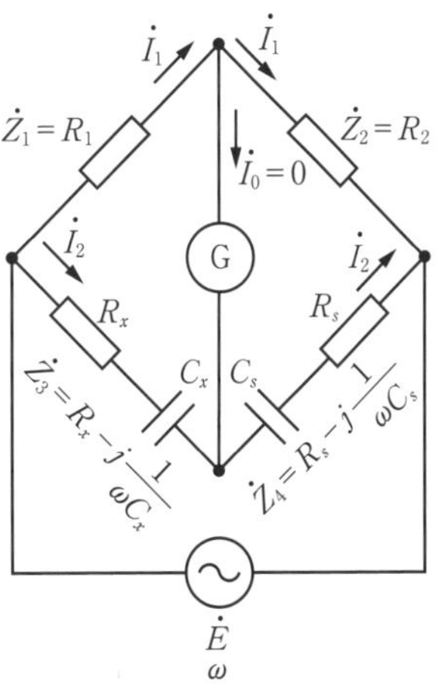

図4.7 交流ブリッジ回路

$$\dot{Z}_1 \dot{Z}_4 = \dot{Z}_2 \dot{Z}_3 \qquad (4.20)$$

図4.7のように各インピーダンスを抵抗R_1，R_2，R_sと標準コンデンサC_sおよび未知コンデンサC_xと損失抵抗R_xとすると，未知コンデンサの静電容量と損失抵抗の値を測定することができます．ブリッジ回路が平衡しているので，式(4.20)より次式が成り立ちます．

$$R_1\left(R_s - j\frac{1}{\omega C_s}\right) = R_2\left(R_x - j\frac{1}{\omega C_x}\right) \qquad (4.21)$$

抵抗とリアクタンスが直列のときは，平衡条件が掛け算で表される式(4.20)を使うと計算しやすいね．抵抗とリアクタンスが並列回路のときは，並列回路をアドミタンスで表すとインピーダンスの逆数になるので，式(4.19)の割り算で表される式を使った方が計算しやすいよ．式(4.19)は次の式で表すこともできるよ．

$$\frac{\dot{Z}_1}{\dot{Z}_3} = \frac{\dot{Z}_2}{\dot{Z}_4}$$

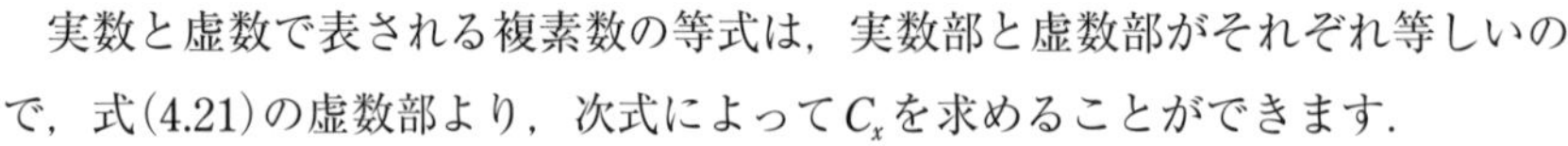

実数と虚数で表される複素数の等式は，実数部と虚数部がそれぞれ等しいので，式(4.21)の虚数部より，次式によってC_xを求めることができます．

$$\frac{R_1}{C_s} = \frac{R_2}{C_x} \qquad \text{よって，} \qquad C_x = \frac{C_s R_2}{R_1} \text{〔F〕となります．} \qquad (4.22)$$

実数部より，次式によってR_xを求めることができます．

$$R_1 R_s = R_2 R_x \qquad \text{よって，} \qquad R_x = \frac{R_s R_1}{R_2} \text{〔Ω〕となります．} \qquad (4.23)$$

複素数は実軸と虚軸の二つの座標上の値を一つの式で表しているので，等式は左右の辺で実数と虚数が等しいんだよ．

4･2･2　交流電力の測定

(1) 交流の電力

インピーダンスに交流を加えたときの電力は，**皮相電力**S〔V･A〕，**有効電力**P〔W〕，**無効電力**Q〔var〕で表されます．このうち，皮相電力Sと無効電力Qは見かけ上の値で，有効電力Pが**消費電力**を表します．インピーダンス回路の電圧をV〔V〕，電流をI〔A〕，力率を$\cos\theta$とすると，これらの関係は次式で表されます．

$$S = VI \text{〔V･A〕} \qquad (4.24)$$

$$P = VI\cos\theta = VI\sqrt{1-\sin^2\theta} \text{〔W〕} \qquad (4.25)$$

$$Q = VI\sin\theta = VI\sqrt{1-\cos^2\theta} \text{〔var〕} \qquad (4.26)$$

$$S = \sqrt{P^2 + Q^2} \text{〔V･A〕} \qquad (4.27)$$

三角関数の公式の$\sin^2\theta + \cos^2\theta = 1$より，$\cos\theta$を求めると，$\cos\theta = \sqrt{1-\sin^2\theta}$になるよ．

(2) 電流力計形計器

図4.8のように，固定された電流コイルAおよびCと，指針が接続された可動コイルの電圧コイルBによって構成されています．電流コイルは測定回路と直列に接続されているので，発生する磁束は回路を流れる電流に比例します．電圧コイルに電流が流れると電流コイルによって生じる磁束により電磁力が発生して，電圧コイルが回転します．このとき，抵抗Rを通して電圧コイルを流れる電流は回路に加わる電圧に比例するので，指針は電圧と電流の積に比例します．電力の目盛はほぼ等分目盛で，交流と直流の測定に用いることができます．

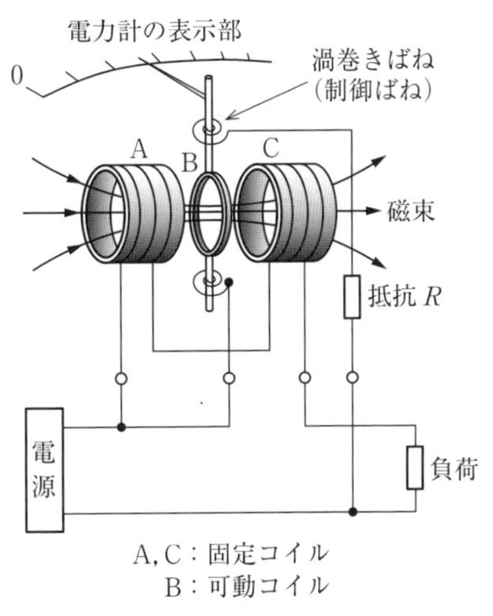

図 4.8　電流力計形計器の構造

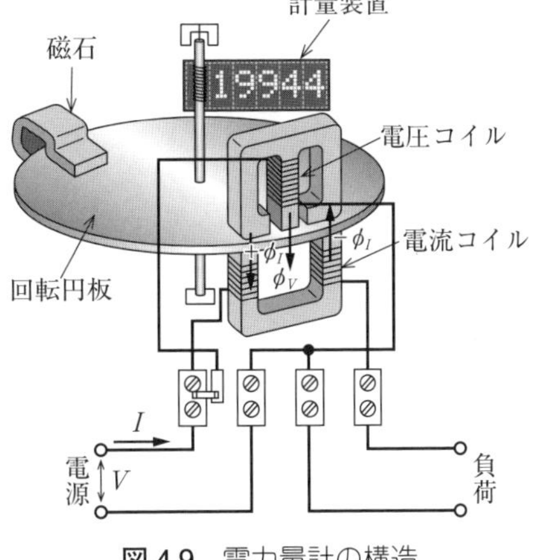

図 4.9　電力量計の構造

電力量計は家の玄関にあって，円板がクルクル回るメータだよ．誘導形計器が使われているよ．

(3) 電力量計

図4.9のように，電圧V〔V〕に比例する磁束ϕ_V〔Wb〕と，電流I〔A〕に比例する磁束ϕ_I〔Wb〕によって，アルミニウム円板は回転します．円板のトルクは電力P〔W〕に比例し，円板の回転数が電力量に比例するので，歯車計量装置によって電力量を表示することができます．商用の電力量は〔kWh〕(キロワット時)で表示されます．また，電力量計には1 kWh当たりの回転数の**計器定数**が示されています．

(4) 三相交流電力の測定

三相交流電圧の各線間電圧$V_{ab}=V_{bc}=V_{ca}=V$，線電流$I_a=I_b=I_c=I$のとき，力率$\cos\theta$のインピーダンス負荷を接続した場合の負荷に供給する電力を求めます．

図4.10のように，Y結線の負荷の中性点と点aに電力計Wを接続して，一相の電力P〔W〕を測定すると，**三相電力**は3倍の$3P$〔W〕として求めることができます．

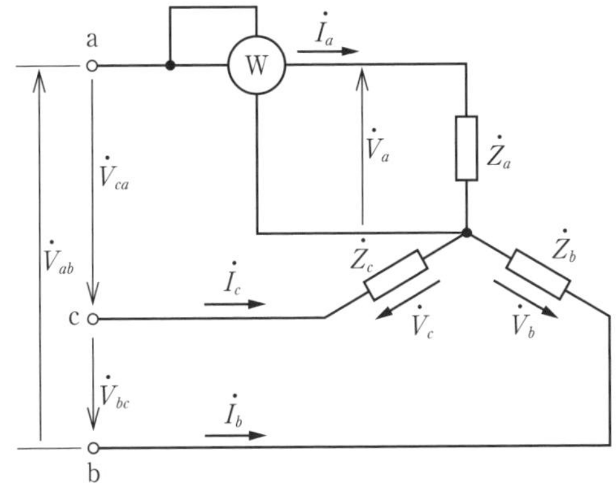

図 4.10　一つの電力計による三相交流電力の測定

各線間電圧と線電流が同じとき，三相電力は一相の電力の3倍になるよ．普通は三つの負荷にそれぞれ電気を供給するには二本ずつの線が必要だから，三相交流は効率がいいね．

Y結線またはΔ結線負荷の場合は，**図4.11**のように二つの電力計W_1，W_2を接続して，それぞれの電力計の指示値をP_1〔W〕，P_2〔W〕とすると，三相電力P〔W〕は，

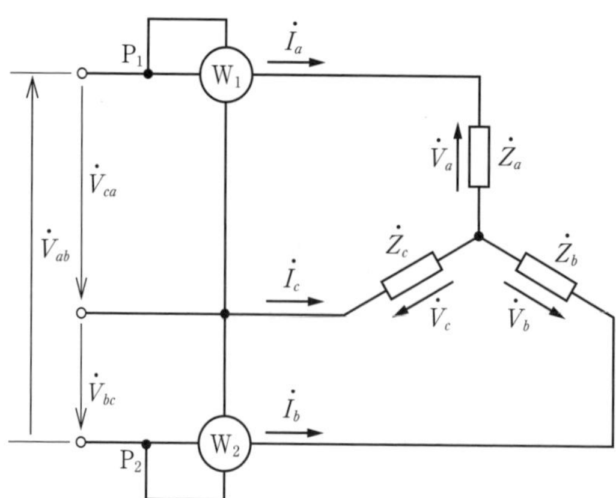

図4.11　二つの電力計による三相交流電力の測定

$$P = P_1 + P_2 \text{〔W〕} \tag{4.28}$$

の値を求めれば，測定することができます．

図4.12のベクトル図より，$\dot{V}_{ac}$ と $\dot{I}_a$ の位相差は $\dfrac{\pi}{6} - \theta$〔rad〕，$\dot{V}_{bc}$ と $\dot{I}_b$ の位相差は $\dfrac{\pi}{6} + \theta$〔rad〕なので，P_1，P_2〔W〕は次式で表されます．

$$P_1 = V_{ac} I_a \cos\left(\frac{\pi}{6} - \theta\right) \tag{4.29}$$

$$P_2 = V_{bc} I_b \cos\left(\frac{\pi}{6} + \theta\right) \tag{4.30}$$

式(4.29)および式(4.30)より，一般にP_1とP_2は異なる値を示しますが，力率$\cos\theta = 1$，$\theta = 0$のときは，P_1とP_2は同じ値となります．また，力率$\cos\theta = 0.5$，$\theta = \dfrac{\pi}{3}$のときは，式(4.30)の$\left(\dfrac{\pi}{6} + \dfrac{\pi}{3}\right) = \dfrac{\pi}{2}$となって$P_2 = 0$となりますが，力率$\cos\theta < 0.5$になると，cosの値が(－)となって，$P_2$の指針は逆に振れます．その場合は電力計$W_2$の電圧コイルの極性を切り替えて，$P = P_1 - P_2$により三相電力を求めることができます．

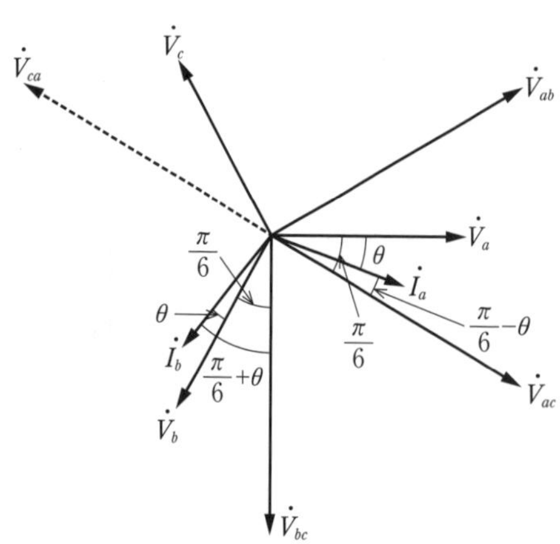

図4.12　三相交流電力の測定のベクトル図

cosαの値はαが$\dfrac{\pi}{2}$(90°)を超えると(－)になるよ．αが$\dfrac{\pi}{2}$以下のときは(－)でもcosαの値は(－)にはならないよ．

三相交流の電圧と電流のベクトル図は，108ページを見てね．

試験の直前 CHECK!

□ **直流ブリッジの平衡条件**≫≫ $\dfrac{R_1}{R_2}=\dfrac{R_3}{R_4}$，$R_1R_4=R_2R_3$

□ **交流ブリッジの平衡条件**≫≫ $\dfrac{\dot{Z}_1}{\dot{Z}_2}=\dfrac{\dot{Z}_3}{\dot{Z}_4}$，$\dot{Z}_1\dot{Z}_4=\dot{Z}_2\dot{Z}_3$

□ **測定方法**≫≫平衡して電流が零：零位法．指示計器で測定：偏位法．

□ **交流の電力**≫≫皮相電力：$S=VI$，有効電力：$P=VI\cos\theta$，無効電力：$Q=VI\sin\theta$，$S=\sqrt{P^2+Q^2}$

□ **電流力計形計器**≫≫固定コイルは回路に直列．可動コイルは回路に並列．電力の測定．交流および直流用．

□ **2電力計法による三相電力の測定**≫≫二つの電力計で三相電力を測定．力率 $\cos\theta$ が小さい（θ が大きい）と指針が逆に振れる．

□ **電力量計**≫≫円板の回転数が電力量に比例．計器定数は1 kWh当たりの回転数．

国家試験問題

問題 1

電気計測に関する記述について，次の(a)及び(b)に答えよ．

(a) ある量の測定に用いる方法には各種あるが，指示計器のように測定量を指針の振れの大きさに変えて，その指示から測定量を知る方法を［（ア）］法という．これに比較して精密な測定を行う場合に用いられている［（イ）］法は，測定量と同種類で大きさを調整できる既知量を別に用意し，既知量を測定量に平衡させて，そのときの既知量の大きさから測定量を知る方法である．［（イ）］法を用いた測定器の例としては，ブリッジや［（ウ）］がある．

上記の記述中の空白箇所（ア），（イ）及び（ウ）に当てはまる語句として，正しいものを組み合わせたのは次のうちどれか．

	（ア）	（イ）	（ウ）
(1)	偏位	零位	直流電位差計
(2)	偏位	差動	誘導形電力量計
(3)	間接	零位	直流電位差計
(4)	間接	差動	誘導形電力量計
(5)	偏位	零位	誘導形電力量計

(b) 図は，ケルビンダブルブリッジの原理図である．図において R_x〔Ω〕が未知の抵抗，R_s〔Ω〕は可変抵抗，P〔Ω〕，Q〔Ω〕，p〔Ω〕，q〔Ω〕は固定抵抗である．このブリッジは，抵抗 R_x〔Ω〕のリード線の抵抗が，固定抵抗 r〔Ω〕及び直流電源側の接続線に含まれる回路構成となっており，低い抵抗の測定に適している．

図の回路において，固定抵抗 P〔Ω〕，Q〔Ω〕，p〔Ω〕，q〔Ω〕の抵抗値が［（ア）］=0の条件を満たしていて，可変抵抗 R_s〔Ω〕，固定抵抗 r〔Ω〕においてブリッジが平衡している．この場合は，次式から抵抗 R_x〔Ω〕が求まる．

第4章 電気磁気測定

$R_x=($ （イ） $)\,R_s$

この式が求まることを次の手順で証明してみよう．

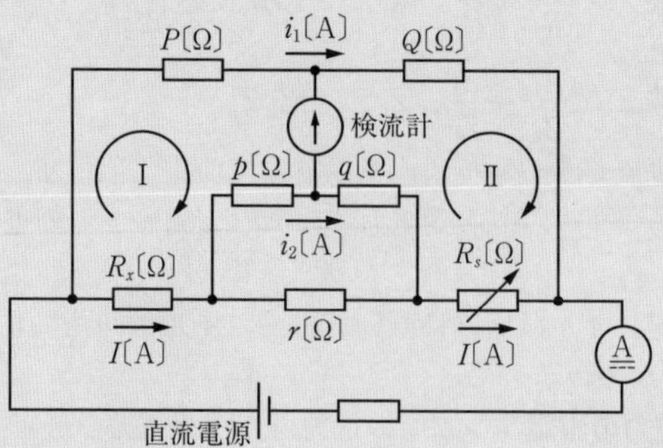

〔証明〕

回路に流れる電流を図に示すようにI〔A〕，i_1〔A〕，i_2〔A〕とし，閉回路Ⅰ及びⅡにキルヒホッフの第2法則を適用すると式①，②が得られる．

$Pi_1=R_xI+pi_2$ ………………………………………… ①

$Qi_1=R_sI+qi_2$ ………………………………………… ②

式①，②から

$$\frac{P}{Q}=\frac{R_xI+pi_2}{R_sI+qi_2}=\frac{R_x+p\dfrac{i_2}{I}}{R_s+q\dfrac{i_2}{I}}$$ ………………………………………… ③

また，Iは$(p+q)$とrの回路に分流するので，$(p+q)\,i_2=r\,(I-i_2)$の関係から式④が得られる．

$\dfrac{i_2}{I}=$ （ウ） ………………………………………… ④

ここで，$K=$ （ウ） とし，式③を整理すると式⑤が得られ，抵抗R_x〔Ω〕が求まる．

$R_x=($ （イ） $)\,R_s+($ （ア） $)\,qK$ ………………………………………… ⑤

上記の記述中の空白箇所（ア），（イ）及び（ウ）に当てはまる式として，正しいものを組み合わせたのは次のうちどれか．

	（ア）	（イ）	（ウ）
(1)	$\dfrac{P}{Q}-\dfrac{p}{q}$	$\dfrac{P}{Q}$	$\dfrac{r}{p+q+r}$
(2)	$\dfrac{p}{q}-\dfrac{P}{Q}$	$\dfrac{P}{q}$	$\dfrac{P}{p+r}$
(3)	$\dfrac{p}{q}-\dfrac{P}{Q}$	$\dfrac{Q}{p}$	$\dfrac{q}{q+r}$
(4)	$\dfrac{Q}{P}-\dfrac{q}{p}$	$\dfrac{Q}{P}$	$\dfrac{r}{p+q+r}$
(5)	$\dfrac{P}{Q}-\dfrac{p}{q}$	$\dfrac{P}{Q}$	$\dfrac{p}{p+q+r}$

(H21-15)

解説

(b) 問題の式③より，次式となります．

$$\frac{P}{Q}=\frac{R_x+p\dfrac{i_2}{I}}{R_s+q\dfrac{i_2}{I}} \qquad (4.31)$$

rの両端の電圧より，次式が成り立ちます．

$$(p+q)i_2=r(I-i_2)$$

$$(p+q+r)i_2=rI$$

よって，次式となります．

$$\frac{i_2}{I}=\frac{r}{p+q+r} \qquad (4.32)$$

式(4.32)をKとして，式(4.31)に代入してR_xを求めると，次式で表されます．

$$\frac{P}{Q}=\frac{R_x+pK}{R_s+qK}$$

$$R_x+pK=\frac{P}{Q}R_s+\frac{P}{Q}qK$$

よって，次式となります．

$$R_x=\frac{P}{Q}R_s+\frac{P}{Q}qK-pK=\frac{P}{Q}R_s+\left(\frac{P}{Q}-\frac{p}{q}\right)qK$$

(ア)と(イ)は計算結果だから，〔証明〕から計算して求めるんだよ．

問題 2

図は未知のインピーダンス$\dot{Z}$〔Ω〕を測定するための交流ブリッジである．電源の電圧を$\dot{E}$〔V〕，角周波数をω〔rad/s〕とする．ただしω，静電容量C_1〔F〕，抵抗R_1〔Ω〕，R_2〔Ω〕，R_3〔Ω〕は零でないとする．次の(a)及び(b)の問に答えよ．

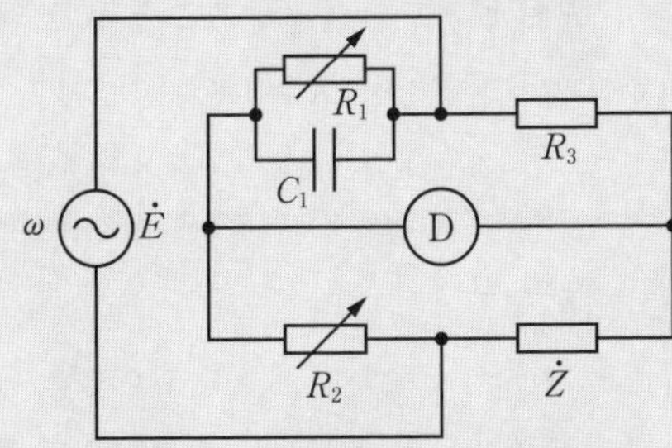

(a) 交流検出器Dによる検出電圧が零となる平衡条件を$\dot{Z}$，R_1，R_2，R_3，ω及びC_1を用いて表すと，

$$(\boxed{})\dot{Z}=R_2R_3$$

となる．

上式の空白に入る式として適切なものを次の(1)～(5)のうちから一つ選べ．

(1) $R_1+\dfrac{1}{j\omega C_1}$　(2) $R_1-\dfrac{1}{j\omega C_1}$　(3) $\dfrac{R_1}{1+j\omega C_1R_1}$

(4) $\dfrac{R_1}{1-j\omega C_1R_1}$　(5) $\sqrt{\dfrac{R_1}{j\omega C_1}}$

(b) $\dot{Z}=R+jX$としたとき，この交流ブリッジで測定できるR〔Ω〕とX〔Ω〕の満たす条件として，正しいものを次の(1)～(5)のうちから一つ選べ．

(1) $R \geqq 0,\ X \leqq 0$　　(2) $R>0,\ X<0$　　(3) $R=0,\ X>0$

(4) $R>0,\ X>0$　　(5) $R=0,\ X \leqq 0$

(H29-15)

解説

(a) R_1とC_1の並列回路のインピーダンスを$\dot{Z}_1$とすると，平衡条件より次式が成り立ちます．

$$\dot{Z}_1\dot{Z}=R_2R_3 \tag{4.33}$$

$\dot{Z}_1$は，次式で表されます．

$$\dot{Z}_1=\frac{R_1\times\dfrac{1}{j\omega C_1}}{R_1+\dfrac{1}{j\omega C_1}}=\frac{R_1}{j\omega C_1R_1+1} \tag{4.34}$$

(b) 式(4.33)に式(4.34)および$\dot{Z}=R+jX$を代入すると，次式で表されます．

$$\frac{R_1}{1+j\omega C_1R_1}\times(R+jX)=R_2R_3$$

$$R_1R+jXR_1=R_2R_3+j\omega C_1R_1R_2R_3 \tag{4.35}$$

式(4.35)の両辺の実数項より，次式となります．

$$R_1R=R_2R_3 \quad よって，\quad R=\frac{R_2R_3}{R_1}〔Ω〕となります． \tag{4.36}$$

式(4.35)の両辺の虚数項より，次式となります．

$$XR_1=\omega C_1R_1R_2R_3 \quad よって，\quad X=\omega C_1R_2R_3〔Ω〕となります． \tag{4.37}$$

式(4.36)および式(4.37)によって，RおよびXを測定することができますが，問題のC_1，R_1，R_2，R_3が零でない条件より，$R>0$，$X>0$となります．

コンデンサがあるインピーダンスは，$-j$になるよ．選択肢の(1)か(3)だね．$\dfrac{1}{j}=-j$だよ．
(1)は直列接続の式だから(3)が答えだよ．

Rを求める式は直流ブリッジ回路と同じだね．この式を覚えておけば，問題の条件から答えは(2)か(4)だと分かるよね．

問題3

電力量計について，次の(a)及び(b)に答えよ．

(a) 次の文章は，交流の電力量計の原理について述べたものである．

計器の指針等を駆動するトルクを発生する動作原理により計器を分類すると，図に示した構造の電力量計の場合は，［(ア)］に分類される．

この計器の回転円板が負荷の電力に比例するトルクで回転するように，図中の端子aからfを［(イ)］のように接続して，負荷電圧を電圧コイルに加え，負荷電流を電流コイルに流す．その結果，コイルに生じる磁束による移動磁界と，回転円板上に生じる渦電流との電磁力の作用で回転円板は回転する．

一方，永久磁石により回転円板には速度に比例する［(ウ)］が生じ，負荷の電力に比例する速度で回転円板は回転を続ける．したがって，計量装置でその回転数をある時間計量すると，その値は同時間中に消費された電力量を表す．

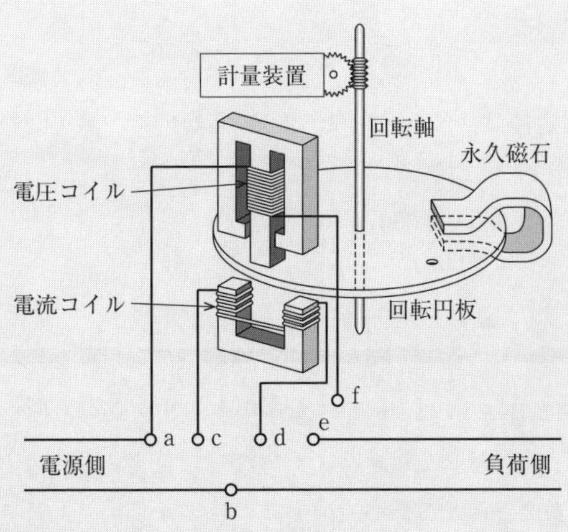

上記の記述中の空白箇所(ア)，(イ)及び(ウ)に当てはまる語句又は記号として，正しいものを組み合わせたのは次のうちどれか.

	(ア)	(イ)	(ウ)
(1)	誘導形	ac，de，bf	駆動トルク
(2)	電流力計形	ad，bc，ef	制動トルク
(3)	誘導形	ac，de，bf	制動トルク
(4)	電流力計形	ad，bc，ef	駆動トルク
(5)	電力計形	ac，de，bf	駆動トルク

(b) 上記(a)の原理の電力量計の使用の可否を検討するために，電力量計の計量の誤差率を求める実験を行った．実験では，3 kWの電力を消費している抵抗負荷の交流回路に，この電力量計を接続した．このとき，電力量計はこの抵抗負荷の消費電力量を計量しているので，計器の回転円板の回転数を測定することから計量の誤差率を計算できる.

電力量計の回転円板の回転数を測定したところ，回転数は1分間に61であった．この場合，電力量計の計量の誤差率〔%〕の大きさの値として，最も近いのは次のうちどれか.

ただし，電力量計の計器定数(1 kW·h当たりの回転円板の回転数)は，1 200 rev/kW·hであり，回転円板の回転数と計量装置の計量値の関係は正しいものとし，電力損失は無視できるものとする.

(1) 0.2　(2) 0.4　(3) 1.0　(4) 1.7　(5) 2.1

(H22-16)

解 説

(a) 電圧コイルは線路の電圧に比例する電流が流れるので，線路と並列に接続するためbfを接続します．電流コイルは線路の電流が流れるようにac及びdeを接続します.

駆動トルクはどんどん回す力だから電気エネルギーの一部が必要だよ．磁石では発生しないね．磁石は止める方の制動トルクだね.

(b) 計器定数の値より，電力量が3 kW·hのとき，1時間当たりの回転数N_T

(p.209 〜 p.210の解答) 問題1 →(a)−(1)，(b)−(1)

を求めると，次式で表されます．

$$N_T = 1\,200 \times 3 = 3\,600 \tag{4.38}$$

1時間当たりの回転数の測定値は，$N_M = 61 \times 60 = 3\,660$ 回なので，式(4.38)の N_T を真の値とすれば，誤差率 ε〔%〕は次式で表されます．

$$\varepsilon = \frac{N_M - N_T}{N_T} \times 100 = \frac{3\,660 - 3\,600}{3\,600} \times 100 \fallingdotseq 1.7\ \%$$

問題 4

図のように，正弦波交流電圧 E〔V〕の電源が誘導性リアクタンス X〔Ω〕のコイルと抵抗 R〔Ω〕との並列回路に電力を供給している．この回路において，電流計の指示値は12.5 A，電圧計の指示値は300 V，電力計の指示値は2 250 Wであった．

ただし，電圧計，電流計及び電力計の損失はいずれも無視できるものとする．

次の(a)及び(b)の問に答えよ．

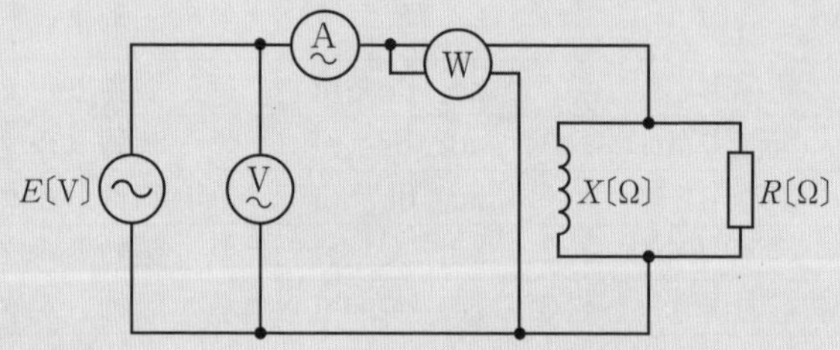

(a) この回路における無効電力 Q〔var〕として，最も近い Q の値を次の(1)～(5)のうちから一つ選べ．

(1) 1 800　(2) 2 250　(3) 2 750　(4) 3 000　(5) 3 750

(b) 誘導性リアクタンス X〔Ω〕として，最も近い X の値を次の(1)～(5)のうちから一つ選べ．

(1) 16　(2) 24　(3) 30　(4) 40　(5) 48

(H26-15)

解説

(a) 電圧の測定値 V〔V〕，電流の測定値 I〔A〕より，皮相電力 S〔V·A〕は次式で表されます．

$$S = VI = 300 \times 12.5 = 3\,750\ \text{V·A} \tag{4.39}$$

電力計の指示値は有効電力 P〔W〕なので，無効電力 Q〔var〕を求めると，$S^2 = P^2 + Q^2$ の関係より，次式で表されます．

$$Q = \sqrt{S^2 - P^2} = \sqrt{3\,750^2 - 2\,250^2} = 3\,000\ \text{var}$$

(b) 抵抗 R〔Ω〕とリアクタンス X〔Ω〕に加わる電圧が同じだから，無効電力 Q はリアクタンスの電力として，次式で表されます．

$$Q = \frac{V^2}{X}\ \text{〔var〕} \tag{4.40}$$

X を求めると，次式で表されます．

$$X = \frac{V^2}{Q} = \frac{300^2}{3\,000} = 30\ \Omega$$

国家試験では，√キーのある電卓が使えるから，電卓を使ってね．

問題 5

電力計について，次の(a)及び(b)の問に答えよ．

(a) 次の文章は，電力計の原理に関する記述である．

図1に示す電力計は，固定コイルF1，F2に流れる負荷電流$\dot{I}$〔A〕による磁界の強さと，可動コイルMに流れる電流$\dot{I}_M$〔A〕の積に比例したトルクが可動コイルに生じる．したがって，指針の振れ角θは［（ア）］に比例する．

このような形の計器は，一般に［（イ）］計器といわれ，［（ウ）］の測定に使用される．

負荷$\dot{Z}$〔Ω〕が誘導性の場合，電圧$\dot{V}$〔V〕のベクトルを基準に負荷電流$\dot{I}$〔A〕のベクトルを描くと，図2に示すベクトル①，②，③のうち［（エ）］のように表される．ただし，φ〔rad〕は位相角である．

上記の記述中の空白箇所(ア)，(イ)，(ウ)及び(エ)に当てはまる組合せとして，正しいものを次の(1)～(5)のうちから一つ選べ．

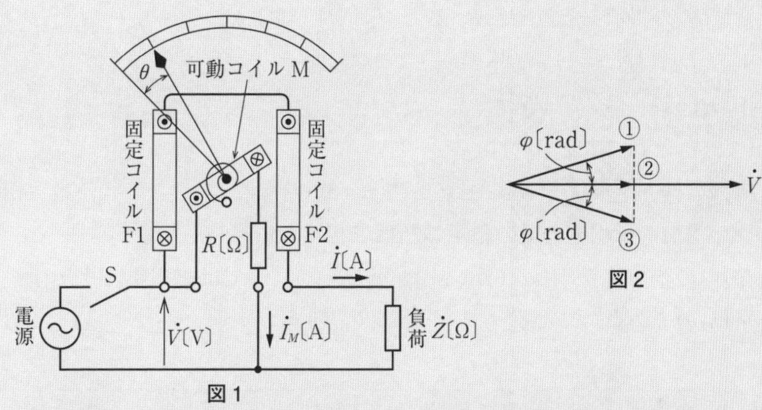

図1　図2

	(ア)	(イ)	(ウ)	(エ)
(1)	負荷電力	電流力計形	交流	③
(2)	電力量	可動コイル形	直流	②
(3)	負荷電力	誘導形	交流直流両方	①
(4)	電力量	可動コイル形	交流直流両方	②
(5)	負荷電力	電流力計形	交流直流両方	③

(b) 次の文章は，図1で示した単相電力計を2個使用し，三相電力を測定する2電力計法の理論に関する記述である．

図3のように，誘導性負荷$\dot{Z}$を3個接続した平衡三相負荷回路に対称三相交流電源が接続されている．ここで，線間電圧を$\dot{V}_{ab}$〔V〕，$\dot{V}_{bc}$〔V〕，$\dot{V}_{ca}$〔V〕，負荷の相電圧を$\dot{V}_a$〔V〕，$\dot{V}_b$〔V〕，$\dot{V}_c$〔V〕，線電流を$\dot{I}_a$〔A〕，$\dot{I}_b$〔A〕，$\dot{I}_c$〔A〕で示す．

この回路で，図のように単相電力計W_1とW_2を接続すれば，平衡三相負荷の電力が，2個の単相電力計の指示の和として求めることができる．

単相電力計W_1の電圧コイルに加わる電圧$\dot{V}_{ac}$は，図4のベクトル図から$\dot{V}_{ac}=\dot{V}_a-\dot{V}_c$となる．また，単相電力計$W_2$の電圧コイルに加わる電圧$\dot{V}_{bc}$は$\dot{V}_{bc}=$［（オ）］となる．

(p.211 ～ p.213 の解答)　**問題 2** →(a)-(3)，(b)-(4)　**問題 3** →(a)-(3)，(b)-(4)

第4章　電気磁気測定

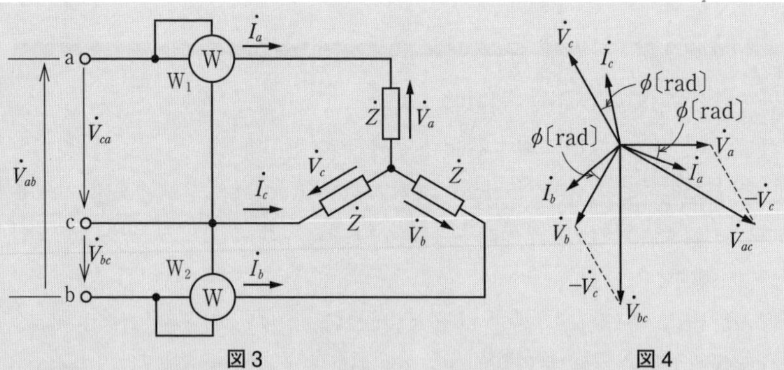

図3　　図4

それぞれの電流コイルに流れる電流$\dot{I}_a$, $\dot{I}_b$と電圧の関係は図4のようになる．図4におけるϕ〔rad〕は相電圧と線電流の位相角である．

線間電圧の大きさを$V_{ab}=V_{bc}=V_{ca}=V$〔V〕，線電流の大きさを$I_a=I_b=I_c=I$〔A〕とおくと，単相電力計W_1及びW_2の指示をそれぞれP_1〔W〕，P_2〔W〕とすれば，

$P_1=V_{ac}I_a\cos$（ （カ） ）〔W〕

$P_2=V_{bc}I_b\cos$（ （キ） ）〔W〕

したがって，P_1とP_2の和P〔W〕は，

$P=P_1+P_2=VI$（ （ク） ）$\cos\phi=\sqrt{3}\,VI\cos\phi$〔W〕

となるので，2個の単相電力計の指示の和は三相電力に等しくなる．

上記の記述中の空白箇所(オ)，(カ)，(キ)及び(ク)に当てはまる組合せとして，正しいものを次の(1)～(5)のうちから一つ選べ．

	（オ）	（カ）	（キ）	（ク）
(1)	$\dot{V}_b-\dot{V}_c$	$\dfrac{\pi}{6}-\phi$	$\dfrac{\pi}{6}+\phi$	$2\cos\dfrac{\pi}{6}$
(2)	$\dot{V}_c-\dot{V}_b$	$\phi-\dfrac{\pi}{6}$	$\phi+\dfrac{\pi}{6}$	$2\sin\dfrac{\pi}{6}$
(3)	$\dot{V}_b-\dot{V}_c$	$\dfrac{\pi}{6}-\phi$	$\dfrac{\pi}{6}+\phi$	$2\cos\dfrac{\pi}{3}$
(4)	$\dot{V}_b-\dot{V}_c$	$\dfrac{\pi}{3}-\phi$	$\dfrac{\pi}{3}+\phi$	$2\cos\dfrac{\pi}{6}$
(5)	$\dot{V}_c-\dot{V}_b$	$\dfrac{\pi}{3}-\phi$	$\dfrac{\pi}{3}+\phi$	$2\sin\dfrac{\pi}{3}$

(H23-17)

解説

(a) 負荷が誘導性負荷($\dot{Z}=R+jX$)なので，電流の位相は電圧よりϕ〔rad〕遅れるので，図2は③のように表されます．

(b) **図4.13**のベクトル図より，$\dot{V}_{bc}=\dot{V}_b+(-\dot{V}_c)=\dot{V}_b-\dot{V}_c$で表されます．図4.13の$\dot{V}_{ac}$と$\dot{I}_a$の位相差は$\dfrac{\pi}{6}-\phi$〔rad〕，$\dot{V}_{bc}\dot{I}_b$の位相差は$\dfrac{\pi}{6}+\phi$〔rad〕なので，$P_1$，$P_2$〔W〕は次式で表されます．

$$P_1=V_{ac}I_a\cos\left(\frac{\pi}{6}-\phi\right) \tag{4.41}$$

(イ)の「電流力計形」と(ウ)の「交流直流両方」が分かれば，答えが見つかるね．

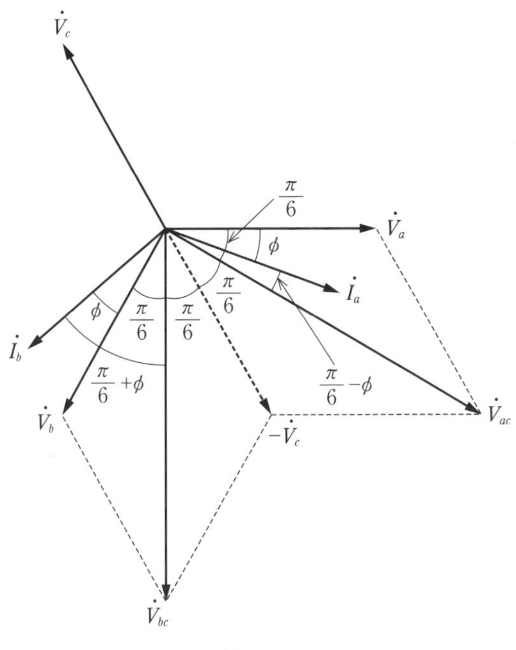

図 4.13

$$P_2 = V_{bc}\, I_b \cos\left(\frac{\pi}{6} + \phi\right) \tag{4.42}$$

平衡三相負荷に対称三相交流電源が接続されているので $V_{ac}=V_{bc}=V_{ca}=V$，$I_a=I_b=I_c=I$ となるから，式(4.41)と式(4.42)より，P_1〔W〕と P_2〔W〕の和 P〔W〕を求めると，次式で表されます．

$$\begin{aligned}
P &= P_1 + P_2 = VI\cos\left(\frac{\pi}{6} - \phi\right) + VI\cos\left(\frac{\pi}{6} + \phi\right) \\
&= VI\left[\left(\cos\frac{\pi}{6}\cos\phi + \sin\frac{\pi}{6}\sin\phi\right) + \left(\cos\frac{\pi}{6}\cos\phi - \sin\frac{\pi}{6}\sin\phi\right)\right] \\
&= VI\left(2\cos\frac{\pi}{6}\right)\cos\phi \\
&= VI \times 2 \times \frac{\sqrt{3}}{2} \times \cos\phi = \sqrt{3}\,VI\cos\phi \text{〔W〕}
\end{aligned} \tag{4.43}$$

$\cos\frac{\pi}{6} = \cos 30^\circ = \frac{\sqrt{3}}{2}$ だよ.
正三角形とその高さの図を描けば求められるよ.

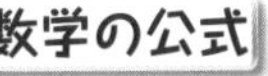

数学の公式

$$\cos(\alpha \pm \beta) = \cos\alpha\cos\beta \mp \sin\alpha\sin\beta$$

(p.214 の解答) 問題 4 →(a)−(4)，(b)−(3)

問題6

図のように200 Vの対称三相交流電源に抵抗R〔Ω〕からなる平衡三相負荷を接続したところ，線電流は1.73 Aであった．いま，電力計の電流コイルをc相に接続し，電圧コイルをc-a相間に接続したとき，電力計の指示P〔W〕として，最も近いPの値を次の(1)～(5)のうちから一つ選べ．

ただし，対称三相交流電源の相回転はa，b，cの順とし，電力計の電力損失は無視できるものとする．

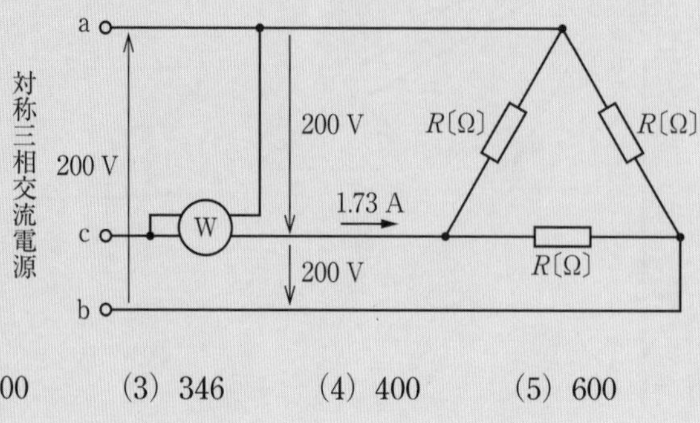

(1) 200　(2) 300　(3) 346　(4) 400　(5) 600

(H26-14)

解 説

各相電圧を$\dot{V}_a$, $\dot{V}_b$, $\dot{V}_c$〔V〕，各線間電圧を$\dot{V}_{ab}$, $\dot{V}_{bc}$, $\dot{V}_{ca}$〔V〕，線電流を$\dot{I}_a$, $\dot{I}_b$, $\dot{I}_c$〔A〕とすると，ベクトル図は**図4.14**で表されます．負荷が抵抗なので，$\dot{V}_c$と$\dot{I}_c$は同相となるから電力計の電圧コイルが接続している$\dot{V}_{ca}$と電流コイルが接続している$\dot{I}_c$の位相差θは，図4.14より$\theta=\dfrac{\pi}{6}$となります．電力計の指示値P〔W〕は次式で表されます．

$$P=V_{ca}I_c\cos\frac{\pi}{6}=200\times1.73\times\frac{\sqrt{3}}{2}\fallingdotseq100\times1.73\times1.73\fallingdotseq300\ \mathrm{W}$$

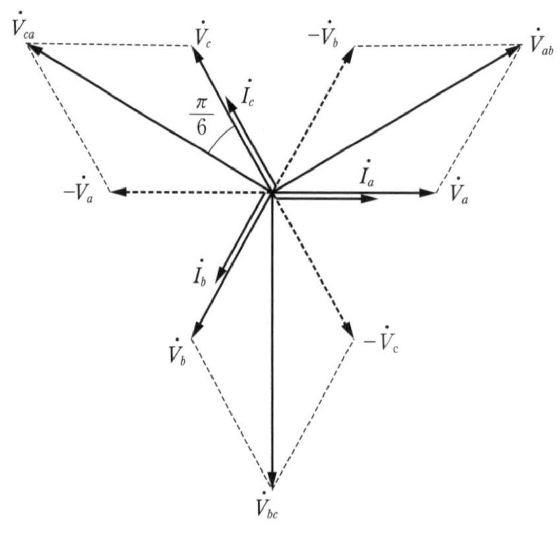

図4.14

$\sqrt{3}\fallingdotseq1.73$だから，$1.73\times\sqrt{3}\fallingdotseq\sqrt{3}\times\sqrt{3}=3$だよ．電卓を使わなくても簡単に計算できるね．問題の数値を見たら直ぐに気付いてね．

(p.215～p.218の解答)　問題5→(a)-(5)，(b)-(1)　問題6→(2)

4·3 測定機器

重要知識

出題項目 CHECK!

- □ オシロスコープによる波形測定
- □ ディジタル測定器の特徴

4·3·1 オシロスコープ

図4.15のようなブラウン管を用いた表示器によって，入力電圧の波形を直接観測できる測定器です．**垂直軸**(縦軸)入力には測定する電圧を加え，**水平軸**(横軸)入力には，のこぎり波の掃引電圧を加えると，入力波形の時間的な変化を観測することができます．画面の表示から電圧，周期および位相差を測定することができます．

オシロスコープは，周期波形を繰り返してブラウン管上に表示することで，静止した波形を観測することができるんだよ．

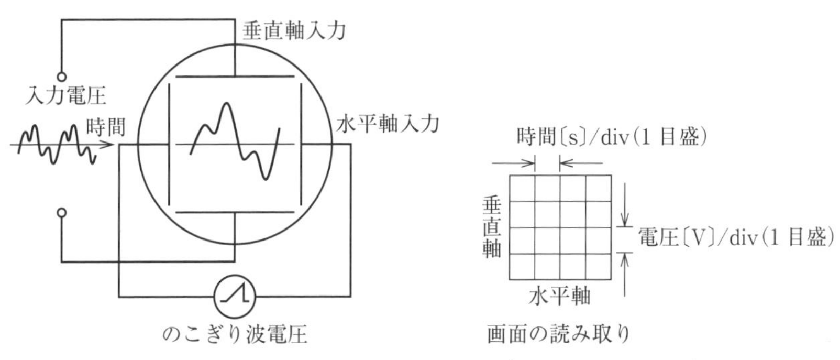

図 4.15 オシロスコープの原理

オシロスコープの画面の縦軸は電圧，横軸は時間を表します．測定波形の周期をT〔s〕とすると，測定波形の周波数f〔Hz〕は次式で表されます．周期は，目盛の数に1目盛(div)の時間を掛ければ求めることができます．

$$f = \frac{1}{T} = \frac{1}{1\text{周期の目盛の数} \times 1\text{目盛の時間}}\ \text{〔Hz〕}$$

図4.16(a)は，入力電圧がない場合，図(b)は垂直軸(y軸)入力に正弦波などの電圧v_yを入力した場合，図(c)は水平軸(x軸)入力のみの場合の波形を示します，図(d)～(f)は周波数f〔Hz〕の正弦波で，位相差θ〔rad〕がある電圧v_y, v_xを垂直軸(y軸)入力と水平軸(x軸)入力に入力して，リサジュー図形を描かせたときの波形を示します．

入力信号を**A-D**(アナログ-ディジタル)**変換器**によってディジタル信号に変換して，メモリに記憶させてから信号処理することにより，入力波形を表示器によって表示させるオシロスコープを**ディジタルオシロスコープ**または**ディジタルストレージオシロスコープ**といいます．波形を記憶することができるので，過渡現象などの周期性のない信号波形でも観測することができます．

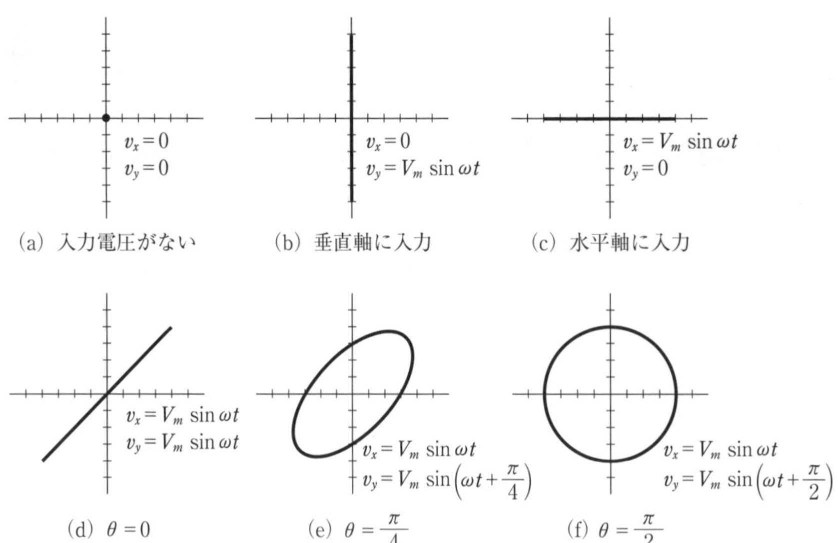

図4.16　オシロスコープの画面の表示

オシロスコープの偏向電極に電圧を加えると，加えた向きに蛍光面の点が動くんだよ．速く動くから線に見えるんだよ．

Point

時間の計算

〔m〕(ミリ)は10^{-3}を表す．

指数の計算

$1 = 10^0$

$1\,000 = 10^3$

真数の掛け算は指数の足し算，真数の割り算は指数の引き算で計算する．

$\frac{1}{10^3} = 1 \div 10^3 = 10^{0-3} = 10^{-3}$　　だから，　$\frac{1}{10^{-3}} = 10^{0-(-3)} = 10^3$

4·3·2　周波数カウンタ（ディジタル周波数計）

図4.17に周波数カウンタの構成図を示します．入力信号は波形整形器および微分増幅器で，正弦波などの入力波形を整形して幅の狭いパルス波とします．基準発振器の出力を分周回路で基準時間信号としてゲート回路に加えます．基準時間で制御されたゲート回路を通過するパルスの数を計数器で求めます．表示器ではその数値(周波数)を10進数で表示します．

ディジタル測定器はアナログ測定器のような指針や目盛がないので，目盛間の値は読めないけど，読み取りの間違いがないよ．

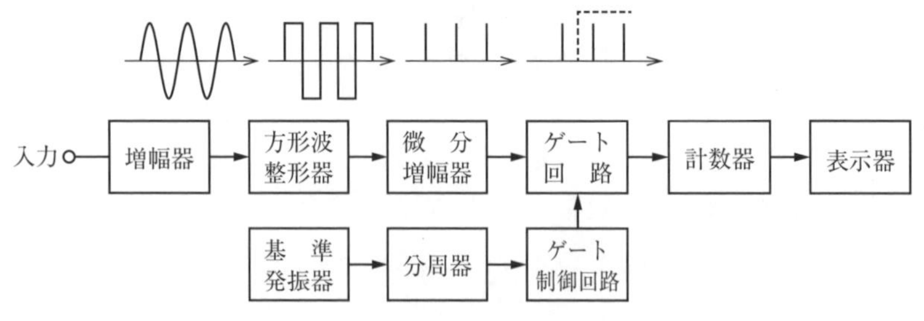

図4.17　周波数カウンタ

4·3·3 ディジタルマルチメータ

ディジタルマルチメータは，直流の電圧および電流，交流の電圧および電流，直流抵抗などの測定機能を1台の筐体にまとめた測定器です．

図4.18にディジタルマルチメータの構成図を示します．入力変換器は，アナログ入力信号を増幅するとともに，交流や直流の電圧，電流，あるいは抵抗値を，それらに比例した直流電圧に変換して出力します．**A-D変換器**でアナログ量をディジタル量に変換します．制御器は，入力変換器，A-D変換器のゲート開閉時間の制御や計数パルスの発生および制御を行い，表示器に表示用のディジタル量を出力します．表示器では測定値を10進数の数値で表示します．

アナログ計器のテスタ(回路計)の機能とほとんど同じだね．

A-D変換器の変換方式には，**積分形**や**二重積分形**などがあります．また，測定量と基準量の比較方法には，直接比較方式と間接比較方式があります．

電流計や電圧計の指示計器に比較して，入力抵抗が高く測定回路に及ぼす影響が小さいので，測定器による誤差が小さい特徴があります．

図4.18 ディジタルマルチメータの構成

● 試験の直前 ● CHECK!

□ **オシロスコープで波形測定**≫垂直軸に測定波形，水平軸にのこぎり波．

□ **オシロスコープで周波数測定**≫ $f=\dfrac{1}{T}=\dfrac{1}{\text{周期}}=\dfrac{1}{\text{目盛の数}\times 1\text{目盛の時間}}$

□ **ディジタルオシロスコープ**≫A－D変換器でディジタル信号に変換．周期性のない波形を観測できる．

□ **ディジタル周波数計**≫入力波形をパルス波形に変換．基準時間のパルス数を計数．

□ **A－D変換器**≫アナログ電圧などをディジタル量に変換する．積分形，二重積分形．直接比較方式，間接比較方式．

□ **ディジタルマルチメータ**≫直流電圧・電流，交流電圧・電流，直流抵抗などの測定．入力抵抗が大きい．

第4章 電気磁気測定

国家試験問題

問題 1

ブラウン管オシロスコープは，水平・垂直偏向電極を有し，波形観測ができる．次の(a)及び(b)に答えよ．

(a) 垂直偏向電極のみに，正弦波交流電圧を加えた場合は，蛍光面に (ア) のような波形が現れる．また，水平偏向電極のみにのこぎり波電圧を加えた場合は，蛍光面に (イ) のような波形が現れる．また，これらの電圧をそれぞれの電極に加えると，蛍光面に (ウ) ような波形が現れる．このとき波形を静止させて見るためには，垂直偏向電極の電圧の周波数と水平偏向電極の電圧の繰返し周波数との比が整数でなければならない．

上記の記述中の空白箇所(ア)，(イ)及び(ウ)に当てはまる語句として，正しいものを組み合わせたのは次のうちどれか．

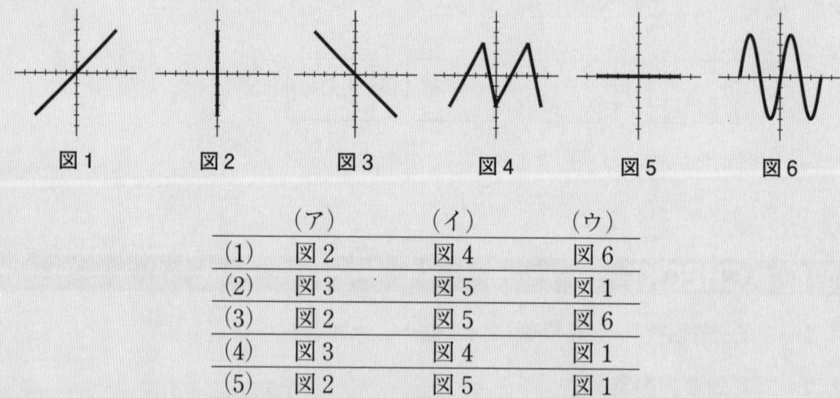

図1　図2　図3　図4　図5　図6

	(ア)	(イ)	(ウ)
(1)	図2	図4	図6
(2)	図3	図5	図1
(3)	図2	図5	図6
(4)	図3	図4	図1
(5)	図2	図5	図1

(b) 正弦波電圧 v_a 及び v_b をオシロスコープで観測したところ，蛍光面に図7に示すような電圧波形が現れた．同図から，v_a の実効値は (ア) 〔V〕，v_b の周波数は (イ) 〔kHz〕，v_a の周期は (ウ) 〔ms〕，v_a と v_b の位相差は (エ) 〔rad〕であることが分かった．

ただし，オシロスコープの垂直感度は0.1 V/div，掃引時間は0.2 ms/divとする．

上記の記述中の空白箇所(ア)，(イ)，(ウ)及び(エ)に当てはまる最も近い値として，正しいものを組み合わせたのは次のうちどれか．

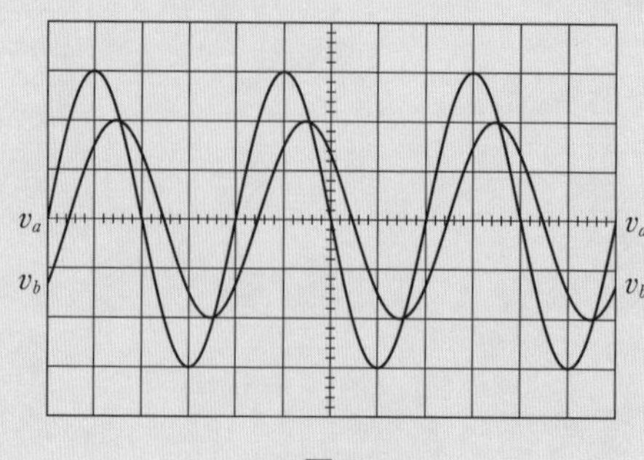

図7

	(ア)	(イ)	(ウ)	(エ)
(1)	0.21	1.3	0.8	$\frac{\pi}{4}$
(2)	0.42	1.3	0.4	$\frac{\pi}{3}$
(3)	0.42	2.5	0.4	$\frac{\pi}{3}$
(4)	0.21	1.3	0.4	$\frac{\pi}{4}$
(5)	0.42	2.5	0.8	$\frac{\pi}{2}$

(H20-16)

解説

(b) 問題の図7よりv_aの最大値V_{am}〔V〕は，3目盛なので垂直感度が1目盛当たり0.1 Vだから，$V_{am}=3\times0.1=0.3$ Vとなります．v_aの実効値V_{ae}〔V〕は，次式で表されます．

$$V_{ae}=\frac{V_{am}}{\sqrt{2}}\fallingdotseq\frac{0.3}{1.414}\fallingdotseq0.21\ \text{V}$$

v_aとv_bの周期と周波数は同じで，位相が異なります．周期T〔s〕は4目盛なので掃引時間が1目盛当たり0.2 msだから，$T=4\times0.2=0.8$ msとなります．周波数f〔Hz〕は，次式で表されます．

$$f=\frac{1}{T}=\frac{1}{0.8\times10^{-3}}=\frac{1}{0.8}\times10^{3}\ \text{Hz}\fallingdotseq1.3\ \text{kHz}$$

位相差は0.5目盛なので，1周期の4目盛が2π〔rad〕だから，位相差θ〔rad〕は次式で表されます．

$$\theta=\frac{0.5}{4}\times2\pi=\frac{\pi}{4}\ \text{〔rad〕}$$

最大値V_mの実効値は，$\frac{V_m}{\sqrt{2}}$だよ．

(ア)が分かれば(イ)は，(1)も(4)も同じだから，(ウ)を求めればいいよ．

問題 2

振幅V_m〔V〕の交流電源の電圧$v=V_m\sin\omega t$〔V〕をオシロスコープで計測したところ，画面上に図のような正弦波形が観測された．次の(a)及び(b)の問に答えよ．

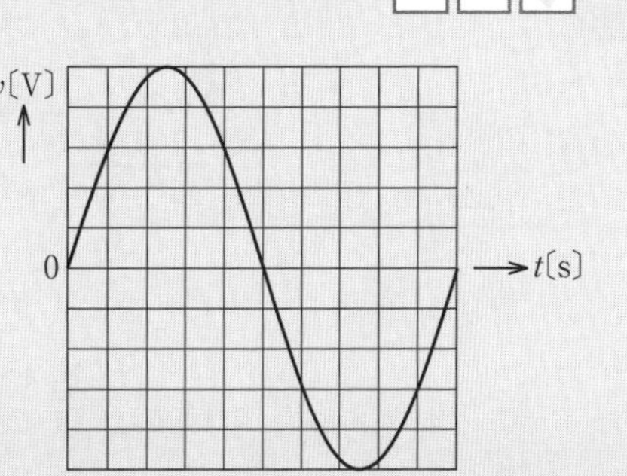

ただし，オシロスコープの垂直感度は5 V/div，掃引時間は2 ms/divとし，測定に用いたプローブの減衰比は1対1とする．

(a) この交流電源の電圧の周期〔ms〕，周波数〔Hz〕，実効値〔V〕の値の組合せとして，最も近いものを次の(1)～(5)のうちから一つ選べ．

	周期	周波数	実効値
(1)	20	50	15.9
(2)	10	100	25.0
(3)	20	50	17.7
(4)	10	100	17.7
(5)	20	50	25.0

(b) この交流電源をある負荷に接続したとき，$i=25\cos\left(\omega t-\frac{\pi}{3}\right)$〔A〕の電流が流れた．この負荷の力率〔%〕の値として，最も近いものを次の(1)～(5)のうちから一つ選べ．

(1) 50　　(2) 60　　(3) 70.7　　(4) 86.6　　(5) 100

(H25-16)

解説

(a) 問題の図より周期T〔s〕は10目盛なので掃引時間が1目盛当たり2 msだから，$T=10\times2=20$ msとなります．周波数f〔Hz〕は，次式で表されます．

$$f=\frac{1}{T}=\frac{1}{20\times10^{-3}}=\frac{10^3}{20}=50\text{ Hz}$$

vの最大値V_m〔V〕は，5目盛なので垂直感度が1目盛当たり5 Vだから，$V_m=5\times5=25$ Vとなります．vの実効値V_e〔V〕は，次式で表されます．

$$V_e=\frac{V_{am}}{\sqrt{2}}\fallingdotseq\frac{25}{1.414}\fallingdotseq17.7$$

電圧と電流の式に注意してね．sinとcosだよ．

(b) 電圧はsin関数で表され，電流はcos関数なので，電圧と電流のベクトル図は**図4.19**によって表されます．図4.19より電圧と電流の位相差は，$\theta=\frac{\pi}{6}$〔rad〕なので，力率$\cos\theta$は次式で表されます．

$$\cos\theta=\cos\frac{\pi}{6}=\frac{\sqrt{3}}{2}\fallingdotseq\frac{1.732}{2}\fallingdotseq0.866$$

よって，力率は86.6 %です．

$\cos\omega t$は$\sin\omega t$より$\frac{\pi}{2}$〔rad〕位相が進んでいるよ．図を描いて求めれば分かりやすいね．

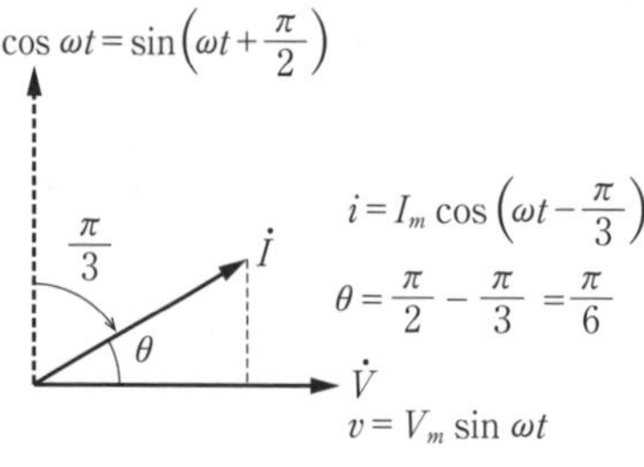

図4.19

問題 3

電気計測に関する記述として，誤っているものを次の(1)～(5)のうちから一つ選べ．

(1) ディジタル指示計器(ディジタル計器)は，測定値が数字のディジタルで表示される装置である．

(2) 可動コイル形計器は，コイルに流れる電流の実効値に比例するトルクを利用している．

(3) 可動鉄片形計器は，磁界中で磁化された鉄片に働く力を応用しており，商用周波数の交流電流計及び交流電圧計として広く普及している．

(4) 整流形計器は感度がよく，交流用として使用されている．

(5) 二電力計法で三相負荷の消費電力を測定するとき，負荷の力率によっては，電力計の指針が逆に振れることがある．

(H24-14)

解説

選択肢(2)の誤っている箇所を正しくすると，次のようになります．

可動コイル形計器は，コイルに流れる電流の平均値に比例するトルクを利用している．

2電力計法は三相のうちの2本の線電流を測定しているので，位相角ϕが大きくなると一つの電力計の針が逆に振れることがあるよ．

問題 4

ディジタル計器に関する記述として，誤っているものを次の(1)～(5)のうちから一つ選べ．

(1) ディジタル交流電圧計には，測定入力端子に加えられた交流電圧が，入力変換回路で直流電圧に変換され，次のA-D変換回路でディジタル信号に変換される方式のものがある．

(2) ディジタル計器では，測定量をディジタル信号で取り出すことができる特徴を生かし，コンピュータに接続して測定結果をコンピュータに入力できるものがある．

(3) ディジタルマルチメータは，スイッチを切り換えることで電圧，電流，抵抗などを測ることができる多機能測定器である．

(4) ディジタル周波数計には，測定対象の波形をパルス列に変換し，一定時間のパルス数を計数して周波数を表示する方式のものがある．

(5) ディジタル直流電圧計は，アナログ指示計器より入力抵抗が低いので，測定したい回路から計器に流れ込む電流は指示計器に比べて大きくなる．

(H25-14)

ディジタル電圧計は，増幅回路などの電子回路を使って，接続する回路に影響が少なくなるようにしてあるから，入力抵抗が高いよ．

解説

選択肢(5)の誤っている箇所を正しくすると，次のようになります．

ディジタル直流電圧計は，アナログ指示計器より入力抵抗が高いので，測定したい回路から計器に流れ込む電流は指示計器に比べて小さくなる．

第4章　電気磁気測定

(p.222 ～ p.223 の解答)　**問題 1** →(a)−(3)，(b)−(1)

問題5

ディジタル計器に関する記述として，誤っているものを次の(1)～(5)のうちから一つ選べ．

(1) ディジタル計器用のA-D変換器には，二重積分形が用いられることがある．

(2) ディジタルオシロスコープでは，周期性のない信号波形を測定することはできない．

(3) 量子化とは，連続的な値を何段階かの値で近似することである．

(4) ディジタル計器は，測定値が数字で表示されるので，読み取りの間違いが少ない．

(5) 測定可能な範囲(レンジ)を切り換える必要がない機能(オートレンジ)は，測定値のおよその値が分からない場合にも便利な機能である．

(H28-14)

ディジタルオシロスコープは，測定データをメモリに保存することができるよ．周期性のない波形でも保存してから表示すれば見えるね．

解説

選択肢(2)の誤っている箇所を正しくすると，次のようになります．

ディジタルオシロスコープでは，周期性のない信号波形を測定することができる．

(p.223～p.226の解答)　問題2→(a)-(3)，(b)-(4)　問題3→(2)　問題4→(5)　問題5→(2)

索　引

英数字

あ　行

か　行

さ　行

た　行

な　行

は　行

ま　行

や　行

ら　行

【著者紹介】

吉川忠久（よしかわ・ただひさ）

学　歴　東京理科大学物理学科卒業

職　歴　郵政省関東電気通信監理局
日本工学院八王子専門学校
中央大学理工学部兼任講師
明星大学理工学部非常勤講師

電験三種　理論　集中ゼミ

2022年3月20日　第1版1刷発行　　ISBN 978-4-501-21640-5 C3054

著　者　吉川忠久

発行所　学校法人 東京電機大学
東京電機大学出版局
〒120-8551　東京都足立区千住旭町5番
Tel. 03-5284-5386（営業）03-5284-5385（編集）
Fax. 03-5284-5387　振替口座 00160-5-71715
https://www.tdupress.jp/

組版：徳保企画　　印刷：(株)ルナテック　　製本：誠製本(株)
キャラクターデザイン：いちはらまなみ　　装丁：齋藤由美子
落丁・乱丁本はお取り替えいたします。　　Printed in Japan